KB236574

쉽게 배우는
화장품 회사 경영

Business Plan for a Cosmetics Manufacturer

화장품 회사 설립의 A to Z

Business Plan for a Cosmetics Manufacturer

편역자 소개_

한영주 Han Young Joo

영남대학교 약학대학을 나온 약사이며 고려대학교에서 마케팅을 공부한 경영학박사이기도 하다.
다국적 제약회사 등 제약업계에서 10년 이상 경험을 쌓았고, 마케팅 석박사 때는 인터넷 마케팅을
전공하여 "인터넷 마케팅"을 저술하고 "가상사회와 전자상거래"를 번역하기도 하였다.
제약, 식품, 화장품, 인터넷이나 IT 제품에 대한 마케팅 컨설팅을 하고 있으며 몇 몇 회사의 사외
이사를 맡고 있기도 하다.

편역자의 말_

우리나라는 말할 것도 없고 세계 어느 도시의 백화점을 가든 1층의 가운데를 장식하는 것은 유럽이나 미국에서 온 글로벌 화장품 브랜드들이다… 이었다. 최근 들어 중국이나 동남아 그리고 한국의 몇 몇 백화점 1층에 매장을 연 한국 브랜드들이 부쩍 늘었다는 것은 그 만큼 높아진 한국 화장품들의 위상을 설명해 주는 것이자 한국 브랜드들에게는 매우 고무적인 일이 아닐 수 없다.

이번이 두 번째 번역작업이었다. 첫 번째는 IT였고 이번엔 바이오다. 둘 다 시장이 너무 뜨고 있어서 마케팅이라는 것을 말할 필요 조차도 느끼지 못할 지경이라 해도 과언이 아닌 바로 그 때 마케팅 담당자뿐만 아니라 기업의 임원진들이 효율적인 경영과 체계적인 마케팅에 대한 인식과 개념이 필요한 시점이라고 생각했다. 그것이 첫 번째 번역 책 "가상사회와 전자상거래"가 나온 계기였고, 이제 이번 책의 번역을 결심하게 된 계기이기도 하다.

어떤 책이든 번역 작업이 쉬운 일은 아니지만 한편 한 페이지씩 만들어 가는 작업 자체는 행복하고 즐거운 과정이기도 하다. 무엇보다 초벌 번역에 동참해준 김원과 어색한 번역 부분이나 오탈자 수정을 도와준 후배가 그 여정을 즐겁게 도와준 동반자들이었다. 또 이 책의 번역을 처음 의논했을 때 격려해준 주변의 선배님들과 친구, 후배들에게도 감사의 뜻을 전하고 싶다.

무엇보다도 이 책의 출간을 흔쾌히 맡아 주신 장업신문 대표님과 편집장님께 감사드린다.

화장품 분야의 시장이 커지면서 투자자들도 많아져 새로운 브랜드의 개발이 쉬워진 것은 사실이지만 상대적으로 경쟁이 심화되고 마케팅 비용이 급격히 증가하고 있는 것 또한 부인할 수 없다. 한국의 IT제품과 한류 문화 컨텐츠들이 그리 하였던 것처럼 화장품 벤처들이 붐을 이루고 화장품 학과들이 생겨나고 있는 작금의 상황에 효율적인 경영과 체계적인 마케팅을 통하여 IT에 이은 바이오 강국으로서 대한민국이 다시 한번 도약하는 데에 미약하지만 한 모퉁이 도움이 될 수 있길 기대해 본다.

2017년 4월 역자 한영주

추천사_

이두희

고려대학교 경영대학교수(현)
한국경영학회 차기회장(현)
한국마케팅학회 회장
한국광고학회 회장
한국소비문화학회 회장

대한민국의 화장품은 이제 국제적 인지도와 경쟁력을 갖추고 있다. 산업의 특성상 진입장벽이 그리 높지 않고 마켓의 니치가 곳곳에 있어 창업이 활성화되어 있다. 그리고 한국의 화장품이 아시아 곳곳에서 역사 이래 최고의 인기 상품이 되어 한류의 중요한 축을 담당하고 있다. 그 결과 수많은 새로운 브랜드들이 출시되고 치열한 경쟁을 하고 있다. 이에 따라 그 어느 때보다 체계적인 회사경영과 적극적 화장품 마케팅이 요구되고 있다.

대학에서도 다양한 화장품 학과가 생겨나고 대학원 과정에서도 화장품을 연구하고 좋은 화장품을 생산하고자 하는 노력이 다방면에서 이루어지고 있다. 그러나 생산에 관한 교육과 노력에 비하여 판매에 관한 교육과 노력은 상대적으로 부족한 것이 현실이다.

이러한 시점에 이 책의 출판은 참으로 시의적절하다. 이 책은 화장품 회사 설립과정부터 인재를 영입하고 제품을 생산하여 마케팅하는 전 과정을 이론을 바탕으로 하면서도 실무적으로는 섬세한 지침을 주고 있다. 화장품은 잘 알지만 경영이나 마케팅을 잘 모르는 사람들도 쉽게 이해하고 습득할 수 있어 화장품 경영에 도전하는 많은 분들에게 큰 실질적인 도움이 될 것이다.

저자인 한영주박사는 뛰어난 마케팅 이론 연구자며 국내뿐만 아니라 글로벌 시장의 다양한 업종에서 실무 경험을 겸비한 실로 이론과 실무를 통섭한 전문가이다. 그는 일찍이 1990년대에 인터넷마케팅이라는 저서를 나와 공저할 수 있을 정도로 혜안과 선지적 통찰력이 뛰어난 분이다.

독자들은 이 책 곳곳에서 한영주 박사 특유의 미래를 미리 보고 적절한 전략적인 대응을 하게하는 섬세함을 공감하며 체득할 수 있을 것이다.

이 책을 통하여 좋은 화장품을 제대로 마케팅함으로써 한국 화장품의 브랜드 가치를 높이고 중국을 비롯한 아시아 지역뿐만 아니라 화장품의 본 고장인 유럽과 미국에서도 당당히 그 브랜드의 위상을 높여 성공을 창출하는 화장품 경영의 선도자가 되기 소망한다. 화장품 경영의 선도자들에게 이 책을 적극 추천하는 바이다.

박수남

서울과학기술대학교 정밀화학과 교수
대한화장품학회 회장(전)
화장품종합기술연구소 소장(현)
아모레퍼시픽기술연구원
(구, 태평양 기술연구원 생화학연구실장)

어떤 화장품이 좋은 화장품일까? 어떻게 하면 더 좋은 화장품을 만들 수 있을까? 이런 고민을 하는 후배나 제자 혹은 지인들에게 이 책을 추천하고 싶다. 이 책은 "내가 만들고 싶은 좋은 화장품"이 아니라 "고객이 사고 싶어하는 화장품"에 대한 화두를 던져주기 때문이다.

아무리 좋은 화장품을 만들어도 고객이 알 수 없고, 알지만 선택하지 않는다면 그것이 화장품을 만드는 기업이나 사람에게 무슨 의미가 있겠는가

화장품 사업으로 소위 대박을 만들어 보겠다는 꿈을 가진 수 많은 벤처들과 사람들. 그 사람들에게도 이 책은 유용할 듯 하다. 그 어느 때보다 화장품 산업이 활기를 띠고 있는 요즘이지만 이제 만들기만 하면 팔리는 시대가 지났다. 이미 한국시장은 포화상태를 넘어 과포화 상태가 되었고 중국이나 타국 시장에서도 서로 경쟁하는 상황이다 보니 "고객이 사고 싶어하는 화장품"을 만드는 것이 그 어느 때보다 중요한 시점이라 할 수 있다.

이러한 시점에서 이 책은 화장품은 잘 만들지만 사업을 잘 알지 못하는 사람들에게 좋은 지침이 될 수 있을 거라 생각한다. 무엇보다도 너무 시시콜콜하게 자세하다고 할 만큼 꼼꼼한

체크리스트들이 특히 맘에 들었다. 회사를 설립할 때 필요한 물품 리스트부터 꼭 확인해야 하지만 의미를 알기조차 힘든 재무적인 내용에다가, 투자를 잘 받으려면 어떤 것들을 준비해야 하는 지에 이르기까지…. 이 책을 다 읽지 않더라도 체크리스트들만 보아도 좋을 듯하다.

특히, 원 저자와 협의하여 한국판 참고 리스트를 곳곳에 삽입하여 한국적 상황에 더욱 잘 적용할 수 있도록 하여 이 책의 유용성을 높였다.

한국의 화장품이 중국 시장에 힘 입은 잠깐의 유행이 아니라 제품력과 브랜드의 기반을 잘 다져 세계시장에서 인정 받고 세계 상위 브랜드에 오르는 그 날을 기대하며…

[화장품회사 사업계획서]

날짜	
회사명	
기획 기간	2017 – 2019
설립자: (설립자 이름은 등기서류 포함된 이름 모두 기재)	
이름: 이름:	
연락처	
대표이사	
주소	
시/도/우편번호	
전화번호	
휴대폰번호	
팩스	
웹사이트	
이메일	
최종 승인	
날짜	
연락처	

이 문서는 기밀정보를 포함하고 있으며, 귀하(귀사)에게 정보제공의 목적으로만 공개한다. 문서의 내용은(회사명)의 소유이며, (회사명)의 요청이 있으면 반납해야 한다. 본 문서는 사업계획서이며, 사업의 성공을 보장하는 것은 아니다.

[기밀유지 협약]

일반적으로 사업계획서와 관련해서 ___________(회사명)는 상황에 따라 ___________(개인)에게 사업계획과 회사의 재무정보와 관련된 특정 기밀정보나 거래기밀을 공개할 수 있다.

___________(개인)은 이 협약을 위배하지 않는 선에서 정보를 제공할 수 있다. ___________ (개인)은 정보를 알아야 하는 합당한 이유가 있는 경우에 한하여 임직원들에게 정보를 공개하며, 정보를 보호하기 위하여 최선의 노력을 한다.

___________(회사명)가 지정한 모든 정보에 관해서는 정보공개를 하기에 앞서 문서화해야 하고 확실하게 "기밀" 혹은 "공개금지"와 같이 해당정보의 상태에 대한 명확한 지침을 표시해야 한다. 만약 공개해야 할 ___________(회사명)의 정보가 기계나 기구 같은 문서형태가 아니라면 정보 제공 이전에 혹은 정보 제공할 때 ___________(회사명)에서 기밀 유지를 요구하는 문서를 별도로 제공한다. ___________(개인)은 ___________(회사명)가 정당한 사유로 요구한다면 해당 물건(문서 포함)을 ___________(회사명)에 돌려줄 것을 동의한다.

기밀유지 의무는 아래 상황들이 생길 경우 종료된다.

(a) ___________(개인)의 책임과 관계없이 기밀정보가 일반 대중에게 알려진 경우;

(b) ___________(회사)가 일반 대중에게 정보를 공개한 경우

(c) 정보공개 12개월 이후

(d)) ___________(개인)의 과실이 없는 상황에서 정보의 기밀상태가 해제된 경우.

어떤 경우에도 이 협약에 앞서 ___________(개인)이 이미 알고 있던 정보는 기밀유지의무를 적용하지 않는다.

비즈니스 / 마케팅 계획 지침서

① 전체기획을 끝낸 후, 마지막 단계는 최종 요약섹션으로 마무리하였습니다.

② 본인의 전략적 목적, 목표, 비즈니스 비전에 맞게 기획내용을 자유롭게 편집할 수 있습니다.

③ 재무계획을 위한 모든 공식이 제공되므로 이 공식에 본인의 특정한 상황에 맞는 값을 대입만 하면

됩니다. 재무계획을 위한 엑셀 스프레드시트는 아래 사이트에서 다운받아 사용할 수 있습니다.

▶▶ www.simplebizplanning.com/forms.htm, http://office.microsoft.com/en-us/templates/

④ 기획을 하는 동안 여백에 어떤 값을 넣어야 하는지 예시는 들었지만, 본인의 판단에 따라 예시

든 내용을 제외시킬 수 있습니다.

⑤ 특정 섹션에는 추가적인 도움을 위하여 별도의 워크시트를 제공하였습니다.

⑥ 또한, 몇몇 섹션에서는 여러 개의 선택옵션이 있어 기획의 내용을 변경할 수 있습니다.

⑦ 본 사업계획서에 대한 피드백이나 제안, 지원은 언제든지 환영합니다.

⑧ 표지의 질이나 디자인은 부수적인 사항이니, 이 매뉴얼이 어떻게 긍정적으로 사업의 개시나 발전에

영향을 미치는지 평가해주기 바랍니다.

감사합니다.

Nat Chiaffarano, MBA | Progressive Business Consulting, Inc.
Miramar, FL 33027 | Ph: 954-251-1165 | ProBusConsult2@yahoo.com

Contents 목차

"화장품회사 사업계획서"

Part 1
Executive Summary
경영 개요

Executive Summary
경영 개요

이 장을 읽기 전에_

본 장은 회사 경영의 방침에 대한 가장 핵심적인 내용을 요약한 것이다. 흔히 Executive summary 는 사업개요, 경영 요약 등으로 번역되기도 한다. 보통은 투자보고서나 연차보고서의 맨 앞 부분에 회사를 간략하게 설명하기 위한 것이다.

이 책은 미국의 어떤 지역에 신규 설립한 가상의 화장품 회사에서 발생 가능한 많은 경우를 예를 들어 보여주고 있다. 구체적인 숫자는 ( )로 비워 두거나 개략적인 숫자를 넣어 참고하도록 하였다. 미션, 비전, 핵심경쟁 우위 등에 보여지는 사례들은 회사의 상황에 맞게 변형하거나 선택하여 사용하면 된다.

미국의 지역적, 지리적 여건이 한국과 달라 지역 커뮤니티나 신문에 집중하는 부분, 식약처 등의 법규 관련 부분은 미국에 진출하려는 한국 기업에게 직접적인 도움이 될 수 있기 때문에 그대로 번역하였으며 한국 기업은 한국 상황에 맞추어 이해하고 적용해야 한다.

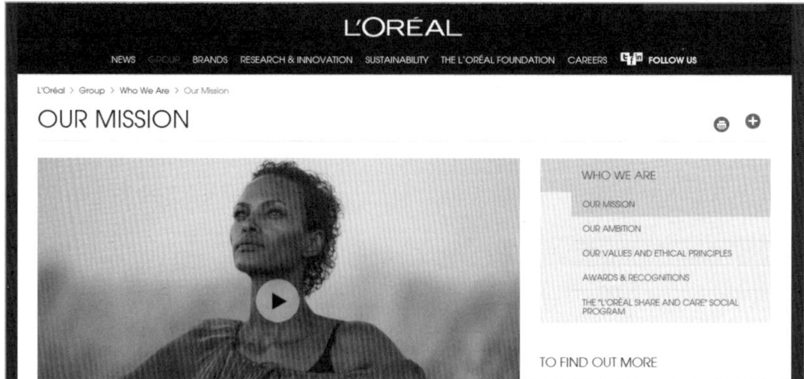

http://www.loreal.com/group/who-we-are/our-mission

산업 개요

대부분의 화장품들은 네 개의 주요 카테고리(스킨케어, 헤어케어, 색조화장품, 향수) 중 하나에 속한다. 화장품 사업은 색조화장품 또는 메이크업, 트리트먼트 또는 스킨케어, 향수, 위생 및 미용용품과 같은 일반적인 분야로 나뉜다:

화장품 산업은 원료를 준비, 혼합 또는 합성, 포장하여 퍼퓸, 향수, 헤어케어, 메이크업, 구강케어, 개인 위생 제품과 같은 개인 미용 및 위생용품들을 만든다. 이 산업에 속한 회사들은 세계적으로 거대한 다국적 기업들이며 대부분 잡화점, 대량 구매 도매상, 전문 소매점상을 통하여 제품을 판매하고 있다.

사람들이 합성화학 상품을 대제할 제품을 찾기 시작하면서 천연 재료로 만든 화장품이 인기를 끌게 되었고 몇몇 가족회사들이 자연적인 방법으로 화장품을 만들기 시작했다. 천연 화장품 시장은 넣 넌 안에 천연제품 산입의 에싱수지에 도달하거니 넘이설 것으로 예상된디. 소매상들은 특히 건조하고 예민한 피부를 위한 천연 제품의 반복적 구매와 고객충성도에 주목하고 있다. 대중들이 천연 화장품이 피부에 좋은 이유를 더 많이 알게 되어 제품을 더 많이 사용해본다면 판매가 증가할 뿐만 아니라 그 증가세는 지속될 것이다. 천연 화장품에 대한 수요가 늘어나면서 소규모 화장품 회사들이 시장에 전문 천연 화장품을 제공할 수 있는 기회가 생겼다. 사실 미네랄 처방 화장품이 시장에서 요즘 가장 인기 있는 미용 상품이다.

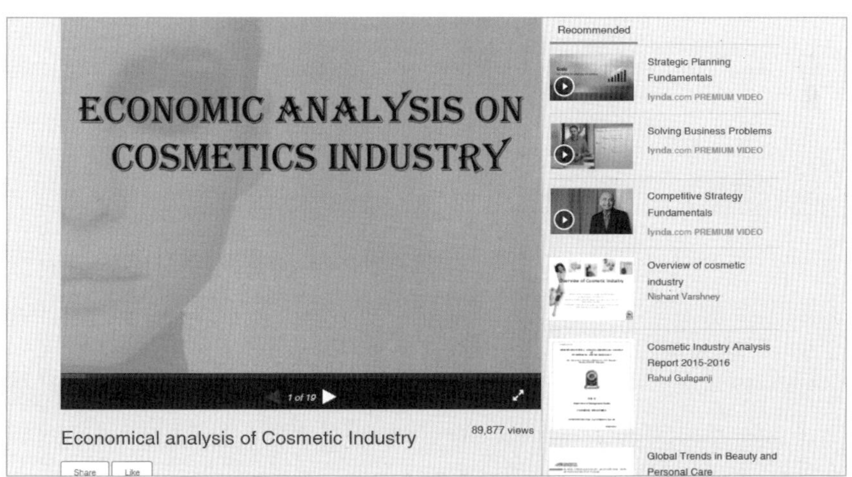

www.slideshare.net/lovee911/economical-analysis-of-cosmetic-industry

사업개요

___________(회사명)은 ___________(시)지역의 ___________건물에 위치한 종합화장품 제조 및 서비스 판매 회사가 되고자 한다.

___________(회사명)는 고품질의 스킨케어 제품과 화장품을 생산하는 회사가 되려고 한다. 우리는 획기적이고 상세한 토털 서비스를 제공하여 제품 뿐만 아니라 서비스로 인정받는 회사가 될 계획이다. 회사의 고객은 전세계의 살롱, 피부과 전문의, 미용사, 전문 미용 학교, 유명 메이크업 아티스트 등 다양한 규모의 고객을 포함한다. ___________(회사명)은 ___________(도시)에 위치한 기업으로서 해당 지역의 아울렛 매장에서는 천연 화장품을 소비자에게 직접 판매하고 ___________(도시)의 타겟시장에서는 도매대리점을 운영할 것이다. 이 회사는 ___________(날짜)에 ___________(대표이사)가 설립하였다.

___________(회사명)은 적절한 가격의 100% 천연, 유기농 화장품을 만듦으로써 경쟁력을 갖추고 시장 점유율을 확보할 것이다. 본 회사는 훌륭한 고객 서비스, 편리한 영업시간, 다양한 고품질 화장품의 폭 넓은 선택, 개인화 서비스, 박식한 직원, 다중 판매 채널, 경쟁력 있는 가격 책정에 특별히 중점을 둔 시장 선두주자의 모범기준을 따른다. 생산과정을 잘 모니터 하여 머천다이징과 재고관리와도 연계한다.

화장품 회사는 아래 항목들로 경쟁한다:
1　매달 소개되는 신상품을 포함한 상품의 다양성.
2　구매가 용이한 웹 스토어 레이아웃과 디자인.
3　우수한 고객 서비스와 전문적 기술 지식.
4　뛰어난 머천다이징 가치.
5　개별 맞춤형 화장품 서비스.

아래 항목들을 이유로 우리가 ___________(지역)에서 선택 받는 화장품회사가 될 것으로 생각한다:
1　고객이 상품에 대해 충분히 이해하고 구매를 결정하게 도울 수 있도록 직원의 역량을 지속적으로 발전시킬 수 있는 교육 프로그램을 만든다.
2　설문지를 만들어 고객의 바뀌는 니즈와 욕구를 조사하고, 고객 선호도에 대한 개요와 희망사항 목록을 만들어 고객들의 만족도 정도를 표시할 수 있게 한다.
3　우리는 개별 맞춤형 제품과 개인화 서비스가 필요한 고객에게 원스톱 서비스를 제공한다.
4　고객들에게 양질의 서비스와 만족을 제공할 것을 보증한다.

성공을 위해서 ___________(회사명)은 아래 항목들을 실행해야 한다:

1 앞서 언급한 차별화 전략을 가진 화장품회사에 대한 수요가 있음을 확인하기 위해 광범위한 시장
   조사를 해야 한다.
2 우수한 고객 서비스를 최우선으로 한다.
3 총 천연 화장품산업과 트렌드를 신속하게 파악한다.
4 모든 고객들의 기대를 정확히 평가하고 그 기대를 넘어서는 제품과 서비스를 제공한다.
5 지속적이고, 수익성 높은 판매와 구전효과를 만들기 위해 고객과 장기적인 신뢰관계를 구축한다.
6 높은 수익률을 달성하고, 유지하기 위해 생산공정의 효율성을 높인다.

상품과 서비스

회사의 가장 중요한 수익원은 독특한 화장품을 직접 고객에게 소매 판매하는 것이다. 회사의 고객층에게 광범위하고 다양한 제품 라인을 제공할 수 있도록 다수의 공급원을 찾고 있다. ___________(회사명)은 웹사이트를 통해 제공되는 화장품 맞춤 생산 서비스가 회사의 2차 수익원이 될 것이다. 이 맞춤서비스의 이윤 폭이 일반 화장품 판매보다 더 크기 때문에 중요한 수입원이 될 것이다. ___________(회사명)은 100% 천연 유기농 재료로 만든 가장 인기 있는 화장품을 판매하며 화장품회사의 운영에 관한 모든 법규를 준수한다.

미션 선언문

___________(지역)에서 우리 사업의 기회를 살려줄 독특하고 유일한 고객 맞춤 제품을 생산하여 인정받는 리더가 되는 것이다. 고객이 지금껏 만나지 못했던 니즈와 욕구를 충족시키기 위해 고객에게 더 나은 가치를 가져다 줄 다음과 같은 독특한 해법을 제안하고자 한다.

제품

___________(회사명)은 눈 화장 리무버, 클렌징 크림, 세안용 스크럽과 마스크, ___________, ___________, ___________, 바디로션을 포함한 다양한 종류의 제품들을 제공할 것이다.

마케팅 전략

이 기획은 마케팅 전략을 세우기 위해 실시했던 1차 및 2차 조사 결과를 토대로 만들었다. 재무 계획 및 예상 매출을 도출 하고자 다양한 사람들과 다른 분야의 중소기업들과 함께 논의하고 인터뷰를 진행하

였으며 시장 잠재성과 경쟁 상황을 파악하기 위해 인구통계 자료, 사업패턴, 다른 목표들을 조사하였다. 본 마케팅 전략은 정해진 타겟 시장에 도달하기 위해 비용 효율적 접근법을 사용하였다. 제품과 서비스를 촉진하기 위한 기본 접근 방식으로 지역사회의 핵심 영향력 행사자들과 관계를 형성하고 도매망 구축을 위해 박람회에 참석하며, 잘 알려진 온라인 쇼핑몰을 통해 온라인 판매를 증진시키는 등 연관된 일련의 활동을 통하여 확고한 고객층을 확립하고자 한다.

_____________(회사명)은 시간 절약을 할 수 있는 편의를 제공하고, 건강을 증진시키는 유기농 성분에 기초한 제품과 서비스 및 별도의 특별한 서비스를 제공함으로써 충성도 높은 고객 관계를 개발하는데 집중하고자 한다. 제품의 업그레이드는 트렌드의 반영, 회사에 대한 접근성, 피부 관리 지식, 가치에 기초한 가격 책정을 이끌어내는 원동력이 될 것이며, 경쟁사로부터 우리회사를 차별화하는 기반이 될 것이다. 적극적인 마케팅 기획으로 _____________(회사명)은 지속적인 성장을 기대한다. _____________(회사명)은 고객을 끌어들이기 위해 지역신문, 전단지, 다이렉트 메일링, 지역신문홍보, 웹사이트, 온라인 디렉토리에 광고도 할 것이다. 또한 지역 상공회의소 활동도 활발하게 할 예정이다.

유통 전략

오프라인 소매 아울렛, 인터넷, 영업 사원, 카탈로그 등을 포함하는 포괄적인 유통 네트워크를 구축할 예정이다. 이러한 멀티채널 접근 방식을 통하여 고품질 제품(개인 관리 제품)을 타겟으로 하는 틈새 시장에 빠르고 효율적으로 도달할 수 있을 것이다. 본 전략은 _____________(회사명)을 타겟 시장에서 고품질의 _____________(피부/바디 및 메이크업) 브랜드로서 자리매김 하는데 도움을 줄 것이다.

핵심 위험 요인

경영진은 우리의 사업 컨셉에 있는 내, 외부적 위험들을 인지하고 있다. 고품질의, 선별적 가치에 기초한 가격 책정 및 무자극 스킨케어는 우리 화장품을 이용하고자 하는 소비자 구매 결정의 핵심 요인이다. 회사의 예상 매출을 달성하기 위해 소비자들은 우리의 제품을 양질의 제품으로 받아들이고 반복적으로 구매하고 주변에 우리 제품을 추천하는 고객이 되어야 한다. 고객 및 고객이 추천한 친구와 확고하고 신뢰하는 관계를 형성하는 것이 _____________(회사명)의 핵심 성공요소이다.

고객 서비스

수익에 연연하지 않으면서 동시에 고객을 돕기 위해 모든 기회를 이용할 것이다. 시기적절하게 선물 패키지 같은 부가가치 서비스를 제공하고 추가적인 액션을 취함으로써 경쟁사들보다 무언가를 더 함으로써, 경쟁사들 보다 더 돋보이기 위해 노력한다. 회사는 장기적인 관점을 가지고 고객의 평생가치에 집중한다. 고객의 반응을 세심히 고려하여 ___________(회사명)은 모든 서비스 기대치를 충족시킬 것이다. 양질의 서비스, 빠르고 세련된 반응이 그대로 철학이 되어 고객중심의 접근방식으로 사업을 이끌어 갈 것이다.

사업 계획서의 목적

이 사업 계획서는 향후 3년동안 화장품 회사 발전 목표를 이루는데 필요한 방향, 비전, 계획을 상세히 제시한다. 이 문서의 목적은 회사를 위한 전략적 사업 계획을 제공하고 신생 화장품 회사를 위한 자금조달의 한 부분으로, 장비, 재고, 원재료를 구입할 수 있는 $ ___________의 5년 은행 대출을 받기 위한 것이다. 이 계획은 ___________(회사명)의 강점과 약점을 함께 보여준다. 전제 조건들이 언제든 바뀔 수 있기 때문에 예상 수익과 대출 상환이 제때에 실현될 수 있게끔 실제 재무 실적을 면밀히 관찰하고 필요할 경우 사업 계획서를 조정할 것이다.

회사개요

본사는 ___________(날짜) ___________지역)에 ___________(회사형태)로 설립되었다.

사업 목표

우리의 사업 목표는 ___________(회사명)의 ___________브랜드를 계속해서 발전시키는 것이다. 그렇게 하기 위해서 우리는 아래 항목들을 실행할 계획이다:

1 우수한 고객 지원 서비스와 함께 합리적인 가격에 양질의 총 천연 화장품을 제공한다.
2 품질 관리와 효율적인 운영을 지속하는 데에 집중한다.
3 가장 윤리적이고 제품 지식이 많은 직원을 뽑고 훈련시킨다.
4 일관된 디자인과 메시지를 함유한 마케팅 캠페인을 개발한다.
5 고객에게 맞춤 서비스를 제공할 수 있는 능력을 개발한다.

위치

___________(회사명)은 ___________(시) ___________(구) ___________(동)에 있는 ___________(복합건물 명)에 위치한다. ___________(매입/임대)한 자리는 접근이 용이하고 ___________명의 고객과 직원을 위한 충분한 주차 공간을 제공한다. 이 장소는 중상위층의 타겟고객

프로파일을 반영하는 주변 인구 통계학적 특성으로 인해 매력적인 입지조건을 갖추고 있다.

운영 전략

우리의 ＿＿＿＿＿＿＿(화장품/스킨 및 바디케어)제품은 ＿＿＿＿＿＿＿(장소)에 위치한 위탁생산시설에서 ＿＿＿＿＿＿＿(회사명)가 개발하고 생산할 계획이다.

경쟁우위

＿＿＿＿＿＿＿(회사명)은 고품질의 다양한, 100% 천연 유기농 화장품을 경쟁력 있는 가격으로 제공하고, 스킨케어 전문지식, 멋지게 전시된 매장과 최신 소프트웨어를 사용하여 판매와 더불어 재고를 관리하고, 온라인거래를 가능하게 함으로써 시장에서 경쟁력 있는 회사가 될 것이다. 나아가 고객으로부터 신뢰를 얻고 도덕성이 뛰어난 회사로서의 명성을 유지할 것이다. 기술적으로 앞선 장비가 갖추어진 최신 생산설비 및 연구개발, OEM생산 및 포장시설을 포함한 생산시설 또한 완비하였다.

가격책정 전략

신중하게 시장상황을 비교하고, 포장크기를 조정하여, 고품질 제품과 브랜드를 중간 혹은 저렴한 가격으로 공급하는 가격전략으로 포지셔닝한다.

경영 팀

＿＿＿＿＿＿＿(회사명)은 ＿＿＿＿＿＿＿(대표이사)와 ＿＿＿＿＿＿＿(공동소유주)가 운영한다. ＿＿＿＿＿＿＿(대표이사)는 ＿＿＿＿＿＿＿(대학 명)에서 ＿＿＿＿＿＿＿학위를 받고 ＿＿＿＿＿＿＿(화장품산업)의 ＿＿＿＿＿＿＿(이전 근무회사명)에서 ＿＿＿＿＿＿＿년간 근무한 경험이 있다. 재직 기간 중에 ＿＿＿＿＿＿＿(그/그녀)는 사업의 연간수입을 $＿＿＿＿＿＿＿에서 $＿＿＿＿＿＿＿이상으로 키우는데 이바지했다. ＿＿＿＿＿＿＿(공동소유주)도 ＿＿＿＿＿＿＿배경을 가지고 ＿＿＿＿＿＿＿회사에서 회사의 수익을 ＿＿＿＿＿＿＿% 증대시키는데 기여하였다. 이를 통해 얻어진 기술과 업무경력, 학력이 이 화장품회사의 성공에 큰 역할을 할 것이다. 게다가 ＿＿＿＿＿＿＿대표이사는 ＿＿＿＿＿＿＿분야에 대해 광범위한 지식을 가지고 있고 ＿＿＿＿＿＿＿와 관련된 분야에서 ＿＿＿＿＿＿＿년간의 다양한 업무경력이 더해져 본 사업을 성공적으로 이끌어줄 틈새시장 기회를 포착하였다. ＿＿＿＿＿＿＿(대표이사)는 일상업무 내에서 효과적인 고객응대를 위해 모든 측면에서의 사업과 서비스 개발을 주도할 것이다. ＿＿＿＿＿＿＿(대표이

사)에게 개별적으로 훈련 받아 자격을 갖춘 판매원들이 추가적인 지원서비스를 제공할 것이다. 보조 인력은 계절적 요인이 있거나 추가 근무가 필요할 경우 추가 투입될 예정이다.

성공적인 업적 요약

___________(회사명)은 기존의 성공을 바탕으로 성공할 수 있는 독특한 조건을 갖추고 있다:

1 기업 실적: 대표이사와 경영 팀은 _________을 포함한 많은 성공한 벤처들을 출시하는데 도움을 주었다.

2 주요 달성 업적: 설립자들은 직원 채용과, 핵심 기술 개발, 초기 재고확보, _________(제품/서비스)의 시험 판매, $_________의 매출 실현, 웹사이트 론칭을 위해 지금까지 $_________을 투자 하였다.

창업 자금 조달

___________(대표이사)는 대주주로서 $_________의 초기 투자와 더불어 기업에 대한 재정적인 지원을 담당한다. $_________의 추가적인 자금은 지역 내 상업은행 _________에서 중소기업 대출담보로 확보한다. 이 자금은 회사설립 비용, 사무실이나 공장, 매장 임대를 위한 자금 조달, 사무실 인테리어, 물품 구입, 허가와 라이센싱 자금, 직원 교육, 운영 첫해에 드는 지출을 감당하기 위한 실비 및 운영 자금 등 회사를 시작하는데 사용할 예정이다.

재무계획

우리는 _________(날짜)에 영업을 시작할 계획이다. _________(회사명)은 _________(월/년)에 끝나는 회사의 첫 해에 $_________이상의 수익을 낼 것으로 예측했다. 이윤은 ___%정도로 예상된다. 초기 자본금에 투자된 $_________를 기반으로 경영 2년째에는 $_________의 순이익을 낼 것이다. 총 투자자본 회수는 _________개월의 경영기간 안에 실현될 것으로 예상한다. 더 나아가 경영 _________년 차부터는 현금흐름이 플러스가 될 것으로 예상한다. 우리는 3년 안에 우리의 순이익이 $_________에서 $_________이상으로 증가 할 것으로 보고 있다.

재무 프로필 요약

주요 지표	2017	2018	2019
총수입			
비용/지출			
매출 총이익			
영업 이익			
순이익			
세전영업 현금흐름			
총 마진 수익률 (GMROI*)			

GMROI(Gross Margin Return on Investment)=총 마진 수익률. 1년동안, 매상 총 이익에서 투자한 금액1달러당 얼마를 받을 수 있는지 알려준다.

EBITDA (Earnings Before Interest, Taxes, Depreciation and Amortization)= 수익 − 비용(세금, 이자, 감가상각, 부동산양도 제외)

세전영업 현금흐름은 이자, 세금, 감가상각, 부동산양도 차액을 고려하지 않은 순이익을 나타내며, 이는 재무나 회계적인 의사결정의 효과를 포함하지 않기 때문에 회사와 산업 사이의 수익성을 비교하는데 사용할 수 있다.

매출 총이익(%) = (수익 − 매출원가) / 수익

순이익 = 총수익 − 매출원가 − 기타비용 − 법인세

재무계획 주요가정

필요 초기자본금:

　　　　건물 개량공사: \$____________, 장비: \$____________, 설립 초기 운영자본: \$____________

　　　　운전자본: \$____________

수익 성장:

　　　　초기 수익기반이 작기 때문에 ____________(상품 및 서비스의 종류)와 도매업 수익이 1년차, 2년차에 빠르게 성장

인건비:

　　　　총비용의 ____________(e.g. 60)%를 차지하는 인건비로 인해 현금 경비 지출속도는 1개월에 \$____________이다. 모든 직원들에게 제공하는 임금으로 급여세와 의료보험도 포함한다.

운영비:

　　매출원가는 수익의 ＿＿＿＿＿＿＿＿(e.g. 35)%로 시작해, 3년차에는 ＿＿＿＿＿＿＿(e.g.
　　31)%까지 줄이도록 설계하였다. 나머지 비용은 집세/지대/임차료, 전기/수도, 보험, 장비
　　유지비 등의 예측 가능한 고정 비용이다. 총 경비 지출 ＿＿＿＿＿＿＿(e.g. 5)%이하의 소
　　액 마케팅 경비는 임의로 결정하여 사용할 수 있게 하였다.

대차 대조표 고려사항:

　　외상 매입금과 외상 매출금의 ＿＿＿＿＿＿＿＿(e.g. 75)%는 30일내에 지불하거나 수금하며,
　　나머지 ＿＿＿＿＿＿＿(e.g. 25)%의 지불기한은 둘 다 15일로 예측한다.

운영 자본:

　　$＿＿＿＿＿＿＿의 초기 운영 자본은 6개월분의 고정 비용을 감당하기에 충분하다. 운영 자
　　본의 투입은 2년차에 필요해질 텐데, 이는 자기자본으로 할 예정이지만 ＿＿＿＿＿＿＿(회
　　사명)의 부채로 유입할 수도 있다.

철수 전략

사업이 매우 성공적이면, ＿＿＿＿＿＿＿(대표이사)는 주가의 몇 배 가격으로 제3자에게 사업을 팔
려고 할 수 있다. 아마 회사는 자격 있는 사업 중개인을 고용해, ＿＿＿＿＿＿＿(회사명)을 대신해
사업을 매각할 것이다. 기존 영업실적을 기초로 봤을 때, 영업프리미엄을 주가의 ＿＿＿＿＿＿＿배
까지 만들 수 있을 것이다.

요약

검증된 사업 모델과, 조직을 이끄는 확고한 경영 팀의 결합으로 ＿＿＿＿＿＿＿(회사명)은 장기적이고
수익성 있는 사업이 될 것이다. 신규 제품의 시장 기회와 성장을 이끌어내는 회사의 실질적인 능력으로
브랜드의 컨셉트를 이해하는, 재능 있는 사람들을 회사로 불러 모을 수 있을 것으로 믿는다.

1) 전술적 목표 (Tactical Objectives)

아래 전술적 목표는 수량적 결과들을 명시하고 업무 성과를 추적하기 용이하게 만들어 준다. 현실적이고, 세부적인 마케팅 전략과 관련되어 있어, 마케팅 계획의 성공여부를 평가하는데 좋은 기준이 될 것이다.

1 ____________(시)에서 가장 좋은 100% 천연 화장품회사 중에 하나라는 평을 받고 유지한다.

2 최소 ____________(e.g. 30)%의 이익률을 달성하고 유지한다.

3 ____________(e.g. 2)년 안에 수익성 있는 투자수익률을 달성한다.

4 투자자들을 위해 ____________(e.g. 15)%의 내부 수익률을 올린다.

5 ____________(날짜)까지 재능과 의욕이 있는 판매 사원을 모집하고 교육한다.

6 고객에게 고품질의 화장품을 합리적인 가격으로 제공한다.

7 2차년도까지 #개의 ____________전시회에 참가한다.

8 고객의 기대치를 뛰어넘는 것을 최고의 목표로 하는 회사를 만든다.

9 ____________(e.g. 첫해)에 종업원의 급여를 지급하고 회사를 키우기에 충분한 현금흐름을 만든다.

10 ____________(날짜)까지 활발한 네트워킹활동을 하며, ____________단체에서 생산성 있는 중심 멤버가 된다.

11 ____________(날짜)까지 재구매 고객으로부터 얻는 매출이 ____________(e.g. 40)%이상이 되게 한다.

12 ____________(날짜)까지 전체적인 고객 만족도 ___(e.g. 98)% 를 달성한다.

13 ____________(날짜)까지 온라인 쇼핑이 가능한 웹사이트를 디자인하여 개발하고 실제 운영할 수 있게 한다.

14 ____________년 안에 $____________의 총 판매 수익을 달성한다.

15 ____________년 안에 총 판매의 ____________% 이상의 순이익을 달성한다.

16 우수한 서비스와 구전효과를 통하여 총 판매를 전년대비 ____________(e.g. 20)% 늘린다.

17 ____________(날짜)까지 신규고객 유치 비용을 ____________% 줄인다.

18 직원들에게 지속적인 교육과 혜택, 인센티브를 제공하여 직원이직률을 낮춘다.

19 처음 ____________년 동안 연간성장률 ____________(e.g. 20)% 달성을 목표로 한다.

20 ____________(e.g. 1)년차 말까지 대표이사가 $____________의 급여를 받을 수 있게 한다.

21 ____________(e.g. 1)년차 말까지 손익분기점에 도달한다.

22 ____________(회사명) 소매점을 ____________(1/2/3)년차 ____________분기 안에 출시한다.

23 ____________(회사명)의 도매점을 ____________년차 ____________분기 안에 출시한다.

24 ____________(3/4)년차 말까지 평균 이상의 마진율을 달성한다.

전략적 목표

미션 및 비전 선언문과 연결하여 다음 전략적 목표의 달성을 위해 일할 것이다:

1 맞춤 화장품 생산서비스의 질을 전반적으로 향상시킨다.
2 구매자가 더 좋고, 더 빠르고, 더 친절한 서비스를 경험하게 한다.
3 고객과 개인적인 관계를 강화한다
4 적정가격을 제시하고, 온라인 접근성을 향상시킨다.
5 천연재료 사용에 대한 사명을 고지하고 패키지 디자인을 혁신한다.
6 자연친화적 '그린' 사업이 된다.
7 _____________년차 말까지 자기자본 수익을 달성한다.
8 ___________년차에 성공적인 기업공개를 할 수 있도록 ___________(회사명)의 사업을 구축한다.

2) 미션 선언문 (Mission Statement)   (필요항목 선택)

미션 선언문은 조직의 전반적인 목표를 설명하고, 방향을 제시하며, 모든 수준의 경영에 대한 결정에 가이드 역할을 하는 문서이다. 미션을 만드는 과정에서 직원, 자원 봉사자, 다른 주주들의 조언을 장려하고 만든 다음에는 웹사이트와 다른 마케팅 매체를 통해 널리 알릴 것이다.

_____________(회사명)의 미션은 수제 화장품과 바디케어제품의 개발과 사용을 장려하는 오가닉 커뮤니티를 구축하는 것이다. 최상의 제품과 서비스를 제공하여 수익성을 창출할 수 있도록 하며 창의성과 도덕적으로 회사를 운영하기 위해 최선을 다한다. 우리의 미션은 효과가 좋고, 자연의 상쾌한 향이 있고, 피부건강에 좋은 총 천연 화장품을 만드는 것이다.

고품질의 생산 활동준비, 지속적인 R&D 활동, 일괄되고 창의적인 마케팅과 PR 프로그램의 시행을 통하며 _____________(화장품/스킨케어)분야에서 고품질을 대표하는 중요한 브랜드로 _____________(회사명)을 설립하는 것이 우리의 임무이다.
뛰어난 화장품, 그와 관련된 제품과 서비스를 제공하는 것으로 타겟시장에서 주목 받는 선두주자가 되는 것 또한 _____________(회사명)의 임무이다. 고객 만족도를 100% 인지하고 고객 추천과 반복 구매를 통해 장기적인 수익을 내는 것이다. 우리의 미션은 고객 만족을 최우선으로 함으로써 경쟁에서 벗어나고, 고객의 요구에 신속하게 반응하고 정보를 제공하며, 존중할 수 있으며 신뢰할 만할 고객 서비스를 제공하는 것이다.

만트라 (Mantra)

회사조직을 위해 짧은 문장의 만트라를 만들고자 한다. 만트라의 목적은 직원들이 조직의 존재 이유를 정확히 이해하게 해주기 때문이다. 만트라는 제품과 사업방향에 대한 결정을 내릴 때 틀이 되어주며 회사의 원동력을, 목적 또는 중요성을 정의하는 핵심적인 하나의 문장으로 표시하는 것이다. 회사의 만트라는 ＿＿＿＿＿＿＿＿＿＿＿＿＿＿＿＿＿＿＿＿＿＿＿＿＿＿＿이다.

핵심가치

다음 핵심가치는 회사조직을 정의하고, 직원의 행동을 이끌어주며, 운영업무를 지지하고, 여러 도전과 기회를 만났을 때 우리의 전략을 만드는데 도움을 준다. 임무를 성취하기 위해 다음 항목들을 약속한다:

고객과 직원들을 존중하고 도덕적으로 대한다.

고객과 지속적인 관계를 구축한다.

화장품산업에서 혁신을 추구한다.

동료와 주주들에게 책임을 다하는 것을 실천한다.

개인과 법인체로서 지속적인 발전을 추구한다.

내부/외부고객의 니즈를 충족시키기 위해 업무를 제시간에 수행한다.

목표를 이루고 지속적이고 장기적인 관계설립을 위해 조직에 능동적으로 참여한다.

고객, 직원, 주주, 커뮤니티를 전문가로 대우한다.

고객, 직원, 주주, 커뮤니티에 가치를 더하는 프로젝트의 개발을 위해 지속적으로 새로운 기술을 추구한다.

교육을 통해 개인적으로, 전문가로서 발전한다.

회사의 목표를 달성하기 위해 팀워크를 구축한다.

직업적 관계의 모든 분야에서 정직하고 진실성 있게 행동한다.

팀에 대한 충성심과 임무를 달성하기 위해 헌신한다.

진실성 : 우리는 개인과 직업적 관점에서 도덕적인 행동으로 회사에 충실한다.

우수성 : 우리는 언제나 최고의 서비스, 제품, 가격을 제공한다.

우리는 항상 고객의 기대치를 넘으려고 노력한다.

신뢰성 : 고객들에게 우리의 지식과 전문성에 대한 믿음과 자신감을 알려주기 위해 양질의 서비스를 제

공한다.

존　중 : 서로 다름을 존중하고, 품위를 지키고, 가치를 인지함으로써, 지위, 상태, 필요에 관계없이 모든
　　　　고객과 상호존중을 이룬다.

팀워크 : 우리는 독특한 기술을 가진 개인이 효과적인 커뮤니케이션을 통해 공동의 목표를 훌륭하게 달
　　　　성하기 위해 하나로 모인 그룹이다.

평　등 : 우리는 모든 고객과 직원들에게 공평하고 동등한 대우를 해줌으로써 서로간의 존중이 생길 것
　　　　이라고 믿는다.

3) 비전 선언문 (Vision Statement) (필요항목 선택)

본 비전 선언문은 우리조직의 목적과 가치를 알려줄 것이다. 직원들에게는 그들의 행동에 대한 방향을
잡아주고, 그늘이 최선을 다할 수 있게 격려한다. 고객들에게는 그들이 왜 우리조직과 함께 일해야 하
는지 이해하는 것을 도와준다.

_______________(회사명)은 양질의 재료사용과 우수한 고객서비스를 통해 100% 천연 화장품 생산산업
에서 우수함의 기준이 되기 위해 노력할 것이다. 우리의 목표는 PB제품, 유명브랜드 색조화장품 및
스킨케어 제품 생산회사의 선두가 되는 것이다.

_______________(도시), _______________(도)에서 랜드마크 사업체가 되고 유기농 화장품 재료, 생산관
리, 편리한 온라인 쇼핑의 질이나 가치뿐만 아니라 경험제공과 더불어 자선사업에 관여하는 것으로도
알려지는 것이 우리의 바람이다.

_______________(회사명)은 총 천연 화장품 사업에 대해 배우는데 끊임없는 열정을 가지고 운영하도록
노력하고, 새로운 아이디어를 시행하고 바뀌는 유행과 고객의 니즈와 욕구를 기꺼이 수용한다. 또한 명
분 있는 지역 커뮤니티에 가입하여 활발하게 활동하며 책임 있는 회원으로 지속적으로 활동한다.

4) 핵심 성공요소 (Keys to Success) (필요항목 선택)

포괄적인 의미로 성공비결은 고객이 원하는 걸 제공하고, 그것을 경쟁사보다 더 잘 하는 것이다. 아래 중요한 요인들은 우리회사가 성공적으로 운영되고 목표를 이루기 위해 우수한 모습을 보여야 하는 분야이다:

1 우수 제품을 개발하고 제대로 생산할 수 있어야 한다.
2 특정 재료를 다룰 때의 안전기준을 반드시 시행한다.
3 다양한 공급자로부터 직접 수입하기 위해 주요한 원료의 무역박람회에 참가한다.
4 윤리강령과 소비자 만족보증을 공개하여 신뢰를 쌓는다.
5 마이너스 현금흐름기간에 대비해야 한다.
6 현지 경제사정이 바뀌는 것과 같이 현금흐름에 극적인 영향을 주는 일들에 대해 경계를 게을리 하지 않는다.
7 타겟 틈새시장에서 수요가 많은 보완제품과 서비스로 마이너스 현금흐름기간을 극복할 수 있도록 추가적인 수익흐름을 개발한다.
8 양질의 재료로 우수한 화장품을 만든다.
9 화장품을 생산하고 포장할 때 창의적이어야 한다.
10 판매, 회계, 경영, 고객서비스를 포함한 모든 절차를 위한 전문 컴퓨터 소프트웨어 시스템을 설치하고 사용한다.
11 다양하고 특별한 아이템에 가치를 부여하기 위해 필요한 교육자료, 연락처와/또는 참고자료를 소장한다.
12 필요한 자격증/허가증, 사업계획서, 도매자재의 구매처, 마케팅 계획을 확실하게 만든다.
13 정기적으로 진행중인 고객 피드백을 확보한다.
14 우수한 고객 서비스를 제공하여 고객 충성도를 구축한다.
15 메이크업한 모습, 고객증언, 유용한 기술적 정보를 제공하고, 온라인 주문이 가능한 웹사이트를 출시한다.
16 지역 커뮤니티에 지속적으로 참여하고, 전략적 비즈니스 파트너십을 개발한다.
17 경쟁사로부터 우리의 질과 가치를 차별화할 수 있는 비용 효율적인 타겟 마케팅 캠페인을 한다
18 직원 보상 계획요소로 성과급제도를 실시한다.
19 회사목표에 따라 항상 비용을 조절하고 예산을 관리한다.
20 모든 경영과정이 지속적이고 반복적으로 확실하게 운영될 수 있도록 실행하고 관리한다.
21 최고의 기술을 꾸준히 연습할 수 있게 직원훈련을 실시한다.
22 구전은 우리의 가장 강력한 광고 자산이기 때문에 커뮤니티 내에서 적극적으로 네트워킹한다.
23 양질의 제품으로 고객을 유지해, 재구매를 만들어내고 주변에 권유하게 한다.

24 고객들이 서비스를 더 많이 사용하고 구매권유를 하도록 브랜드 인지도를 높인다.

25 새로운 통찰력 있는 관점이 생기는 경우, 수정이 가능하도록 유연성 있게 사업계획서를 만든다.

26 고객과 합의된 내용은 각자의 이해관계를 보호하기 위해 즉시 서면으로 작성한다.

27 서비스가 불충분한 틈새시장의 니즈에 초점을 맞춘다.

28 고객서비스뿐만 아니라 진실성과 배려도 실천한다.

29 여성잡지를 조사하고, 현지 선물가게, 향수가게, 부티크/양품점을 방문해 어떤 것이 잘 팔리는지 기본적인 아이디어를 습득한다.

30 어떤 성별과 연령대에서 어떤 특별한 상품을 더 많이 구매하는지 조사한다.

31 우아한 포장이나 박스를 제공한다.

32 지속적으로 화장품 제조에 대해 배우고 기술과 예술성을 발전시켜 독특한 스타일을 만든다.

33 시장이 얼마나 감당할 수 있는가를 염두에 두고 이익을 낼 수 있게 제품의 가격을 책정한다.

34 자금을 묶어두는 재고와 완성된 상품을 과잉 저장하지 않는다.

35 제품을 사용하면 좋은 점을 고객에게 가르쳐 줄 준비를 한다.

36 나랑구매 시 할인해주고, 립밤, 스크럽, 로션으로 교차판매를 실시한다.

37 컬렉션에 들어있는 개별 제품으로 이루어진 아이디어나 테마 혹은 컬렉션 자체로 스토리를 말할 수 있는 응집력 있는 컬렉션 상품(세트상품)을 만든다.

38 선물을 주고 받는 휴가기간에 상품권을 증정하여 최고의 고객을 사로잡는다.

39 만들고 싶은 화장품이 아닌 고객이 사고 싶은 화장품을 만드는 데에 초점을 맞춘다.

40 투자된 재료와 시간에 비해 좋은 이익을 내는 상품을 만든다.

41 고객들이 다시 찾을 수 있게 항상 새로운 제품을 만들어 낸다.

42 특별주문을 받도록 열심히 노력한다.

43 신용카드와 예약 할부를 포함한 여러 지불 방법을 제공한다.

44 생산 니즈에 맞는 유연한 고품질의 몰드를 사용한다.

45 쇼핑몰에서 구매할 때는 얻을 수 없는 개별적인 감동을 더한다.

46 매 구매마다 기한이 정해진 할인쿠폰을 포함시킨다.

47 서로 다른 가격대의 제품을 내놓는다.

48 네트워크 마케팅에 들어가기 위해 다른 가격대로 물건을 파는 사람과 협력한다.

49 제품재료, 환불정책을 포함한 고객 만족보증, 생산자의 이력 (가급적이면 사진과 같이), 제품의 여러 세부 사진들, 다른 고객들의 추천들을 제시함으로써 온라인 판매를 늘린다.

50 유기농 제품 사용자들과 같은 틈새시장을 노리고, 검증된 유기농 재료만을 사용한다.

51 상품 태그에 연락처를 기재해 구매자의 신뢰를 얻도록 한다.

52 기본 선물로 제품을 증정할 때 항상 양질의, $20 이하 상품을 포함 시킨다.

53 고객이 두 개 이상의 상품을 구입할 때는 더 나은 구매조건을 제안한다.

54 추가 서비스로 무료 선물포장지를 제공한다.

55 재고관리는 중요한 현금흐름 관리요소이다.

56 소매점에서 확실하게 보일 수 있도록 도매주문은 최소$100 이상으로 하며 1다스 포장으로
    판매한다.

57 주간, 월간, 연간 수익과 판매 목표를 세운다.

58 수제제품을 소박하고 다채롭게 만든다.

59 가성소다와 같은 화학물질 사용에 대한 규제법이나 직원들에게 적용되는 안전법을 적어둔다.

60 최고의 도매 스파스사업에 진입할 수 있도록 고품질 포장을 하도록 한다.

61 벼룩시장과 농산물 직판장에 상점을 열어 신제품에 대한 반응을 살피고 이메일 주소를 얻어 샘플에
    대한 대중의 반응을 본다.

62 다른 모양의 몰드로 실험해 본다.

63 고객의 신제품 거부반응을 극복하고 사용시도에 대한 호감을 얻기 위해 무조건 환불 보장을 제공
    한다.

64 고객들이 다시 찾고 입소문을 내는 결과를 쌓을 수 있는 양질의 제품만을 만든다.

65 화장품재료에 대해 쓴 과학논문이나 학술지를 읽는다.

66 제품에는 검증된 사실과 시험을 거친 재료만을 사용한다.

67 모방제품은 팔지 않는다.

68 일반적인 자극물과 알러지의 성격을 이해한다.

69 재료를 알아보고 그것들이 제품에 들어가는 목적을 이해한다.

70 시장제품 테스트와 브랜드 인지도를 위해 온라인 소셜네트워크 플랫폼을 이용한다.

71 신뢰성 있는 좋은 평판을 유지한다.

72 제품의 질에 대해서는 절대 타협하지 않는다.

73 생산가동은 확실히 점검하고 검사한다.

74 제품에 대해 $2000 정도의 비용이 드는 기본적인 많은 시험들 (첩포, 미생물 시험)을 실시한다.

75 ICMAD (Independent Manufacturers and Distributors: 한국의 화장품협회와 유사: 역자주)를 통
    해 합리적인 비용 안에서 보험에 가입한다.

76 제품의 물류관리와 품질관리를 실행한다.

77 주요 소매 거래처에서의 제품진열을 확실히 한다.

78 제조업에 존재하는 수직적 유통을 따르며, 전자상거래를 실시한다.

79 PR과 PPL을 조합하여 오피니언 리더 사이에서 핫한 신상품으로 "버즈"효과를 일으킨다.

80 지식과 지원시스템을 얻을 수 있도록 최대한 많은 동업조합과 공급자와 긴밀한 관계를 유지한다.

81 제품에 대한 관심을 측정하고 시장조사를 하고, 이메일 주소를 모으고, 브랜드 인지도를 쌓는 하나
    의 방법으로 무역 박람회에 참가한다.

82 화장품안전과 라벨에 대한 규제를 알기 위해 식약처를 방문한다.

83 제품이나 포뮬레이션 중에서 바로 사용 가능한 것과 특정 틈새시장을 충족 시킬 수 있는 것들을 선
    택한다.

84 시험비용과 시간지연을 줄이기 위해 허가된 유효성분을 사용하거나 성분에 대한 모노그라프를 따
    른다.

85 FDA(식품의약품안전처)가 규모가 큰 기업들에게 메시지를 전달하기 위해 내부 법무팀이 없는,
    상대적으로 더 작은 기업들에게 법률을 더 엄격하게 적용하여 시험 사례로 삼는다는 점을 알아
    두어야 한다.

86 고객이 원하는 물량을 지속적으로 공급할 수 있을 때에만 새로운 고객을 맡도록 한다.

87 영업용 멘트는 단순하고 빠르고 간결하게 바꾼다.

88 우수한 포장디자인을 위해 조사기술과 창의성을 이용한다.

89 제품의 충전 및 포장비용을 절약하기 위해서 주문은 대량으로 받는다.

90 안정성, 유효기간, 생산물 책임보험 같은 것들에 대해 공부한다.

91 제품 인징성을 위해 정기적인 시설청소기 필요히며 제품이 세균에 오염되지 않도록 관리한다.

92 회사의 예산과 브랜드에 적합한 포뮬라를 만든 개발자와 함께 실험실에서 일하면서 제품 원료의 품
    질 상태를 확실하게 한다.

93 다양한 피부 색깔에 맞는 다양한 종류의 제품 라인을 제공한다.

94 고급스러운 브랜드 이미지를 유지하면서 화장품 노출 빈도를 늘리기 위해 다양한 유통 채널을 선택
    한다.
    사례 : 저렴한 화장품 라인을 제공하는 것이 목적일 경우에만 할인 매장에 제품을 제공한다.

95 화사 제품 라인에 시장의 변화하는 니즈를 적용하기 위해 패션 시장 트렌드를 지속적으로 연구한다.

96 화장품의 안전성과 마케팅에 영향을 미치는 식약처 법규와 포장관련 법규를 항상 준수한다.

97 식약처 규정에 적합함을 증명하고, 동물 시험을 하지 않는 것을 마케팅에 이용하고 제품의 안정성
    과 품질을 보증하며 인체 사용에 무해함을 확인하기 위해 인증받은 실험기관 서비스를 이용한다.

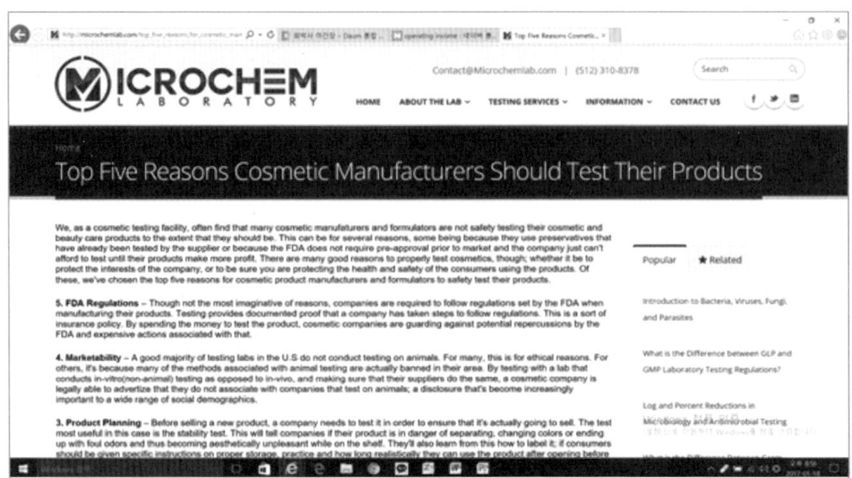

Top Five Reasons Cosmetic Manufacturers Should Test Their Products

We, as a cosmetic testing facility, often find that many cosmetic manufacturers and formulators are not safety testing their cosmetic and beauty care products to the extent that they should be. This can be for several reasons, some being because they use preservatives that have already been tested by the supplier or because the FDA does not require pre-approval prior to market and the company just can't afford to test until their products make more profit. There are many good reasons to properly test cosmetics, though; whether it be to protect the interests of the company, or to be sure you are protecting the health and safety of the consumers using the products. Of these, we've chosen the top five reasons for cosmetic product manufacturers and formulators to safety test their products.

5. FDA Regulations – Though not the most imaginative of reasons, companies are required to follow regulations set by the FDA when manufacturing their products. Testing provides documented proof that a company has taken steps to follow regulations. This is a sort of insurance policy. By spending the money to test the product, cosmetic companies are guarding against potential repercussions by the FDA and expensive actions associated with that.

4. Marketability – A good majority of testing labs in the U.S do not conduct testing on animals. For many, this is for ethical reasons. For others, it's because many of the methods associated with animal testing are actually banned in their area. By testing with a lab that conducts in-vitro(non-animal) testing as opposed to in-vivo, and making sure that their suppliers do the same, a cosmetic company is legally able to advertize that they do not associate with companies that test on animals; a disclosure that's become increasingly important to a wide range of social demographics.

3. Product Planning – Before selling a new product, a company needs to test it in order to ensure that it's actually going to sell. The test most useful in this case is the stability test. This will tell companies if their product is in danger of separating, changing colors or ending up with foul odors and thus becoming aesthetically unpleasant while on the shelf. They'll also learn from this how to label it; if consumers should be given specific instructions on proper storage, practice and how long realistically they can use the product after opening before

http://microchemlab.com/top_five_reasons_for_cosmetic_manufacturers_to_test_their_products

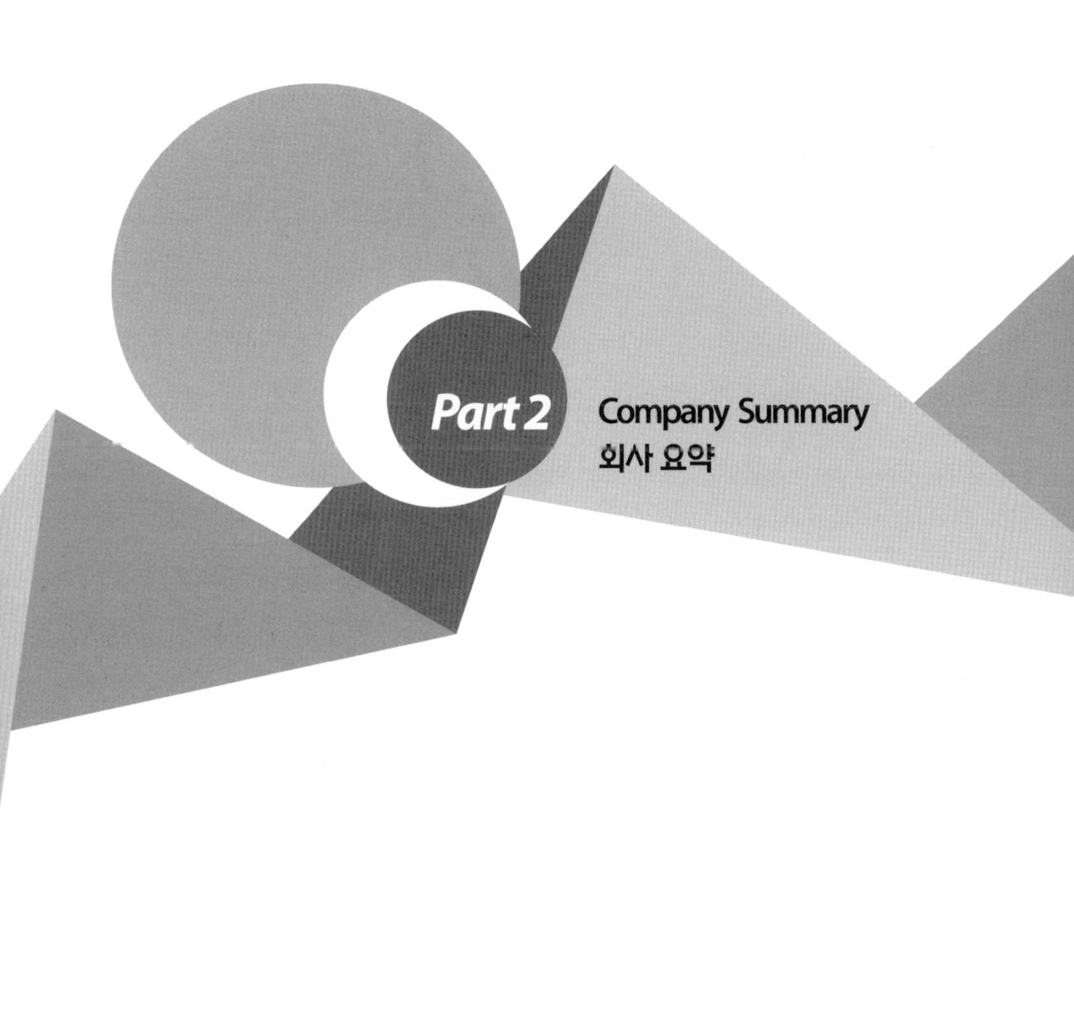
Part 2   Company Summary
회사 요약

Company Summary
회사 요약

이 장을 읽기 전에

이 장은 회사를 설립하여 제품을 생산하고 영업을 하기 위해 필요한 모든 활동에 대해 기술하고 있다. 화장품 회사 뿐만 아니라 다른 산업의 회사 설립에도 충분히 도움이 될만하다. 초기 회사 설립에 필요한 체크리스트나 사무실이나 공장 설비, 생산에 필요한 재료 구입은 물론이고 이 모든 것을 가능하게 할 자금 조달 방법까지 상세하게 망라하고 있다. 특히 회사 위험을 보증하기 위한 보험가입 관련 사항과 식약처의 관련 법규 소개는 사업초보자에게 매우 유용한 정보가 될 것이다. 어떤 부분은 너무 상세하여 지루하게 느껴질 수 있으나 필요한 부분만 선택적으로 적용하면 된다. 한국판 참조사이트에는 중소기업 설립 시 각종 지원과 대출 관련 정부 사이트를 첨가하였다.

식약처 화장품 자료실(출처 http://www.mfds.go.kr/index.do?mid=1675)

__________(회사명)은 __________시에 소재하며 천연 화장품 및 맞춤 스킨케어 제품을 생산하는 업체가 되고자 한다. __________(회사명)은 화장품 업계에서의 총 경험이 __________년이나 되는 __________명의 주요 직원들로 구성된다.

대표이사는 본인의 개인자산 $__________을 회사에 투자하고 회사설립 비용과 미래성장을 위해 __________의 대출을 받을 것이다. __________(회사명)은 __________(주소)에 __________(매입/임대)한 __________(사무실/복합건물)을 사용하며, 대표이사 __________는 __________(소매사업)경영에__________년간의 경험이 있다.

__________(회사명)은 화장품을 생산하고, 도매상 유통, 소매전략, 전자상거래를 포함하는 다채널 유통 회사가 될 것이다. 새 사업모델이 시장에 다가가기 위해 전통적인 제조업자의 유통망을 꼭 필요로 하지는 않지만, 동시에 추진하여 브랜드 인지도 제고에 활용하고 전자상거래와 시너지 효과를 냄으로써 광고비용의 지출을 상당부분 절감할 수 있을 것이다. 이 사업모델은 일부는 윌리엄즈 소노마(Williams Sonoma)같은 성공한 소매회사처럼, 한편으로는 클리니그(Cliniquc) 같은 성공한 도매회사처럼 보이는 것이다.

이 다채널 접근을 통해 우리는 개인 미용 및 위생용품을 위한, 선택된 틈새시장에 신속하고 비용효율적으로 접근 가능해질 것이다. 이로써 타겟시장 안에서 양질의 화장품을 만드는 회사로 발전하게 될 것이다. 타겟 소비자들은 정신과 육체의 균형 잡힌 건강에 관심이 있어 아마 여러 종류의 정신과 육체향상 프로그램에 참여할 것이다. 우리의 타겟 소비자는 바쁜 생활과 높은 가처분 소득을 가진 25세 이상의 전문직에 종사하는 여성이다. 때문에 활동적이고 자기 중심적이며 극진한 보살핌을 필요로 한다. 그들은 최고품질, 우수한 서비스, 폭넓은 선택을 즐길 것이다. __________(회사명)은 메이크업, 스킨/바디케어를 위한 고품질 친환경의 토탈 개인케어 브랜드 화장품을 개발하고 타겟 고객에게 제공하기 위해 최고의 생산전문가들과 일한다.

오프라인 매장

__________(회사명)의 첫 매장은 __________년에 __________에서 열 예정이다. __________쇼핑지역 안에서 매우 성공적인 도시 재개발 커뮤니티인 __________지역에 __________평의 매장을 열 것이다. __________지역에는 평균 이상의 가처분 소득이 있는 주민이 __________명 이상 살고 있다.

도매

___________년 ____________분기에 무역 박람회에서 ____________(회사명)의 도매 사업을 출시할 계획이다. 우리는 존경 받는 유통업자인 ____________와 마케팅 제휴를 맺었다. 이 파트너쉽을 통해 ____________(시)와, ____________(시) ____________무역 박람회의 중요한 자리에서 전시할 것이고, 유통업자의 ____________(시)전시장에 계속 전시할 수 있게 될 것이다. 도매전략은 선택된 스파, 백화점, 트렌드 리더로 알려진 전문점을 목표로 할 것이다. 이러한 고급제품의 포지셔닝으로 독특한 브랜드 이미지를 구축하고자 한다.

전자상거래

전자상거래 고객들은 브랜드와 편의성을 추구하기 때문에 B2B와 e-카탈로그를 조합하여 초기 인터넷역량을 개발하고자 한다. 웹사이트는 최소의 개발비용으로 단순하지만 고객지향적으로 제작할 것이다. 이를 통해 고객정보를 수집하고, 고객의 움직임이 적을 때는 상기 메일을 보내거나 원클릭으로 리필제품을 주문할 수 있게 할 것이다. 또한, EDI시스템을 구축하여 최종 소비자와 직접 접촉하여 정보를 수집하고 비슷한 다른 사용자들의 선호도에 따라 신 제품을 추천하게 할 것이다. 이외에도 전자상거래 플랫폼을 통하여 가치 있는 도매상과 데이터베이스를 구축할 수 있다. 고객회사에게 별도계정과 비밀번호를 제공하여 배송조회도 하고, 직원교육을 위해 제품정보를 활용할 수 있게 할 것이다. 전자상거래 시스템은 ____________년 ____________시즌부터 시작할 것이다.

회사는 기존 고객의 연락처와 고객층을 이용해 단기수익을 낼 계획이다. 장기 수익성은 고객추천, 커뮤니티 단체 내에서의 네트워킹, 소셜 네트워크 웹사이트, PR활동과 조직적인 추천 프로그램을 포함한 종합적인 마케팅 프로그램을 통해 창출한다.

첫 1년 안에 판매가 $____________의 매출을 달성하고, 보수적으로 측정하여 다음 2년에서 5년동안 ____________(e.g. 20)% 성장할 것으로 예상한다.

[시설 보수]

보수가 필요한 시설 리스트	예상금액
작업구역 실용적으로 재건	
안전한 사무실과 저장구역 건설	
페인팅과 화장품 구획 보수	
컴퓨터 장비와 경영 소프트웨어 설치	
생산장비 설치	
청소가능하고 위생적인 작업대 설치	
하역작업구역	
기타	
합계	

[영업시간]

___________(회사명)은 ___________(날짜)에 개업해서 아래 업무시간을 따를 것이다:

월요일 ~ 목요일	오전 10시~ 오후 7시
금요일	오전 10시~ 오후 9시
토요일	오전 10시~ 오후 6시
일요일	오전 12시~ 오후 5시

회사는 실시간으로 판매정보를 추적하고 이름, 이메일주소, 주요 리마인더 날짜, 위시리스트 선호도를 포함한 고객정보를 모으기 위해 고객관계관리(CRM)에 투자할 것이다. 개인화 추천 프로그램을 만들고, 고객로열티와 수익창출을 위해 이메일, e-뉴스레터, DM 캠페인용으로 이 정보를 사용할 것이다.

시험 판매   (옵션)

더 많은 돈을 투자하기 전에 우리 화장품을 시험 판매하는 걸 돕고 사업의 지속 여부를 결정하기 위해 아래 방법들을 사용한다

1 전문가와 다른 투자자들의 의견을 듣는다.
2 크레이그리스트(http://seoul.craigslist.co.kr/?lang=ko 한국사이트, 역자주)에 올린 무료광고의 반응률을 체크한다.
3 다른 지역시장에 있는 화장품회사의 동향을 살핀다.

4 피드백을 위해 시제품을 만들고 설문조사를 이용해 잠재적 구매자들의 의견을 듣는다.

5 아마존 같은 온라인 판매채널과 이베이 같은 온라인 옥션을 통해 판매된 다른 제품들을 구매하여 살펴본다.

6 제품에 대한 반응을 알기 위해 축제, 박람회, 무역 박람회, 벼룩시장에서 제품을 전시한다.

7 일부 고객을 선택하여 베타 버전이나 출시 직전 버전의 서비스를 제공하고 피드백을 받는다.

8 트위터나 페이스북 같은 소셜 네트워킹 포탈을 통해 처음 댓글을 다는 사람에게 신제품을 제공하다.

9 제품에 대한 관심을 측정하고 개선방향을 배우기 위해 시험그룹에 극단적인 저가제품을 공개한다.

10 설문조사나 서비스에 대한 질문에 응답하는 조건으로 할인 기회를 제공한다.

11 잠재적인 소비자로 구성된 포커스그룹 인터뷰를 할 수 있도록 시장조사 그룹을 만들거나 고용한다.

12 신제품에 관한 내용을 확실하게 하거나, 기존제품을 향상시키고, 현재 가능한 것보다 더 좋은 것을 찾기 위해 시장의 다른 제품과 비교한다.

13 현지시장의 수요를 찾고, 미래 영업실적을 위해 커미션을 받는 영업사원 (정식 직원이 아닌 판매금액에 따른 커미션을 받는 영업사원: 역자 주)을 활용한다.

14 적당한 실수요자 구매전문 아울렛을 통해 판매상품을 제공하고, 각 판매에 손실이 나더라도 저렴하게 가격을 매긴다.

15 제품에 대한 반응을 측정하기 위해 적절한 전문 출판물에 제품 PR을 실시한다.

16 사업 모델 컨셉트에 대한 유튜브 비디오에 코멘트작성을 유도한다.

17 몇몇 소매상들과는 직거래하며, 영업직원들이 인지하는 고객 피드백을 모으기 위해 일주일마다 그들을 인터뷰한다.

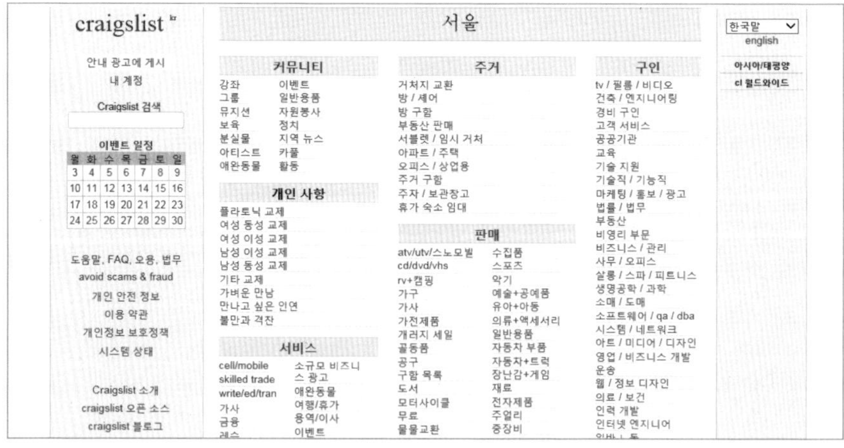

http://seoul.craigslist.co.kr/?lang=ko

시장조사 (옵션)

투자자들이 이벤트 전과 후에 변화를 보고 싶어하고 과거의 결과들을 미래 예상의 지표로서 판단하려는 경향이 있기 때문에 이 섹션을 추가한다. 이를 통해 회사를 경영하고 회사운영과 사업모델을 발전시킬 수 있다는 것을 보여줄 것이다. 샘플 제품을 만들어 시장조사를 실시하여 고객이 제품의 구매 의향을 보여준다면 가장 훌륭한 시장 조사 방법이 될 것이다.

[시장조사 항목]

기간	
제품 포커스	
서비스 포커스	
현재까지 판매량	
현재까지 이용자수	
재 이용자수	
보류 주문수	
보류 주문 금액	
재 주문 싸이클 기간	
주요 참고 사이트	
메일링리스트 구독	
대회/시상식 수상	
중요한 상품 리뷰	
실제 매출 총 이익률(%)	
산업 평균 매출 총 이익률	
산업 평균 대비 장단점	

참고: 매출 총 이익률은 매출 금액에서 팔린 제품의 생산원가를 뺀 금액을 다시 매출 금액으로 나눈 다음, 100을 곱한 것이다.

1) 회사 소유권 (Company Ownership)

________________(회사명)은 ____________(개인기업/주식회사/유한책임회사)이고 대주주인,
____________(대표이사)의 이름으로 등록 되어있다. 회사는 ___년 ___월에 만들어졌다. 주주들에 대
한 이중과세를 피할 수 있도록 등록하였으며 다음의 소유권이 할당될 것이다: ____________(대표이
사) __________%, ____________(소유주)__________%.

대표이사는 ___년에 __________에 있는 __________(학교)에서 _____과를 졸업했다. 그/그녀는
__________에 대한 학위가 하나 더 있고 __________자격증이 있다. 또한, __________산업
에서 __________로 __________년간의 경영진 경험이 있고, 다음의 역할을 수행했다:

그/그녀의 주요 성과는: ____이다.

[소유권 내역]

주주 성명	책임/책무	주식 수와 주식종류	주식 소유 비율%

발행되고 남은 미불의 보통주는 _%이다 (향후 직원 주식 옵션 플랜으로 할당하기 위해 남겨둔다).

[주주대출]

회사는 최근에 총 $__________의 주주대출을 받았다. 다음은 주주대출의 세부적인 사항이다.

주주 성명	대출 총액	대출 날짜	대출 잔액

[임원진]

매우 유능한, 사업과 산업의 전문가들로 이루어진 회사의 이사회는 가치 있는 자산이 되고 회사발전의
수단이 될 것이다. 다음 사람들이 이사회의 구성원이 될 것이다:

성명	학력	산업 경험	경력

2) 회사 라이센싱과 법적 책임 보호 (Company Licensing and Liability Protection)

변호사를 통해 사업명과 로고를 상표 등록한다. 시장에 이미 화장품 상표가 많기 때문에 우리 화장품 회사에 고유 아이덴티티를 위해 상표와 로고가 필요하다.

회사변호사, 회계사와 논의하여 다음 종류의 보험에 가입할 것을 고려 중이다. 보험국 리스트에 올라 있는 몇몇 보험브로커를 통하여 가격과 조건을 비교하여 결정할 예정이다.

1 직원보상보험
2 손해보험
3 건강보험
4 업무용 자동차보험
5 고용보험
6 휴업보험
7 상해보험
8 생명보험
9 생산물 배상책임보험

변호사와 보험 중개인에게서 조언을 받은 후에 손해보험과 재산보험 외에 필요하다고 생각되는 다른 보험에 들 것이다. 복리후생제도의 한 부분으로 정규직 직원들에게 건강보험과 직원보상보험을 제공한다. 직원들이 이런 특혜를 받기 위해 이직하지 않게끔 하는 것이 필요하기 때문이다. 직원보상보험은 업무현장에서 직원들이 당하는 부상비용을 감당하며, 화재보험은 절도, 화재, 자연재해, 제3자에 의한 소송으로부터 건물을 보호한다. 생명보험과 상해보험은 은행대출을 받을 때 필요할 것이다.

손해보험은 화재, 절도, 기물파손, 제3자 부상, 수해부분을 감당한다. 현재 주택 소유주나 아파트 주인의 방침이 사업관련 자산의 보험보증을 안 해줄 수 있기 때문에, 집에서 사업을 하는 경우를 대비하며 사업장의 보험을 추가로 가입할 필요가 있다. 손해보험은 주택을 리모델링하거나 재건축할 때도 재고와 도구/장비를 교체할 때도 유용하다. 보험약관이 리모델링과 부동산의 사업적 사용에 보험이 적용되도록 해야 한다.

일반책임보험은 사업주로서 회사를 보호한다. 이 종류의 보험은 누군가에게 신체적 부상을 당하게 하거나(예: 우리 사무실이나 작업장에서 나오거나 들어갈 때 계단에서 구르면서 생긴 부상 때문에 고객이 소송을 거는 경우) 다른 사람의 자산에 손상을 입히는 것을 보호하기 위한 것이다. 보통 이런 보험은 회사측의 잘못으로 기업고객, 일반 고객, 종업원이나 일반 대중에게 사고로 부상을 입히게 되는 경우 보상을 위한 것이다.

생산물 배상책임보험은 손님이나 고객들이 사용한 제품에 의해 신체적 부상을 입거나 재산피해로 인한 소송으로부터 회사를 보호하기 위한 것이다.

손실보험은 사업이 정지/문을 닫은 기간 동안 우리의 수익을 대체할 것이다. 일반적으로 이 보험은 정해진 월 수익을 정해진 개월수 동안 적용한다.

보증증서는 우리사업은 현금과 귀중품이 있는 고객 홈파티 서비스를 하기 때문에 회사와, 회사에 이전트, 직원들을 위한 보증보험이 필요하다.

보험비와 고객불만을 줄이기 위해 경연진은 다음 항목들을 실시한다.

1 직원안내서에 직원안전을 강조한다.

2 면접 질문지를 통해 직원을 심사하고 채용 전 약물테스트와 포괄적인 신원조사를 도입할 것이다.

3 보험목적으로 장비와 재고상태를 녹화한다.

4 안전한 기술을 공유하는 운영 안내책자를 만든다.

5 계약할 때 의무사항을 제한한다.

6 재정적인 영향으로 인한 위험을 미리 고려한다.

7 손실을 야기하는 위험을 줄이기 위해 손실예방 프로그램을 만든다.

8 제 3자로 인한 손실을 고려해서 책임보험을 포함하여 공제금액이 높은 보험을 가입한다.

9 비싼 보험 약정이나 서비스를 이용하는 고객들로부터 사인을 받아야 하는 서비스는 중단한다.

10 안전을 위해 직원교육을 향상시키고 교육세션을 시작한다.

11 모든 하청업체에게 보험증명서를 요구한다..

12 직원의 잘못으로 생긴 피해에 대해 부분적으로 직원들이 책임을 지게 한다.

13 회사의 보험으로 충분히 보상이 안되거나 보험으로 보상하지 못하는 부분이 생길 경우를 대비하여 회사 자체적으로 일정 금액의 현금을 보유한다.

14 현재 진행중인 안전프로그램의 결과 불만이 적었고 향후에도 안전 프로그램을 철저히 실시하여 불만이 더 낮아질 거라고 보험사를 설득하여 보험료를 낮추도록 노력한다.

15 매 갱신마다 보험중개인과 서비스 동의서를 만들고 확실히 사고횟수를 줄이기 위한 우리의 목표를 달성하면 보험료를 낮출 수 있도록 중개인과 협의한다.

16 회사와 보험회사 양쪽에서 온 사람들로 이루어진 리스크제어 팀을 만들고, 보험 중개인 대표들은 위원회의 일원으로서 역할을 할 것이다.

17 직원이 사고와 관련되었을 때 사건발생의 원인을 찾고 비슷한 사건이 재발하는 것을 예방하기 위해 할 수 있는 것을 다한다.

18 보험을 갱신할 때 비용절감 전략을 만들고, 다른 견적을 받아 경쟁을 시킬 것인지, 현재 보험사를 그대로 유지할 것인지 결정하기 위해 중개인과 상의한다.

19 우리는 위기관리기술의 일환으로 공식체계 내에서 유보손실에 대한 자금조달을 위해 보험자회사를 통한 전속보험 프로그램을 마련할 것이다.

20 지명자산(named asset; 자동차, 장비 등)이나 운전기사와 주요직원들이 아직 우리회사에 확실히 있는지 확인하고 약관에 명시되도록 한다.

21 비즈니스 변화의 한 부분으로 폐업이나 운영변화, 아웃소싱이 생기면 즉시 불필요한 보험적용을 없앨 것이다.

22 보험료가 직원종류에 따라 달라지기 때문에, 직원들이 보상보험사와 책임보험사에 의해 제대로 분류되었는지 확실히 할 것이다.

23 무역기구나 전문직 협회의 멤버가 되면 상당한 보험할인을 받을 수도 있기 때문에 관련 협회 회원으로 활발히 활동한다.

24 사내금연방침이나 휴게실에서의 요가교실, 다이어트교실을 허가하는 등, 회사 내 건강한 변화를 적용한다.

25 헬스클럽 멤버십의 부분지원을 복지후생제도의 하나로 고려할 것이다.

26 참여율이 서소한 직원교육을 찾아내고 직원들이 그 프로그램에 참여하게 할 것이다.

____________(보험업자명)에 필요한 사업보험 패키지로 가입한다. 회사는 연 보험료 $___________ 의 ___________(#)백만 달러 책임보험으로 시작한다.

다음의 특별한 면허, 승인, 증명서, 허가를 얻어야 할 수도 있다:

1 지방세납부를 위한 판매세면허

2 세무등기증명서

3 군/시 직업면허

4 주정부 면허발행기관에서 받은 사업면허.

5 군 건축부서에 의한 건축법규 검토/검사.

출처 | 산재보상법규 | http://www.dol.gov/owcp/dfec/regs/compliance/wc.htm#IL
　　　| 신입사원등록과 보고 | www.homeworksolutions.com/new-hire-reporting-information/
　　　| 주정부 세무부서 | www.sba.gov/content/learn-about-your-state-and-local-tax-obligations
　　　www.sba.gov/content/what-state-licenses-and-permits-does-your-business-need

주 : 회사를 설립하고 운영하기 위한 법적 규약을 모두 따랐는지 확실히 하기 위해 군 서기나 주정부,
상공회의소와 점검해본다.

주 : 제품라벨은 식약처 라벨조건에 충실하고 전성분과 함유량을 표기한다. 제품의 성질과 사용법, 일반
명, 통칭, 별칭(기술명: descriptive name, 역자주)이나 삽화를 사용하여 제품을 설명하고자 한다. 약
효가 있다거나, 효능을 과장하지 않는 것 또한 중요하다.

출처 │ 보험정보연구소 │ www.iii.org

│ 국가자격증 디렉토리 │ www.sba.gov/licenses-and-permits
│ National Association of Surety Bond Producers │ www.nasbp.org
│ Independent Insurance Agents & Brokers of America │ www.iiaa.org
│ HSMG │ www.hsmg.org
│ Brownyard Group │ www.brownyard.com/pages/beauty_faqs.shtml
│ Find Law │ http://smallbusiness.findlaw.com/starting-business/starting-business-licenses-permits/
starting-business-licenses-permits-guide.html
│ Business Licenses │ www.iabusnet.org/business-licenses
│ Legal Zoom │ www.legalzoom.com
│ Business Filings │ www.bizfilings.com

한국판 참조사이트

│ 근로복지공단 산재 및 고용 보험 가입 │ https://www.kcomwel.or.kr/kcomwel/paym/join/targ.jsp
│ 국세청 │ http://www.nts.go.kr/
│ 손해보험협회 │ www.knia.or.kr
│ 보험비교 사이트들 │
　• 인스밸리 insu.insvalley.com
　• 보험비교닷컴 w1ww.inr.kr
　• 1cho.닷컴
　• 손해보험 인슈링크 speed.inr.kr
　• O.K 보험료계산.com
│ 중소기업청 창업/벤처지원 │
http://www.smba.go.kr/site/smba/supportPolicy/supportPolicyList.do?cmm_code=BB020200
│ 중소기업 진흥공단 │
http://hp.sbc.or.kr/websquare/websquare.jsp?w2xPath=/SBC/common/index.xml

SBC 중소기업진흥공단
Small & medium Business Corporation
정부 3.0 정보공개   중진공 소개   지원사업   참여광장   정보광장   알림광장
중소기업과 함께
더 큰 세상을 향합니다.
기업의 가능성은 규모와 비례하지 않습니다.
세계를 움직일 대한민국 중소기업,
그 열정에 에너지가 되겠습니다.
정책자금융자
중소기업을 위한 정책자금을
지원하고 있습니다.
자세히 보기 ›
수출마케팅
중소기업을 위한 다양한 마케팅
방법을 지원하고 있습니다.
자세히 보기 ›
인력양성
현장 실무 경험을 겸비한
인력양성을 지원하고 있습니다.
자세히 보기 ›
주요사업안내   감사·민원   온라인 자금신청   각종서식   기업온라인서비스 증명서조회/발급
① 2017년도 1/4분기 정책자금 기준금리: 2.30% (단, 기업별 적용금리는 자금종류, 신용위험등급 및 담보종류에 따라 차등 적용)   ① 2017년도 1/4분기 정책자금 기준금리: 2.30% (단
중소기업통합콜센터
운영시간: 월~금(09:00 - 18:00)
공지사항   보도자료   입찰정보   + 더보기
자금지원   정보제공
질문 및 제안방
SBC배너존   공공배너존

홈 | 로그인 | 회원가입 | 오시는길 | 사이트맵 | ENGLISH
K·C·A 대한화장품협회   자료마당   교육마당   광고자문   실적보고   증명서신청 & 지원마당   참여마당   중소기업 수출애로센터
아름다운 세상, 아름다운 사람
아름다움을 창조해가는 화장품 산업
화장품관련증명신청 go
광고자문신청 go
교육참가신청 go
도서구입 go
01 02 03
「기능성화장품 심사에 관한 규정」기능성화장품 심사에 관한 규정」 일부
개정고시(안) 행정예고 안내
[2017-03-22]
세미나정보   MORE +
[부산_2017.06.2...
2017년 화장품 정책 설명회 안...
[2017.03.22] 「중국 화장...
[2017.03.21] 「중국 화장...
자료마당
화장품법 및 관련규정
화장품법 및 관련규정 자료실
국내외시장통계
화장품의 국내외시장통계자료
화장품바로알기
알림마당
공지사항   협회 주요일정   보도자료
· 중국 상해FDA 인증심사센터 현장 자문 접견일...   2017-04-05
· 코스메틱리포트 66호(4월 둘째주) 발행 안내   2017-04-05
· 「화장품 표시 광고 실증을 위한 시험방법 가이...   2017-04-04
· (중소기업진흥공단)2017년 해외 온라인쇼핑몰...   2017-04-04
· (관세청) 해외통관애로 해소센터 상시 운영 안...   2017-04-04
화장품 PL센터
제조결함으로 인한 소비자 피해
발생시 신속·공정하게 구제
교육 및 세미나 신청
화장품 관련 교육 및 세미나를
온라인을 통해 신청확인
화장품성분사전
상세한 정보검색과 표시광고, 상품명,
별명을 등록 신청 및 처리사용을 확인
2016 Korea Cosmetic Industry Directory
관련업체 배너   상품   IP-NAVI   AMORE PACIFIC   (주)한국화장품제조   마   화장품 바로알기
식품   국제 지재권 분쟁 정보 포털

식약처 화장품 안전 법규

식약처는 화장품의 안전성을 확실히 하기 위해 화장품 생산시설을 점검하고 FD&C Act(Federal Food, Drug & Cosmetic Act: 한국의 약사법에 해당: 역자 주)나 FPLA(Fair Packaging & Labelling Act: 위원회에서 규정하는 제품의 포장과 라벨링에 관한 규정: 역자 주)에 따라 화장품에 불순물이 섞여있거나 부정표시가 있는지를 판단한다. FD&C Act에 따르면 화장품을 합법적으로 시판하기 위해 시판 전 사전허가를 받지 않아도 된다. 하지만 식품의약품안전처(식약처)는 식물검역, 수입심사, 거부반응으로 인한 불만에 대한 후속조치의 일환으로 샘플을 수거하며 분석하고 검사한다. 식약처는 또한 안전의식을 고취하기 위해 화장품과 재료를 조사할 수도 있다. 식약처는 이해갈등과 오해의 여지를 피하기 위해, 개별 테스트 실험실 역할을 하지는 않으며, 개인이나 제조업자를 위해 개별 실험을 하는 것도 권하지 않는다. 제조업체는 화장품 시설이나, 성분에 대한 파일데이터를 등록하거나 화장품과 관련된 피해를 보고할 필요도 없다. 그러나, 회사들이 스스로 설비를 등록하고 식약처의 자발적인 화장품 등록 프로그램(VCRP: Voluntary Cosmetic Registration Program)에 화장품 성분표를 등록할 것을 권장한다.

화장품은 눈, 입술, 주요 다른 민감한 피부와 밀접한 접촉을 하기 때문에 재료의 안전성이 고객들의 관심사다. 보건복지부에 속한 식약처는 생산회사들이 확실히 특정제품에 대한 위험을 알고 제품라벨에 정확한 정보를 표기할 수 있게 가이드라인을 만들었다. 식약처의 법규는 대중의 인식을 향상시키고 생산회사들이 제품성분을 완전히 공개하도록 장려한다.

◎ 제품성분에 대한 경고

식약처의 법규에 의하면, 모든 화장품에 의도적으로, 고객에게 해를 줄 수 있는 재료가 함유되어 있으면 이는 오염된 것으로 본다. 썩거나 부패한 재료로 만들어졌거나 상품을 오염시킬 수 있는 비위생적인 조건에서 생산되거나 포장된 제품에 적용된다. 결과적으로 화장품은 소비자들에게 이 제품의 재료가 피부를 자극할 수도 있다는 것을 알리는 제대로 된 경고라벨을 붙이고 그 재료들이 거부반응을 일으키지 않는다는 것을 확실히 하기 위해 사용 전에 시험해봐야 한다.

◎ 정확한 라벨 표시

식약처는 또한 화장품 사용에 오해의 소지가 있거나 잘못된 라벨사용을 금지한다. 모든 라벨은 유통업자뿐만 아니라 생산회사의 이름과 위치를 반드시 표기해야 한다. 제품의 양 또한 정확히 도량형으로 표기되어야 한다. 식약처 규정에는 이 모든 정보가 소비자들이 구매하거나 사용할 때 제품의 세부사항을 읽고 이해할 수 있게 라벨에 명확하게 인쇄하도록 하고 있다.

◎ 제품테스트

식약처는 화장품 시험에 대한 권한을 갖는다. 화장품은 시판전 사전허가가 필요하지 않지만, 생산된 제품을 조사, 분석하기 위해 샘플을 받을 수도 있다. 상품안전과 관련된 우려가 있는지 정하기 위해 화장품에 대한 조사권한이 있다.

◎ 식물검열

식약처는 제품안전법이 지켜지고 있는지 확실시 하기 위해 주기적으로 화장품 생산에 쓰이는 식물을 검열한다. 화장품 재료들이 유해한지 알기 위해 분석하고, 정확하고 정직한 정보를 표기했는지 보기 위해 라벨을 검사한다.

◎ 리콜

식약처는 위험하거나 소비자를 기만했다고 생각되는 제품에 대한 리콜을 화장품 회사에게 명령할 수 없다. 하지만, 상품을 리콜 하는 회사를 주시하고 스스로 리콜을 하지 않는 회사에게 문서로 리콜요청을 한다.

출처 http://www.fda.gov/Cosmetics/

한국판 참조사이트

| 화장품성분사전 | www.kcia.or.kr/cid/main.asp

  화장품 성분 검색, 등록신청, 화장품 안전성 등 정보 제공.

| 식품의약품안전처 화장품민원 | ezcos.mfds.go.kr

  원료기준, 행정처분, 법규정보, 화장품등록 등 화장품 정보 수록, 전자민원이용안내.

| 화장품 수출가이드북 | www.kcii.re.kr/kocei

  국가별 수출 절차, 화장품 규정, 상표 등록, 시장 특징 등 안내.

| 화장품제조판매업등록 |

  http://www.minwon.go.kr/main?a=AA020InfoCappViewApp&CappBizCD=14710000002

3) 신생업체 체크리스트 (Start-up To-do Checklist)

1 다양한 수익원과 제공할 서비스를 특히 강조하며 사업컨셉트와 사업모델을 정리한다.

2 사업초기 제품과 서비스를 포함한 사업계획서를 만든다.

3 화장품회사 설립비용과 운영자금, 필요한 자본예산을 정한다.

4 중소기업 보증대출, 설비리스, 소셜네트워킹대출(www.prosper.com), 가계대출(www.virginmoney.com)을 포함한 대체 가능한 금융옵션을 찾고 평가한다.

5 사용하려고 하는 회사이름이 사용 가능한지 보기 위해 변리사 사무실이나 관련부서 웹사이트에서 검색해 본다.

6 회사의 법적구조를 결정한다. 일반적인 법적구조는 개인기업이나 파트너, 기업, 유한회사를 포함한다.

7 사업자등록번호를 받고 적절한 서류를 받기 위해 주정부 관련부서와 연락한다.

8 전국적으로 사업을 확장할 계획이라면, 사업명과 로고를 보호하기 위해 상표를 등록한다.

9 위탁판매점을 위해 구역을 나누고, 구역 내에서 적절한 장소를 찾는다.

10 현지정부가 화장품사업에게 요구하는 허가나 조건을 조사한다

11 소방국장과 건축물 조사관의 조건을 만족시키기 위해 무엇을 해야 하는지 결정할 수 있도록 초기 점검을 요청한다.

12 증축조건에 근거해 예산을 조정한다.

13 리스나 부동산/건물 구매 계약을 협상한다.

14 건축허가를 받는다.

15 사업 당좌예금 계좌를 만든다.

16 기업용 신용카드/페이팔 계정을 만든다.

17 시 · 군 사업 면허를 얻는다.

18 장비, 가구, 실내장식품에 대한 우선순위목록을 만든다.

19 생산물 책임보험, 공공책임보험, 상업용지보험, 직원보상 보험을 포함한 적절한 보험 보상을 위해 가격 · 품질을 비교하고 계획한다.

20 최종점검 전에 필요한 모든 장비와 가구를 찾고 구매한다.

21 작업장 개조를 위해 하청업체에 견적을 받는다.

22 개조과정을 관리한다.

23 가능한 유통업체에게서 정보와 가격견적을 받는다.

24 잠정적 개업날짜를 정한다.

25 구전효과를 위한 캠페인을 시작한다.

26 계획, 실행, 대금지불 과정을 문서화한다.

27 회계, 구매, 급여, 마케팅, 손실예방, 직원심사, 기타 경영 시스템을 만든다.

28 확립된 직무기술서와 인터뷰기준/규준에 근거하여 직원 인터뷰 절차를 시작한다.

29 다음의 제공자들에게 연락해 인터뷰한다: 유니폼서비스, 보안서비스, 쓰레기서비스, 전기, 수도, 전화, 신용카드처리, 회계장부정리, 청소서비스 등등.

30 부지 최종점검 날짜를 잡는다.

31 점검과정에서 나타나는 문제를 고치고 점검날짜를 다시 잡는다.

32 과정에서 문제를 없애기 위해 정기적 운영 한달 뒤에 개장날짜를 정한다.

33 웹사이트와 무역박람회 부스 디자인을 준비한다.

34 직원을 교육한다.

35 구매자들의 관심을 끌기 위해 친구들 앞에서 제품소개를 연습하는 날짜를 잡는다.

36 고객의 피드백을 직접 듣는다.

37 더 건설적인 피드백을 얻기 위해 의견카드를 나눠주고 설문조사를 한다.

38 실제 고객층의 니즈에 맞추기 위해 사업 컨셉트와 제공서비스를 바꿀 준비와 자세를 가진다.

고용주 책임/의무 체크리스트

1 국세청에 사업자 등록번호를 신청한다. 전화, 우편, 온라인을 통해서도 받을 수 있다.

2 주 노동부에 새로운 고용주로 등록한다. 서식에 나와있는 주소로 실업보험을 위한 고용주 등록, 원천징수, 임금신고를 작성해 보낸다. 지원자들이 실업보험에 적용되는지 결정하기 위해 모든 고용주들의 등록이 필요하다.

3 보험업자에게서 직원보상보험과 상해보험을 받는다. 보험회사에서는 디스플레이에 필요한 보증서를 제공힐 것이다.

4 직원들에게 원천징수 허용증명서를 작성하게 한다.

4) 회사위치 (Company Location)

____________(회사명)은 ____________(주), ____________(시)에 있는 ____________(주거지역/상업지역)에 위치한다. 그 건물은 이 도시에서 가장 밀집하고 _____(e.g. 부유한)시장 중에 한 곳이다. 우리회사는 ____________복합건물 안의 ____________(본사/창고/간단한 제조업/소매)자리에 들어갈 것이다. 이 시설은 ____________(#)개의 ____________(주거지역/상업지역) ____________(e.g. 건물) 중심에 있다.

건물은 ____________(유료고속도로/거리/도로)에 지어져서, ____________와 가까운 ____________(유명장소)와 몇 분 거리이다. 건물 옆 주차장은 모든 업체들과 공유한다. 위치와 관련된 중요한 고려사항은 경쟁, 가시성, 접근성, 옥외 광고판, 커뮤니티 성장추세, 인구통계, 도보교통, 교통 패턴이다. 위치에 따라 사업의 번창여부가 달라질 수 있기 때문에 눈에 띄고 복잡한 장소를 선택하는 것이 중요하다.

첫해의 유통은 ____________(주), ____________(시)에 있는 시설에서 관리한다. 2년~5년차에는 도매유통과 소매유통을 모두 다룰 줄 아는 외부 유통업자를 통해 유통을 관리할 계획이다. 스킨/바디케어 제품은 ____________(주), ____________(시)에 있는 시설에서 개발하고 생산할 것이다.

현재위치는 다음의 장점이 있다:　　　　　　　　　　　　　　　　　　　(필요항목 선택)

1　찾기 쉽고 주요 도로들과 연계.

2　대중교통으로의 용이한 접근성.

3　1층 하역장.

4　수려한 주변 경관과 원활한 교통흐름.

5　자리가 많고 편리하고 쉬운 주차.

6　____________와____________성장지역과 근접.

7　관련사업 및 이상적인 고객프로파일 거주지에 인접한 지역.

8　합리적인 임차료.

9　고객층에게 편리한 위치.

10　____________의 성장하는 주거 공동체와 근접.

11　좋은 경찰과 소방서로 인한 낮은 범죄율.

12　인근 지역에 중산층과 상류층이 섞여있음.

13　사용할 수 있는 추가적인 자리/공간.

회사시설

____________(회사명)은 ____________(#)평방미터의 장소를 ____________(#)년 동안 임대 계약 했다. 평방미터당 $____________의 합리적인 비용이다. 우리는 ____________평방미터의 공간을 추가적으로 임대하고 재임대할 수도 있다. 임대공간 리모델링에 대해 $____________의 인테리어 비용을 받았다. 초기 전체 유지비는 한 달에 $____________가 된다. ____________의 보증금과 매달 임대료로 ____________를 건물주에게 납입한다.

다음의 레이아웃 대로 회사시설을 만들 예정이다:

No	구분	퍼센트	면적
1	디스플레이 쇼룸		
2	보급품 보관소/저장고		
3	완제품 보관소/저장고		
4	직원 사무실		
5	관리 사무실		
6	휴게실		
7	생산공간		
8	적재 및 수령 구역		
9	회의실		
합계			

5) 사업개시 요약 (Start-up Summary)

화장품회사 창업자금은 \$______________의 대표이사 투자와 단기 은행대출을 합하여 조달한다.
총 창업비용은 다음 주요 카테고리로 나누어진다:

[금액]

1 법적 비용 (법인설립등기 & 상표등록) \$______________________________

2 컨설턴트 (로고와 포장 그래픽디자인) \$______________________________

3 연구 개발 \$______________________________

4 제품개발비용 \$______________________________

5 공장/사무실 리노베이션/건축비 \$______________________________

6 부동산 취득 (선택) \$______________________________

7 장비 & 설치비용 \$______________________________

8 웹사이트 개빌비용 \$______________________________

9 사무용 가구: 작업대와 캐비닛 \$______________________________

10 최소한의 초기 제품 재고 (선택) \$______________________________

11 운영자금 (6개월) \$______________________________

   급여 등을 포함한 일상적인 운영경비 \$______________________________

12 브랜드 마케팅/광고비용 \$______________________________

   영업브로셔, 다이렉트 메일, 개장비용 포함 \$______________________________

13 전기/수도 (임대) 보증금 \$______________________________

14 계약, 면허/자격증, 허가 \$______________________________

15 위험준비금 \$______________________________

16 기타 (교육, 법정비용 등 포함) \$______________________________

회사는 \$____________의 초기 현금보유액, 추가 \$____________의 자산이 필요할 것이다. 창업비용
은 대표이사 지분기여 \$____________뿐만 아니라, ____________(#)년 상업대출 \$____________로
조달할 것이며, 대출은 영업이익이 나면 갚을 것이다.

이 창업비용과 필요자금은 아래 표에 요약하였다.

소스 :

http://chemistscorner.com/what-are-the-startup-costs-for-a-cosmetic-business/

재고

재고물품	공급자	수량	단가	합계
시설청소용품				
사무용품				
상용서식				
마케팅 자료				
영수증				
앞치마				
보안경				
병/뚜껑				
산화제				
연백				
방향제				
자외선 흡수장치				
보습제				
지질				
밀랍				
카르나우바 왁스				
칸데리라 왁스				
라놀린				
오조케라이트				
분기사슬화합물				
퍼셀린				
이소세틸 알코올				
네오지방산				
세티올				
이소스테릴 알코올				
세레신				
지방산 에스테르				
이소프로필기				

스테아르산				
고급 알코올				
세틸 알코올				
오레일 알코올				
이소스테아릴 알코올				
헥사데실 알코올				
수소첨가 지방과 오일				
광물성 기름				
바셀린				
폴리에틸렌 글리콜				
합성 왁스				
피막 양생제				
발색제				
이산화 티탄				
활석				
운모분				
캐리어 오일/엑조틱 오일				
구연산				
식물성 기름				
피마자유				
야자유				
알로에 베라 오일				
에뮤 기름				
아보카도 오일				
시어버터				
에센셜 오일/휘발유				
수산화나트륨 (가성소다)				
엑스폴리에이터 (씨앗)				
점토 & 분말/가루				
거품 나는 용제용 버터				

방향제 오일				
증류수				
호호바 유				
리퀴아파 옵티마 방부제				
립밤 튜브				
오트밀 후레이크				
올리브 오일				
포장재				
화장품 베이스				
박하정				
사전구매/협동조합				
저울				
로션 베이스				
스테아르산, 식물				
샤워 젤 혼탁액 베이스				
포장재료				
라벨				
용기				
브러쉬				
병				
도포용 도구				
병/단지 & 뚜껑				
디스펜서				
튜브				
선물박스				
포장용지				
수축포장 필름				
각종 용품				
합계				

재료구매

초기에________(회사명)은 ________(주)에서 ________(두/세)번째로 큰 공급회사인 ________
에서 장비/설비를, ________에서 저장품을 대량구입 할인으로 구매할 것이다. 만약을 대비해 두 작
은 공급회사, ________, ________와도 관계를 유지할 것이다. 이 두 회사는 특정 물품에 대해 가격
경쟁력이 있다.

화장품구매가 흔히 충동적이어서, 다른 많은 일반 화장품 생산회사들처럼 우리도 브랜드가치를 향상시
키는 포장, 모양, 용기, 그래픽을 통해 제품 차별화를 하기로 했다.

아미리스 www.amyris.com
세계적으로 유명한 브랜드의 지속 성장을 가능하게 해주는 종합 재생 용기 회사이다. 아미리스는 혁신
적인 생화학 기술을 사용하여 식물성 당을 탄수화물로 바꾸어서 특정 원료나 소비자 제품을 생산한다.
이 회사는 시장에 합성하지 않는 특정 화합물, 양념, 향료, 화장품 원료, 의약품, 뉴트라슈티컬 같은 제
품들을 제공한다.

니콜그룹 www.nikkol.co.jp/en/.
세계에서 가장 큰 화장품 원료 회사중의 하나로 알려진 화학전문 회사이다. 니콜은 7개의 회사가 일본
과 해외에 있는데 콜로이드 화학과 피부과학에 기초한 영업, 연구개발, 제조, 안전성 및 유효성 평가와
관련된 회사들이다. 이 회사는 회사의 성공을 위해 "그린, 청결, 지속성"을 핵심전략으로 하고 있다. 70
년간의 전문성과 원스톱 서비스 컨셉으로 다양한 제품, 혁신적인 포뮬라, 맞춤 컨설팅과 엄격한 안전성
유효성 평가를 통하여 고객을 지원하고 있다.

포장용기 관련 사이트:
www.bottlestore.com
www.cosmeticindex.com/supplier.php
www.McKernan.com
www.beautypackaging.com
www.acupac.com/
www.mjspackaging.com

OEM 생산자

1 www.kolmar.com

2 www.columbiacosmetics.com

3 www.manaproducts.com

4 www.preciouscosmetics.com/

5 https://www.radicalcosmetics.com/cosmetics-manufacturing/

6 http://makeupmycosmetics.com/

7 www.thomasnet.com/products/contract-manufacturing-cosmetics-17872656-1.html

8 http://cosmeticlaboratories.com/

9 http://www.naturalskincare.com/

___________(주) ___________(시)와 ___________(주) ___________(시)에 위치한 ___________(#)개의 OEM 시설에서 우리 ___________(스킨케어/로션/화장품)를 생산할 것이다. 위 외주 파트너쉽을 통하여 우리는 다음과 같은 결정적인 자원과 생산능력을 보유하게 될 것이다:

1 비교적 빠른 시간에 소량/대량의 크림과 로션을 생산하는 능력.

2 강력한 기술적 배경(지식)을 가진 혁신적인 R&D부서.

3 경험 많은 품질관리/보증 부서.

4 정부규칙의 세심한 관리와 규정 준수.

5 더 나은 현금흐름상태를 위한 적시생산 및 재고관리.

6 제품개발.

7 포장개발과 대외구매 기술.

8 브랜드 개발 & 마케팅 전략.

9 공급사슬관리 & 생산관리.

10 유통과 물류 지원.

11 허가 등 법적 문제에 대한 조언

___________에서 ___________제품을 위한 포장재를 구입할 것이다. 그들은 ___________(위치)에서 생산을 하고 미국에 ___________(#)개의 유통업체를 가지고 있다. 이 계약으로 많은 양을 구매하거나 창고에 보관할 필요 없이 각 생산시설에서 필요한 포장재를 얻을 수 있다. 여러 가지 포장을 위해 ___________(공급업체 명) 기존 생산품에서 포장재를 선택하고 다용도 파라미터를 개발했다. 이 전략은 우리가 모든 제품범위에서 ___________(#)개의 다른 포장만을 가질 수 있게 한다. 포장을 스크린 인쇄하는 대신 모든 제품에 접착 가능한 라벨을 붙여 포장재의 비용을 절감할 것이다.

라벨은 본사의 그래픽 디렉터가 디지털로 만들어서 인쇄하여 각 제품에 붙일 예정이다. 이는 창의적인 디자인을 적용하는 동시에 공장효율을 최대화하기 위함이다.

우리는 공급업체에 의지해 새 제품에 대한 내부정보를 얻어서 우리 고객에게 최신의 재료를 사용하도록 한다.

Lucas Meyer Cosmetics
캐나다 퀘벡에 본사가 있고, 프랑스와 호주에 사업체가 있다. 화장품과 개인 생활용품 산업을 위한 획기적인 재료들을 개발, 생산하고 시장에 내놓는다. 이 회사는 선진국과 신흥시장의 뷰티산업에서 건강과 웰빙에서 거대 트렌드를 이끌어나가는 유효성분, 기능성성분과 유효성분 운송시스템을 제공한다.

International Flavors & Fragrances Inc.
소비자 제품을 위한 맛과 향의 세계적인 선두 주자이다.

공급업체 평가

공급업체들은 조달전략에서 주요한 역할을 하고 수익성에 큰 기여를 할 것이기 때문에 아래 양식을 사용해 그들을 비교하고 평가할 것이다.

	업체 #1	업체 #2	비고
공급업체 명			
웹사이트			
주소			
연락처			
연 판매량			
유통채널			
멤버십/증명서			
품질시스템			
포지셔닝			
가격책정전략			
지불조건			

할인			
리드타임			
반품정책			
리베이트 프로그램			
기술지원			
핵심역량			
1차 생산물			
1차 업무			
새 제품/서비스			
획기적인 적용/사용			
경쟁우위			
자본집약도			
기술상태			
설비 가동률			
가격 변동성			
수직적 통합			
참고			
종합평가			

장비/설비 임대

전통적인 은행융자로 구식 장비에 과도한 투자를 하는 것 보다 계약기간 만료 시 장비 니즈를 업그레이드 해주는 장비 임대가 더 현명한 해결책이 될 수 있다. 몇몇 필요한 장비를 임대하면 다음과 같은 장점이 있다.

1 다른 용도를 위해 자본 사용가능
2 세금 혜택
3 대차대조표 개선
4 다른 장비추가/고성능장비 사용
5 현금흐름 개선
6 대출한도 유지
7 최신기계 설비 유지
8 구매보다 간단한 임대과정

[리스회사 리스트]

임대회사	장비설명	월별지불액	임대기간	최종처분

출처 Innovative Lease Services http://www.ilslease.com/equipment-leasing/

이 회사는 1986년에 캘리포니아 칼즈배드에 본사를 두고 설립되었다. 회사는 국립 장비임대 협회와 국립 장비임대 브로커협회의 오랜 고정회원인 거래개선 협회에게 승인 받았고, Biocom의 공식적인 설비관련투자 파트너이다.

자금소스 매트릭스

자금출처	금액	이자	상환기간	용도

유통 및 라이선스 계약   (해당되는 경우)

라이선스 제공자	라이선스 제공자	라이선스 권리	라이선스 기간	수수료/사용료

상표, 특허, 저작권/판권 (해당되는 경우)

상표는 브랜딩을 위해 지속적으로 관리해야 할 대상이기 때문에 회사명 선택은 매우 중요하다. 회사와 서비스뿐만 아니라, 지금은 가치가 없지만 장래에 가장 가치 있는 자산이 될 수 있는 것도 상표등록을 할 계획이다. 나중에 상표검색을 하지 않아 상표명을 포기해야 할 상황은 회사에 엄청난 충격이기 때문에 반드시 변리사를 통하여 상표검색을 해야 한다. 우리가 내놓기로 계획한 확장제품과 서비스에 적절한 회사명 선정이 필요하다.

참고: 이 부분은 모방이 쉽지 않은 경쟁우위를 가지고 있는지 결정하기 위해 투자자들이 살펴보는 중요한 요소이다.

출처 특허/상표 www.uspto.gov / 판권 www.copyright.gov

한국판 참조사이트

| 상표검색 사이트 |　http://kdtj.kipris.or.kr/kdtj/searchLogina.do?method=loginTM

혁신전략 (옵션)

화장품 산업에서 높은 수준의 제품혁신과 지속적인 연구개발이 만연해지고 있으며(IBISWorld Industry Reports, 2015), 혁신은 비용이 많이 들어서 경쟁사들의 경쟁의식이 높아지는 추세이다. 회사들은 반드시 충분한 금융자금을 가지고 지속적으로 제품혁신에 투자해, 시장에서의 경쟁우위를 유지해야 한다. 신제품 출시나 비용을 낮추기 위한 생산과정 혁신을 할 수 없는 회사는 경쟁을 위한 경쟁우위를 가질 수 없어 산업에서 퇴출될 수 있다.

____________(회사명)은 회사의 핵심 목표와 가치뿐만 아니라 미래 기술, 공급, 성장전략에 부합하는 혁신전략을 만들 것이다. 혁신전략의 목표는 오랫동안 지속 가능한 경쟁우위를 갖추는 것이다. 교육훈련 시스템은 모든 형태의 혁신에 필요한 폭넓은 기술을 배우고 발전시킬 기본과, 기술을 개선하고 바뀌는 시장환경에 적응할 수 있는 유연성을 갖추게 할 것이다. 혁신적인 업무환경을 조성하기 위해, 고용정책이 효율적인 구조적 변화를 용이하게 하고 창의적인 표현을 장려하고, 상호간에 이익인 전략적 연합을 하고, 연구개발을 위한 충분한 자금을 할당한다. 우리의 근본적인 혁신전략은 선두주자 우위를 위해 ____________을 포함한다. 고객에게 부가가치를 더하기 위해 ____________(제품/서비스/과정)을 수정 발전시키는 점진적인 혁신전략을 사용할 것이다.

자금 출처와 용도 요약

[출처]

대표이사 지분기여	$
필요한 은행대출	$
합계	$

[용도]

자본설비	$
기초 재고정리액	$
개업비용	$
운영비용	$
합계	$

현재까지의 자금　　　　　　　　　　　　　　　　　(필요항목 선택)

현재까지 ____________(회사명)의 설립자들은 ____________(회사명)에 $____________을 투자하여 다음 항목들을 완수했다:

1 회사 웹사이트 ____________(디자인/개설).
2 ____________(#)개의 아티클 형태로 웹사이트 내용을 발전.
3 상근직원 ___(#)명과 비상근직원 ____________(#)명의 핵심직원 고용 및 훈련.
4 ____________(#)개월 동안 ____________(#)명의 방문자를 견인하여 브랜드 인지도 제고.

5 ___________측면에서 경쟁하는 ___________(#)개의 새 ___________(제품/서비스)의 성공

적인 ___________(개발/시험판매).

6 ___________사업 경영을 위해 필요한 ___________소프트웨어(구매/개발)과 설치.

7 $___________상당의 ___________(공급품) 구매.

8 $___________상당의 ___________설비 구매.

6) 사업설립을 위한 필요사항 (Start-up Requirements)

설립비용	예상금액
법적 비용	500
회계사	300
회계 소프트웨어 패키지	300
주 면허 & 허가	
시설 설비	5,000
비상금	3,000
연구개발	300
화장품 생산원료	
사무용품	300
영업 브로셔	300
다이렉트 메일	500
기타 마케팅 자료	2,000
로고 디자인	500
광고 (2개월)	2,000
자문위원	5,000
보험	
임대 (2개월 선불)	3,000
임대보증금	1,500
전기/수도 보증금	1,000
인터넷 설치/가동	100

전기(원격)통신 설치	3,000
전화요금 보증금	200
장비확장	1,000
웹사이트 디자인/관리	2,000
컴퓨터 시스템	12,000
중고 사무용품/가구	2,000
협회 회비	300
청소도구	200
직원훈련	5,000
홍보표지판	7,000
보안시스템	8,000
비상위험비용	
기타	
총 설립비용	(A)

설립자산:

필요 현금잔고	15000(T)
최초 설비장비	일정 참고
최초 재고	일정 참고
기타 유동자산	
장기자산	
총 자산	(B)
총 필요금액	(A+B)

회사설립자금:

설립비용	(A)
자산금액	(B)
총 필요 펀딩	(A+B)

자산:

비화폐성자산	
회사설립 필요현금	(T)
추가조달	(S)
회사설립일 현금잔고	(T+S=U)
총 자산	(B)

부채 및 자본

단기부채	현재 대출	
	미납비용	
	외상매입금	
단기부채	무이자 단기대출	
	기타 단기대출	
총 단기부채		(Z)

장기부채:

상업금융	
기타 장기부채	
총 장기부채	(Y)
총 부채	(Z+Y = C)

자본금 〈계획된 투자〉:

계획된 투자	대표이사		
	가족		
	기타		
필요한 추가 투자			
총 계획투자			(F)
설립 당시 적자 (회사설립비용)		(−)	(A)
총 자본금		(=)	(F+A=D)
총 부채 및 자본			(C+D)
총 자금			(C+F)

자본설비 목록 (필요항목 선택)

설비 종류	모델번호	신제품/중고제품	수명	수량	단가	총액
보안시스템						
전자금고						
컴퓨터시스템						
바코드라벨 인쇄 소프트웨어						
스캐너						
팩스기						
복사기						
레이저 프린터						
디지털 카메라						
전자 금전등록기						
자동응답기						
전화시스템						
TV와 DVD 플레이어						
사무가구						
무역박람회부스						
책상						
작업대						
조립식 선반						
인테리어 사인						
전화 헤드셋						
계산기						
관리 & 보관 캐비닛						
제작가구						
신용카드 확인 기계						
가격표 찍는 총						
회계 소프트웨어						
디지털 사진 소프트웨어						
MS오피스 세트 소프트웨어						

디지털저울							
기계							
혼합기							
압착기							
연삭기/분쇄기							
롤링머신 (롤러 3개)							
고속초미립자화기							
열혼합기							
SS 진동보울피더							
전기오븐							
몰드 세트							
주입기계							
이형기							
회전 분말압착기							
플라스틱튜브 밀봉기							
나사형 뚜껑 조임기							
박스 접지기							
카토닝 머신							
카톤 테이핑머신							
압축포장기							
50 갤런 SS 스톡 포트							
반죽용 선반							
스테인리스 강 테이블							
온도계							
안전장비							
전기풍로							
냉수기							
물정화 시스템							
선풍기							
진열장							

벤치						
산업용 책장						
전자레인지						
냉장고						
총 자본장비						

주 : 장비비용은 새것 혹은 중고를 구매 또는 임대 여부에 따라 다르다.

1년 이상 사용될 모든 물품들은 장기자산으로 분류되어 직선법에 의해 가치가 떨어진다.

미세유동화기(Microfluidizer Processors)

화장품회사는 에멀전, 크림, 스킨 트리트먼트, 선크림, 메이크업, 마스카라, 왁스, 립스틱, 향수 등을 포함한 제품에 대한 이례적인 관리수준이 필요하다. 최적수준의 분포도를 조절하고 입자크기를 최소화하고 고르게하는 미세유체공학을 적용함으로써 고품질과 안정성 높은 차별화된 제품을 고객에게 제공할 수 있다.

출처 http://www.microfluidicscorp.com/applications/cosmetics

7) 중소기업 대출 주요 조건 (SBA Loan Key Requirements)

중소기업 대출을 고려하기 위해서는 기본적인 조건을 충족시켜야 한다:

1 은행이나 다른 대출기관에서의 대출을 거절한 적이 있어야 중소기업대출 프로그램에 대한 자격을 얻는다.
2 개인적인 담보와 기업 담보 모두를 제출해야 대출을 받을 수 있다.
3 영리목적운영; 미국에서 운영되거나 소재지가 있는 기업으로 영리목적으로 운영되어야 한다.
4 투자에 대한 적절한 대표이사 지분이 있어야 한다.
5 우선 개인자산을 포함한 재원을 이용한 나머지 부분에 대해 대출한다.

중소기업 대출 프로그램에서 대출을 받기 위해 모든 기업은 사업의 종류와 크기, 미국이나 미국영토 내 운영, 다른 출처에서 사용 가능한 자금 사용, 수익금 사용기준, 상환 계획이 포함된 자격기준을 충족 시켜야 한다. 중소기업 대출의 상환기간은 5년에서 25년인데, 자금을 대는데 사용하는 자산의 증가와 사업의 현금 니즈에 따라 달라진다.

영업자본 대출은(외상매출금과 재고) 5~10년 안에 상환하여야 한다. 또한 중소기업청에는 상환기간이 더 짧은 단기대출 보증 프로그램이 있다.

중소기업대출 프로그램 : https://www.sba.gov/loans-grants/see-what-sba-offers/sba-loan-programs

기타 자금조달 방법

보조금

건강 보조금과 교육 보조금은 미국 보조금에서 가장 큰 비율을 차지한다. 연방, 주, 군, 시 정부뿐만 아니라 개인과 기업재단도 보조금을 지급한다. 보조금은 비영리단체, 건강관리단체, 칼리지, 대학교, 현지 정부단체, 부족기관, 학교에 가장 많이 지급된다. 조사를 진행하거나 일자리를 만들지 않는 이상 영리단체는 보조금을 받을 수 없다.

1 주 라이센싱부서에 연락

2 개인에게 주는 재단 보조금 **www.fdncenter.org**

3 미국 보조금 **www.grants.gov**

4 파운데이션 센터 **www.foundationcemter.org**

5 그랜트맨십 센터 **www.tgci.com**

6 현지 상공회의소

7 The Catalog of Federal Domestic Assistance는 미국대중들에게 지원과 혜택을 제공하는 연방 프로그램, 프로젝트, 서비스, 활동에 대한 범정부 차원의 지원책이다. 미연방정부에서 설립한 부서가 관리하는 재정지원과 비재정지원 프로그램이 있다.

8 연방정부의 공보는 지속적으로 변하는 연방 보조금 추세를 알기 위한 좋은 소스가 된다.

9 모든 연방단체들은 $25,000이상의 가치가 있는 계약은 FedBizOpps(미국판 조달청: 역자 주)를 통하여 대중에게 알려야 하므로 FedBizOpps는 좋은 소스가 된다.

10 Fundsnet Services(펀드 제공처) **http://www.fundsnetservices.com/**

11 여성 중소기업 비즈니스 센터

12 **http://usgovinfo.about.com/od/smallbusiness/a/stategrants.htm**

지역 사업자금 보조금

지역 내 보조금 기회 및 자격요건을 체크한다. 예를 들어, 지역사회 개선을 위해 노력하거나, 환경과 이웃을 보호하는 사업체를 위해서 ____________은행은 커뮤니티 보조금을 제공한다.

출처 **www.bankofamerica.com/foundation/index.cfm?template=fd_localgrants**

녹색기술 보조금

폐기물을 줄이고 에너지 효율적인 회사로 만들기 위해 녹색기술을 사업에 설치한다면, 보조금지원을 받을 수도 있다. 주 경제발전위원회에서 확인할 수 있다. 이 보조금 프로그램은 미국 경기 부양법의 일부로 개발되었다.

1 친구 및 가족 대출 www.virginmoney.com

2 창업보육협 www.nbia.org/

3 여성사업협회 www.nawbo.org/

4 소수계 기업지원청 www.mbda.gov/

5 소셜네트워킹 대출 www.prosper.com

6 P2P 프로그램 www.lendingclub.com

7 공급업체의 장기신용조건 30/60/90 days.

8 공급업체의 위탁판매조건 Contract statements.

9 지방은행.

10 고객의 선불구매.

11 판매자 자금: 기존 화장품제조업자를 인수할 경우에 해당됨.

12 사업자금조달 디렉토리 www.businessfinance.com

13 파이낸스넷 www.financenet.gov

14 소액융자 www.accionusa.org/

15 개인투자가 http://ActiveCapital.org

17 세금이나 위약금 없이 퇴직펀드를 이용하여 사업을 개시한다. 먼저 새로운 사업을 위해 C법인(대표이사와 별도로 소득세 부과하는 기업: 역자 주)을 설립한다. 그 다음 C법인이 새 퇴직계획을 수립한다. 그리고 대표이사의 퇴직기금은 C법인의 새로운 계획에 사용된다. 경고: 회계사나 재무설계사에게 확인한다.

출처 http://www.benetrends.com/

19 사업계획대회 상품

www.nytimes.com/interactive/2009/11/11/business/smallbusiness/Competitions-table.html?ref=smallbusiness

20 미래 신용카드 거래에 근거한 무담보 현금 선지급 www.merchantcreditadvance.com

21 킥스타터(Kick Starter) www.kickstarter.com

22 테크스타(Tech Stars) www.techstars.org

23 자본출처 www.capitalsource.com

중소기업의 504대출 프로그램에 참여한다. 이 프로그램은 유용한 사용기간이 최소 10년인 상업용 부동산과 기계, 자본성격의 설비와 같은 고정자산 구입을 위한 것이다. 수익금은 영업자금으로 사용할 수 없다.

24 상업대출 지원 www.c-loans.com/onlineapp/

25 비경쟁 사업들과 자산과 자원을 공유한다. https://www.wellsfargo.com/biz/

26 엔젤 투자가 www.angelcapitaleducation.org / https://gust.com/entrepreneurs

27 The Receivables Exchange(기업의 수취계정을 기관투자자들이 경매형식으로 사고 파는 거래소: 역자 주)

28 부스트트랩 방법: 개인예금/신용카드/이차담보

29 지역사회기반 시민기금 www.profounder.com 이 플랫폼들은 GoBigNetwork, Kickstarter, IndieGogo, RocketHub and PeerBackers를 포함한다. 관심 있는 투자자들과 중소기업들, 사업가들을 이어주기 위해 디자인된 펀딩옵션이다. 시민기금 채무자들은 보통 제품으로 ___________ (빚/부채)를 받는다.

30 On Deck Capital www.ondeckcapital.com/ 일부지불이 가능하고 중소기업들의 현금흐름에 맞는 자본에 빠른 접근을 위해 만들어진 단기사업대출(최대 $100,000.00)이다.

31 Royalty Lending www.launch-capital.com/ 펀딩승인의 대가를 향후 수익이나 회사실적에 따라 지불하는데, 회사가 번창하면 환급금이 굉장히 비싸진다.

32 대주거래 Southern Lending Solutions, Atlanta, GA Custom Commercial Finance, Bartlesville, OK 대주거래는 주식의 질, 귀중품, 사업가의 개인 유가증권알림표에 있는 다른 종류의 투자를 기본으로 한다. 회사주식의 소유권은 대출기간 동안 대출기관의 보관은행에 넘겨진다.

33 Lender Compatibility Searcher(중소기업대출, 사업용 파이낸싱, 프랜차이즈 파이낸싱 등을 원하는 사업가를 도와주기 위한 사업파이낸싱 마켓플레이스: 역자 주)

34 전략적 투자자 : 전략적 투자는 어떤 이유에서든 사내에 연구개발부서를 두지 않고 기존의 기술을 가진 기업의 지분을 특정 퍼센트 사고자 확실한 기술을 찾는 대기업을 위한 것이다.

35 물물교환

36 중소기업 투자회사 www.sba.gov/INV

37 현금가치 생명보험

38 직원 스톡옵션제도 www.nceo.org

39 벤처 투자가 www.nvca.org

40 주식 공개공모(IPO)

41 LinkedIn(집단토론), 페이스북(BranchOut은 페이스북연결을 전문분야에 따라 정렬해 준다), 캡링크드(산업이나 역할별로 투자관련 전문가들을 찾을 수 있게 해준다.)를 포함한 온라인사이트를 통해 투자자들을 만난다.

42 SBA Community Advantage Approved Lenders(중소기업청에서 지역 커뮤니티 기반의 금융기관으로부터 신규기업 및 중소기업이 대출 받을 수 있도록 보증하는 프로그램: 역자 주) www.sba.gov/

content/community-advantage-approved-lenders

43 중소기업 대출 전문기관

http://www.bankofamerica.com/small_business/business_financing/

https://online.citibank.com/US/JRS/pands/detail.do?ID=CitiBizOverview

https://www.chase.com/ccp/index.jsp?pg_name=ccpmapp/smallbusiness/home/page/bb_

business_bBanking_programs

44 미국 경제개발청 www.eda.gov/

45 중소기업대출 http://www.iabusnet.org/small-business-loans

46 조세담보금융(TIF) : 재개발, 사회기반시설 및 기타 지역사회개선 프로젝트들에 보조금을 지원하기 위해 사용되는 공공재정수단이다. TIF는 미래수익을 위한 조건을 만들기 위해 필요한 개선사항에 대해 보조금을 대기 위해 미래이익을 세금으로 사용하는 방법이다. 공공 프로젝트가 완료되면, 주위 부동산의 가치가 증가하며 추가세입이 가능해 진다. TIF는 프로젝트 비용을 대기 위한 부채를 지원하기 위해 특정 구역 안에서 인상될 세금을 미리 사용하는 것이다. TIF는 종종 펀딩이 없으면 개발이 되지 않을, 지희지역이니, 저개발되고, 이용하고 있지 않은 관할구역의 일부를 개선하기 위해 사용한다. TIF는 미래 재산세 세입 증가를 담보로 돈을 빌려 공공이나 개인 프로젝트를 펀딩 한다.

48 Gust https://gust.com/entrepreneurs 초기단계 투자의 소싱과 관리를 위한 글로벌 플랫폼을 제공한다. Gust는 초기 시작단계부터 성공적인 출구전략에 이르기까지 거의 모든 측면의 투자관계를 지원함으로 노련한 사업가들과 최고의 투자자들과 협력할 수 있게 한다.

49 골드만삭스 10,000 중소기업 http://sites.hccs.edu/10ksb/

50 Earnest Loans www.meetearnest.com(학생, 학부모, 개인용도 대출기업: 역자 주)

51 Biz2Credit www.biz2credit.com(중소기업대출 사이트: 역자 주)

출처 www.sba.gov/category/navigation-structure/starting-managing-business/starting-business/local-resources

http://usgovinfo.about.com/od/moneymatters/a/Finding-Business-Loans-Grants-Incentives-And-Financing.htm

한국판 참조사이트

| 중소기업정책자금지원센터 | **www.sbac.co.kr**

중소기업정책자금,기업대출,중소기업자금대출,사업자대출,법인대출,정책자금지원,운전자금,시설자금 안내

| 중소기업공제사업기금 | **fund.kbiz.or.kr**

정보조회 대출이자 지원안내 법률회계세무 무료상담 등

| 중소기업 공공구매론 | **www.smpploan.com**

금융지원 서비스, 대출가능은행 안내, 진행절차, 공공구매론 대출 신청정보 제공.

| 기업을 위한 크라우드 펀딩 – 오퍼튠 | **www.opportune.co.kr**

개인투자자, 기업대출, 펀딩, 중소기업, 투자, 재태크, 제테크, 소셜펀딩, 투자자, 투자유치, 중소기업.

| 노란우산공제 | **www.8899.or.kr**

소개 가입안내 대출안내 공제금안내, 중소기업중앙회 운영, 소기업, 소상공인 대상 공제제도, 상품소개 및 가입안내 제공.

| 한국기술금융 | **www.tf.or.kr**

중소기업 신용대출 지원사업, 기술평가, 참여기관, 금융상품 안내.

| 정책자금지원센터–소상공인창업자금 소... | **cafe.naver.com/loveteuksora**

정책자금지원센터 – 소상공인창업자금대출 소상공인사업자대출 중소기업대출.

| 중소기업정책자금센터 | **www.sbfc.co.kr**

중소기업 정책자금,기업자금대출,정책자금지원,운전자금,시설자금 안내.

| 중소기업정책자금통합센터 | **www.sbkc.co.kr**

중소기업 정책자금,기업자금대출,정책자금지원,운전자금 안내.

| 중소기업창업자금대출 | **902cs1.kimblack.co.kr**

중소기업창업자금대출 부담을 낮추고 간편하게! 무료상담 즉시 한도조회! 중소기업창업자금대출.

| 씨유펀드 | **CUfund cufund.co.kr**

중소기업 대출형 소셜 펀딩 플랫폼.

Part 3
Products and Services
제품과 서비스(필요항목 선택)

Products and Services
제품과 서비스(필요항목 선택)

이 장을 읽기 전에

이 장은 회사에서 제공하는 제품과 서비스 전략에 관한 내용이다. 가상의 회사가 만드는 제품라인 역시 가상의 제품들이지만 제품 각각의 주요 성분과 효과 사용법에 대해 설명하는 사례를 구체적으로 보여준다. 제품과 서비스 라인, 라인 별 제품 구성, 소구 포인트, 패키지 상품과 서비스, 제품 및 서비스의 확장 전략, 신제품 론칭 등에 대한 내용들이 포함되어 있다. 회사의 제품전략에 따라 필요한 제품과 서비스를 취사 선택 하면 되고, 제품과 서비스가 이미 결정된 상태에서 사업계획서를 작성할 경우 생략할 수도 있기 때문에 (필요항목 선택)을 붙여 두었다.

이 장은 계획된 회사 제품과 서비스의 리스트뿐만 아니라 그 제품과 서비스가 다른 경쟁자와 어떻게 차별화하며 시장에서 실제적인 문제를 해결해주고 미처 채워지지 않는 고객의 니즈를 어떻게 채워줄 것인가를 보여줄 것이다.

사업의 기본적인 수익원은 일반 대중에게 화장품을 직접 팔 때 발생한다. 본사 제품은 최고품질의 유기농 원료를 사용하여 만들며 이중 다수의 화장품은 100% 순수한 ____________이다. 대략 ____________(e.g. 75%)의 회사 수익은 자사제품의 판매에서 비롯된다.

출처 www.australab.com/blog/making-cosmetics-makeup/cosmetics-business-make-your-own-makeup-start-an-empire/

화장품 제품 라인 (취사선택)

– 오일	– 마스크	– 바디로션
– 립밤	– 립스티	– 바디 파우더
– 샴푸	– 컨디셔너	– 거품목욕제
– 탈취제	– 세안용 스크럽	– 연지 (블러쉬)
– 아이새도우	– 아이라이너	– 메이크업 리무버
– 마스카라	– 화운데이션	– 향수류
– 매니큐어	– 구강세척제	– 질 세정제
– 항노화 크림	– 애프터 쉐이브	– 마사지로션
– 임신선 방지로션	– 보습제	– 바디 스플래시
– 스킨케어 크림	– 콘실러	– 페이스 아트
– 고체형 입욕제	– 클렌징크림	– 브론저 (고체형, 가루형)
– 볼 착색제	– 립글로스	– 미네랄 메이크업
– 베이크업 베이스	– 크림 및 파우더 화운데이션	– 피니싱 파우더 (고체형, 가루형)

서비스 (필요항목 선택)

1. 선물포장
2. 배달 서비스
3. 맞춤형 재료 배합
4. 맞춤형 색채조합 및 용기디자인
5. 화장품 제조 강좌/워크샵
6. 개별 라벨링

1) 제품 설명 (Product Descriptions)

제품 설명

바이오 촉매 토닉

목　　적 : 세안을 끝내고 피부를 완벽하게 깨끗하게 한다. 피부를 완화, 진정시키고 부드럽게 한다. 생리적으로 표피의 작용을 활성화 시킨다. 피부에 메이크업 할 준비를 해준다. 전체 표피 위층에 수분을 제공한다. 코랄리나 오피스날리스(Corallina officinalis; 참신호말; 역자 주)는 해양미네랄의 미량원소와 300가지가 넘는 효소를 함유하고 있다.

효　　과 : 피부 섬유의 탄력을 증가시켜 화장을 하기 위한 준비를 시킨다. 크리티넘 마리티멈(Rock Samphire; 록 삼피어; 역자 주) 엑기스는 정화 및 재생 효과가 있다. 장미수는 긴장 완화 효과가 있다.

피부타입 : 모든 피부타입

사 용 법 : 밤에 메이크업을 지운 후 나이트 크림을 바르기 전 혹은 낮에 스트레스를 완화하거나 피부색을 밝게 할 목적으로 바른다.

눈 화장 리무버

목　　　적 : 눈 화장을 지우고 눈 주변의 민감한 피부를 완화하고 진정시킨다. 눈썹에 영양공급을 한다.

주요성분 : 로도피키아(Rhodophycea ; 홍조류의 일종; 역자 주) 엑기스는 눈썹에 영양을 줌과 동시에 피부에 미네랄을 제공하고 보습 효과가 있다.

효　　　과 : 장미수는 민감한 피부의 톤을 유지시키고 아이새도우를 제거한다.

피부타입 : 모든 피부타입

사 용 법 : 면솜에 약간 적셔서 눈꺼풀을 따라 문지르면서 화장을 지운다.

클렌징 크림

목　　　적 : 화장을 지우는 동안 피부를 진정시킨다. 표피의 수분지질막을 손상시키지 않고 부드럽게 불순물을 제거한다.

주요성분 : 크리티넘 마리티엄 엑기스는 필수지방산이 풍부하여 재생 및 항염효과가 있다.

효　　　과 : 시아버터는 피부에 영양을 주고 부드럽게 해준다. 팜오일과 땅콩오일은 세정제로의 역할을 할 뿐만 아니라 피부를 부드럽게 해준다.

피부타입 : 모든 피부타입

사 용 법 : 메이크업을 제거할 목적으로 얼굴과 목에 사용한다.

세안용 재생 스크럽

목　　　적 : 건강한 새 세포의 제생을 위해 죽은 세포를 제거할 목적으로 사용한다. 안색을 밝게 하고 피부를 빛나게 해준다. 표피를 부드럽게 하고 깨끗하게 해준다.

주요성분 : 원형의 마이크로 마블이 자극 없이 죽은 세포를 제거한다.

효　　　과 : 크리티넘 마리티엄 엑기스는 표피를 정화시키고 세포재생을 촉진한다.

피부타입 : 모든 피부타입

사 용 법 : 건성 및 민감성 피부는 2주에 한번, 지성 및 중성피부의 경우에는 매주 깨끗한 피부에 바르고 따뜻한 물로 헹군다. 스크럽 후에는 바이오 촉매 토닉을 발라준다.

보습 크림 마스크

목　　　적 : 피부를 부드럽게 하고 즉각적으로 피부균형을 잡아준다. 피부를 견고하게 함과 동시에 재생을 도와주고 표피의 수분을 유지시키는 역할을 한다.

주요성분 : 갈파래 엑기스는 피부가 느슨하게 되는 것을 방지하는데 효과적이다.

효　　　과 : 개청각(Codium tomentosum)엑기스는 상위 표피층에 충분한 보습효과를 나타내며 피부재생에 필요한 비타민A가 풍부하다.

피부타입 : 모든 피부타입

사 용 법 : 각질제거 후에 얼굴과 눈 윤곽부분과 목에 바른다. 약 3~5분 후에 부드러운 티슈로 남아있

는 크림을 닦아낸다.

바디로션

목   적 : 건조함을 없애주고 수분지질막의 회복과 유지목적으로 사용한다. 피부에 영양을 주고 재생
시키며 노화방지, 탄력증진, 유해환경으로 부터 피부를 보호하고, 피부를 탄탄하고 부드럽게
유지한다.

주요성분 : 녹조와 아이리시 모스(Irish moss; 학명: Chondrus crispus; 홍조류의 일종; 역자 주) 로부터 추
출한 강력한 해양 삼투압 조절능력이 표피 깊숙이 장기간 보습을 유지시켜 준다.

효   과 : 카라기닌(Carraghenans; 홍조류에서 추출한 다당류의 일종: 역자 주) 은 피부표면에서 보호
필름을 만드는 천연 단백질 역할을 한다. 리테버터(시아버터의 다른 이름: 역자 주)로부터 추
출한 식물성 오일은 피부의 재생을 증가시켜 피부를 부드럽게 해준다.

피부타입 : 모든 피부타입

사 용 법 : 건조한 피부에 매일 부드럽게 원을 그리며 발라준다.

재생크림

목   적 : 피부를 부드럽게 하고 탄력을 주기 위해 사용한다. 피부의 건조함을 막아주고 탄력을 강화하
며 즉각적인 리프팅효과를 낼 수 있다.

주요성분 : 호스테일켈프(거대갈조류의 일종; 학명: Laminaria digitate; 역자 주) 에서 추출한 식물오일은
비타민A가 풍부하여 유리기(free radicals) 로부터 피부를 보호하고 섬유질 재생을 도와준다.

효   과 : 비타민 C의 피부 힐링효과와 비타민F의 피부 영양 및 유연효과를 촉진시키고 피부 보습을
도와준다.

피부타입 : 모든 피부타입

사 용 법 : 팔, 허벅지, 다리, 상반신과 엉덩이에 아침 저녁으로 적은 양을 바른다. 피부에 충분히 흡수될
때까지 부드럽게 마시지한다.

안티–에이징 크림

목   적 : 표피의 수분을 유지하고 태양에 의한 피부의 조기 노화를 방지한다.

주요성분 : 크리티넘 마리티멈와 파에오닥틸럼 트리코노텀(Phaeodactylum Tricomotum phyloplankton;
미세조류의 일종; 역자 주)에는 필수지방산인 EPA/DHA 가 풍부하여 자연적인 시너지 효과
를 나타낸다.

효   과 : 세포재생 및 수분지질막 형성에 필수적인 세라마이드 합성을 촉진하여 피부가 부드럽게 유
지된다.

피부타입 : 모든 피부타입

사 용 법 : 햇빛에 노출될 때 자주 덧발라 준다.

서비스 정의

서비스를 정의할 때에는 다음 질문에 대한 대답이 있어야 한다.

1 서비스를 완수하기 위해 무엇을 해야 하나 혹은 고객을 어떻게 도와야 하나?

2 왜 사람들이 우리제품을 구매하는가?

3 어떤 점이 우리 제품을 특별하게 만드나 혹은 더 우수한 가치를 제공하는가?

4 경쟁사가 우리 제품을 만들거나 카피하려면 얼마나 비싸거나 어려운가?

5 우리 서비스가 얼마나 비싸게 팔릴 수 있는가?

비즈니스 컨설팅

______________(컨설팅 회사명)은 다양한 운영문제에 직면한 화장품회사를 위해 일할 것이다. 본사의 프로세스 개선작업을 통하여 소규모와 대규모 전문점에서 실제 적용하여 매출을 증대시키고 운영비용을 감소시키게 될 것이다. 본 컨설팅팀은 기업경영의 모든 측면에서 화장품 제조업자를 지원하는데 수십 년의 성험이 있나. 운영평가와 생산싱 개신을 포힘한 건실딩딤의 스길은 다음과 같다 :

- 운영평가와 생산성 개선
- 맞춤형 모범경영(Best Practice)의 적용
- 고객서비스 측정 및 개선
- 판매전환율 평가 및 개선
- 분석/계량/벤치마킹
- 작업 분석과 스케줄링 해법
- 업무량/업무 균형
- 효율적인 스케줄 관리
- 생산공정 문서화
- 복수의 제품 출시 프로그램

화장품 제작 체험 워크샵

직접 만들어 보는 핸드메이드 화장품 기술을 가르치는 강좌를 실시할 예정이다. 강좌에 참여하는 사람들은 참가비를 내고, 이 참가비는 화장품을 만드는데 필요한 재료 구입에 사용할 것이다. 참가자들이 화장품 만드는데 취미를 가지게 된다면 추가적으로 원재료를 팔 수도 있을 것이다.

화장품 제작 교육용 매뉴얼과 비디오

혁신적인 화장품 제작 교육용 매뉴얼, 뉴스레터와 비디오 시리즈를 개발하고 출판할 예정이다.

선물바구니와 가방

서로 잘 어울리는 몇몇 아이템을 포장하여 선물바구니나 묶음상품으로 판매하면 고객이 선물로 주기에 쉬워 매출이 증가할 것이다. 또 고객들이 스스로 제품들을 조합하여 자신만의 선물바구니를 만들 수 있도록 하여 한번에 더 많은 제품을 팔 수 있게 한다.

맞춤형 원료 배합

도매유통 주문과 개인 선물세트의 경우, 특별한 피부타입을 위한 맞춤형 주문을 받을 예정이다. 맞춤형 주문을 위한 재료들은 향료, 색소, 필수지방산, 각질제거제 등이 포함된다.

개별 라벨링

라벨과 포장은 고객의 정확한 기준에 따라 하며 디자인과 포뮬라는 해당 고객에게만 독점적으로 제공한다 사례: www.healthysolutionsweb.com/skincare-manufacturing/cosmetic-manufacturing/

한국판 참조사이트

www.remedebycnp.com

www.monthlycosmetics.com

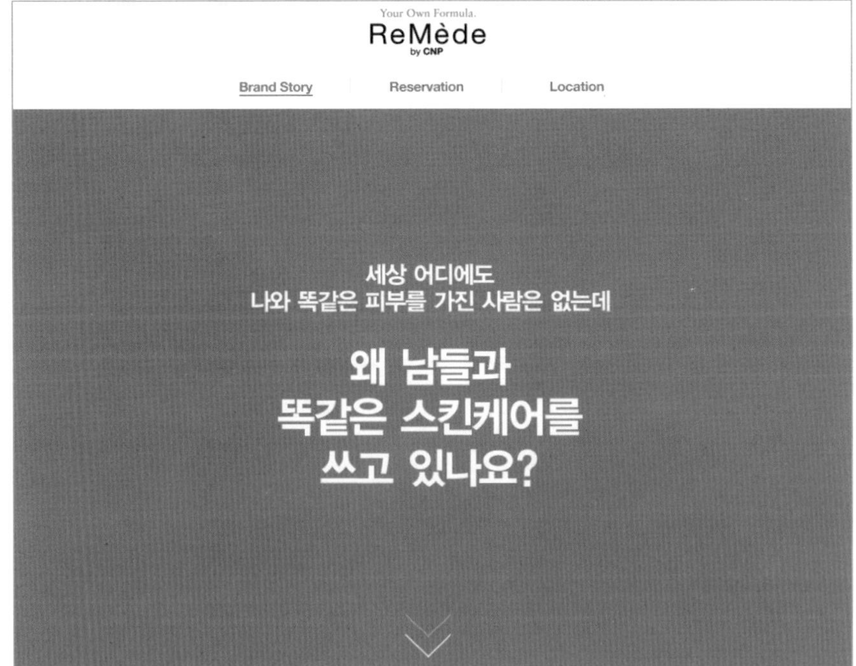

계약생산 서비스

본사의 화장품 계약생산 서비스는 일반 제품의 포뮬레이션, 화장품 색소 매칭, 포장재 개발 및 소싱,
화장품 충전, 제품 라벨링, 출고용 포장, 재작업, 키트 조립이 포함된다.

화장품 개발 서비스

고객이 기개발한 포뮬레이션이 있는 경우 벌크 생산을 하거나, 고객의 사용목적에 따라 테스트를 마친
본사의 제품을 생산하고, 전문가의 색소 매칭 서비스를 제공하며 고객의 특별한 기준에 기초한 맞춤형
포뮬레이션을 개발하기도 한다.

대용량 화장품 충전 및 포장(filling and packaging) 서비스

대용량 화장품 충전과 포장서비스는 유리나 플라스틱 항아리나 병, 튜브 등이 모두 가능하다. 모든 종
류의 1차 및 2차 화장품 포장재를 디자인해서 소싱하고 포장할 수 있다. 또한 선물세트나 키트조합제품
의 포장 서비스도 제공할 예정이다.

제품의 편익

본사의 제품은 다음과 같은 편익을 제공한다

1 100% 순수____________

2 고품질 천연 재료 베이스

3 저자극성

4 여드름 방지(모공 막지 않음)

5 높은 글리세린 함량(보습 효과)

6 민감피부에 부드럽게 작용

7 세제 미함유

8 황산염 미함유

9 설탕액 미함유

10 환경 친화적

11 생분해성

12 동물실험이나 동물성 재료 사용 안함

2) 기타 수익원에 대한 대안 (Alternative Revenue Streams)

1 뉴스레터에 항목별 광고게재	*2* 자동판매기 판매
3 제조장비 렌탈	*4* 웹사이트 배너 광고
5 컨텐츠 스폰서쉽	*6* 온라인 설문조사
7 컨설팅 서비스	*8* 장비 재 임대
9 화장품 제조 매뉴얼/비디오	*10* 홈파티 판매
11 뉴스레터 출간	*12* 원료 키트

3) 제품 및 서비스 생산 (Production of Products and Services)

회사는 화장품 산업박람회에 참가하고 전문 협회에도 가입할 예정이다. 화장품 산업계의 박람회 일정을 편집하고 고지하는 biztradeshows.com이나 cosmoworld.com 과 같은 웹사이트를 참고할 것이다. 또, 산업계에 진입하려는 기업에게 적합한 ICMAD(Independent Cosmetic Manufacturers and Distributors) 같은 산업계 자원과 산업 협회에도 합류하려고 한다. ICMAD는 정부규제에 대한 일반적인 지도뿐만 아니라 회원들에 대해 제조물 책임법에 대한 정책도 제공해 준다.

우리 사업에 대한 최고의 원료공급자를 찾기 위해 다음의 방법을 사용한다.
화장품 산업계의 최신 트렌드를 이해하고 산업계 네트워킹 및 가격 비교를 위해 다음의 산업박람회에 참가할 예정이다.
    American Beauty Show – Int'l Congress of Esthetics
    Premiere Beauty – IECSE

IBS – ISSE

HBA Global Expo

Esthetique Spa International

www.biztradeshows.com/cosmetics/

www.cosmoworlds.com

Beyond Beauty Paris

Cosmeeting Beyond Beauty

Cosmoprof North America(Las Vegas)

www.cosmoprofnorthamerica.com

Cosmoprof Asia Trade Show(Hong Kong) www.premiumbeautynews.com/en/cosmoprof-asia-2016-record-numbers,10694

Cosmoprof Bologna Trade Show(Italy)

Cosmoprof North America is a trade show for beauty industry

산업 전문기용. 본 이벤트는 일반인에게는 공개하지 않는다. 특히 유통업자, 일반이약품, 제조업자, 전문 화장품 구매업자 및 소매상을 위한 이벤트이다.

NABE – North American Beauty Events LLC

A joint venture between BolognaFiere Sp.A. and The Professional Beauty Association.

– 적당한 전문 잡지, 저널, 뉴스레터, 블로그에 가입한다.

Trade Magazine Directory www.cosmeticindustry.com/links/industry.html

Cosmetic Executive Women

Cosmetic Index

Women's Wear Daily

Beyond Beauty Paris

Cosmetic/Personal Care Magazine

Cosmetics & Toiletries

Cosmetics Magazine

Global Cosmetic Industry

Happi Contract Mfg/Private Label Directory

Happi Magazine

Package Design Magazine

Cosmetics Design www.cosmeticsdesign.com

Chemists Corner www.chemistscorner.com

Premium Beauty News www.premiumbeautynews.com

Drug Store News www.drugstorenews.com

Cosmetics Design Asia www.cosmeticsdesign-asia.com

– 가치 있는 인맥을 만들고, 온라인 디렉토리에 올라가고, 교육 및 마케팅 자료들을 확보하기 위해 화장품 관련 협회에 가입한다.

Manufacturer Directory: Thomas Register www.thomasnet.com

Association of Artisan Businesses www.artisanbusinesses.org/

American Cosmetic Manufacturers Association http://americancosmetic.org/

Independent Cosmetics Manufacturers and Distributor www.icmad.org/

American Academy of Dermatology

American Association of Testing Materials

American Chemical Society

Health Canada

Look Good Feel Better: Helping Women with Cancer

Personal Care: Info Based on Scientific Facts

Regulatory Affairs Professionals Society

Society of Cosmetic Chemists

The Fragrance Foundation

Personal Care Products Council www.personalcarecouncil.org/

Professional Beauty Association https://probeauty.org/

Professional Beauty Assoscaition(이하 PBA)는 전문 미용산업에 앞서서 회원들에게 교육, 자선 활동, 정부관련 활동, 이벤트 등의 일을 한다. PBA는 사롱, 스파, 유통업자, 제조업자와 뷰티 전문가들을 대표하는 가장 큰 조직이다.

출처 www.fda.gov/Cosmetics/ResourcesForYou/CosmeticsManufacturers
PackagersDistributors/ucm077669.htm
Cosmetic Ingredient Review http://www.cir-safety.org/
www.marketingsource.com/associations/
http://www.google.com/Top/Business/Human_Resources/Associations/North_America/
"National Trade and Professional Associations of the U.S." Buck Downs

한국판 참조사이트

| 2017년 해외 유망 박람회 | (www.ibita.or.kr)

한국의 화장품.미용관련 유관단체, 화장품 원료업체, 화장품 부자재업체 리스트는 장업신문이나 화장품 신문같은 전문지의 웹사이트나 다이어리에서 확인할 수 있다.

4) 경쟁비교 (Competitive Comparison)

_______________(회사명)은 다른 회사에서 제공하지 못하는 유기농 피부관리 제품과 총 천연 화장품을 포함하는 특별한 제품라인을 제공함으로써 독특한 시장 위치를 차지할 것이다. 그러나 각 카테고리 내에서 특별히 눈에 띄는 브랜드는 존재하기 마련이고 각 그룹 내에서 품질과 가격이 매우 다양하다. _______________(회사명)은 고품질 브랜드로 포지셔닝할 것이다.

피부관리 화장품 카테고리의 맥(MAC), 오리진스(Origins), 에로노 라즐로(Erno Lazlo), 시세이도(Shiseido)와 같은 대중브랜드, 키엘(Kiehl), 클리니크(Clinique), 닥터 하우샤(Dr. Hauscha)와 같은 클리닉 브랜드, 스파와 관련된 개별 상표 브랜드와 같은 스파 브랜드, 총 세 가지 그룹으로 나뉜다.

대중 브랜드들은 기본적으로 백화점을 통하여 판매되며 품질과 가격의 범위가 넓다. 이들 브랜드는 재무적으로 탄탄하고 백화점과 안정적인 관계를 유지하고 있다는 장점이 있다. 클리닉 브랜드는 미용적인 측면보다는 피부관리에 중점을 둔 고품질이라는 이미지 덕택에 "믿을 만한" 제품으로 인식되고 있다. 이 브랜드는 주로 자체 브랜드 매장, 전문 매장, 백화점과 건강식품 매장에서 판매된다. 키엘은 클리닉 브랜드 중에서도 가장 믿을만한 제품으로 인식되고 있다. 한편 스파 브랜드의 경우에는 브랜드와 관련되어 있는 스파매장에서 독점적으로 판매되는 것이 일반적이다. 이러한 폐쇄적인 관계는 제품을 보증하는 역할을 하기도 하지만 다양한 유통망 확보를 제한하기도 한다. 블리스(Bliss)와 아베다(Aveda)의 경우는 주목할만한 예외적인 경우이다. 이 두 브랜드는 다양한 시장 유통망을 확보하고 브랜드 인지도를 높여왔다.

____________(회사명)은 스파를 포함한 소매전략과 도매유통 전략을 결합하여 시장 포지셔닝을 개발할 계획이다. 스파에 납품할 정도의 객관성을 확보함과 동시에 광범위한 유통 채널에 접근이 가능해진다. 본사의 스킨케어 및 코스메틱 제품들은 워터라인 제품에서는 해조요법으로, 지상라인 제품에서는 식물 치료요법을 통하여 고객들에게 치료효과를 제공한다. 색조화장품들은 미네랄을 기초로 하기 때문에 피부에 영양을 보급함과 동시에 미용효과를 제공한다. 적절한 디자이너 패키징과 더불어 자체 라벨제품을 개발할 능력이 없어 일반 제품을 사용하는 스파를 위한 대용량 사이즈 제품도 개발할 것이다.

우리 회사의 모든 상품은 품질을 염려하는 고객들을 위한 것이므로 마케팅 캠페인과 PR 역시 ____________(회사명) 브랜드 이미지를 강조할 것이다. 메시지는 제품의 효능을 알리고 매우 바람직한 이미지를 만들어 낼 것이다. 가격전략은 최고급 제품보다는 25%정도 싼 소매가를 유지할 것이다.

____________지역에는 ____________개의 천연화장품 회사만 존재한다. ____________(회사명)은 보다 다양한 분야의 유기농 제품을 취급하고, 고객의 선호도와 거래내역, 멤버십 클럽, 월간 뉴스레터, 고객과 지속적인 관계를 위한 선물 리마인더 서비스, 맞춤 제품 서비스 등을 통하여 차별화 할 것이나. 우리는 또한 운영비용을 고려하면서도 고객의 정보에 대한 욕구를 충족시키기 위해 직원 교육 프로그램의 개발에 힘을 쏟을 것이다.

우리는 ____________지역에서 후면 적하장과 ____________대의 차를 주차할 수 있는 주차장을 가진 유일한 화장품 제조업자이다. 고객의 피드백과 현지 거주자가 요구하는 재고품목을 알기 위해 때때로 설문조사를 실시하고 웹사이트를 통해 특수 맞춤 주문을 할 수 있도록 할 것이다.

____________(회사명)은 비수기에 필요 이상의 많은 직원을 두지 않고 직원을 효율적으로 이용할 수 있도록 유연한 직원 스케줄링과 파트타임제를 운영한다. 또한 성과별 지급 프로그램과 신규사업을 창출하기 위한 장려금 제도를 도입할 것이다.

매년 전문적인 교재 개발 및 교육을 위해 상당금액을 재 투자할 예정이다. 온라인의 웹 세미나에도 참석하여 총 천연 제품라인과 서비스 제공을 위한 고객을 유치하고 산업 추이 정보를 얻고자 한다.

제품가격 또한 효능이나 서비스 보증, 차별화 된 서비스, 디자이너 제품라인을 제대로 제공하지 못하는 다른 기업들 보다는 할인된 가격을 제공할 것이다.

5) 영업자료 (Sale Literature)

____________(회사명)은 회사비전과 함께 하는 전문 기관임을 묘사하는 영업자료를 제작하였다.
____________(회사명)은 서로 다른 영업 자료를 통하여 지속적으로 마케팅 믹스를 정교화할 계획이다.
영업자료는 다음과 같다.

- 소개편지와 제품 가격을 포함하는 다이렉트 메일
- 제품 정보 브로셔
- PR
- 신제품/서비스 정보자료
- 이메일 마케팅 캠페인
- 웹사이트 컨텐츠
- 기업 브로셔

이 문서의 부록에 정보형 브로셔의 카피를 첨부하였다. 이 브로셔는 참고자료 소스로 사용하거나 세미나 혹은 다이렉트 메일 목적으로 사용할 수 있다.

6) 서비스 수행 (Fulfillment)

서비스의 진정한 수행과 성과는 본사의 이사/대표이사가 주도하여야 한다. 진정한 핵심가치는 창립자의 화장품 산업에서의 전문성, 직원의 경험, 회사의 교육 프로그램에 달려 있다.

7) 테크놀로지 (Technology)

____________(회사명)는 회사 운영과 재고 관리, 지불처리, 고객 프로파일링과 기록관리를 향상시키기 위하여 최신 기술을 적용하고 유지할 것이다.

화장품 제조회사는 경쟁이 치열한 시장에서 수익을 내며 성공하기 위해서는 정확한 컨트롤과 품질관리 과정이 필요하다. 화장품 생산 사업을 운영하기 위해서는 생산 이력제, 품질보증 테스팅, 제품 변화 관리, 식약처 법규 준수, 제품 포뮬라 관리와 같은 수많은 도전에 부딪히게 된다. 개인 위생용품 산업에서 경쟁력을 유지하기 위해서는 생산성 향상을 위해 수작업을 줄이고 자동화하며 표준화된 방법으로 간소화된 공정이 요구된다.

운영의 어려움을 보완하기 위해 다음과 같은 소프트웨어를 구매하고자 한다.

1 배치 과정과 불연속 제조의 모델링 및 스케줄링

2 규칙적인 제조라인에 부정적인 영향을 미치지 않게 불규칙적인 프로모션 아이템을 생산할 수 있도록 하는 배치

3 계절적 요인에 따른 생산 부하의 분배

4 혼합, 충진, 인쇄, 봉합, 뚜껑씌우기, 라벨링, 박스포장, 카톤포장, 화물 운반대와 같은 복잡한 모든 공정의 스케줄링

5 고객에 의한 모든 제조공정의 가상 모니터링 사례: http://www.kolmar.com/virtual-manufacturing.html

출처 | Cosmetics Industry Process Manufacturing ERP Software: |

| ProcessPro Premier |
processproerp.com/process-manufacturing-industries/cosmetic-manufacturing-software/
| MaxLife Cosmetics ERP Software | www.maxlifesoftware.com/industries/Cosmetics.html
| Taylor Production Management Software | www.taylor.com/industry/cosmetics.php
| Prime Controls | 텍사스 루이스웰에 있는 Rockwell Automation Solution Partner. 이 회사는 자동화와 기업의 제어관리 서비스를 하는 시스템 통합 및 정보관리 회사이다.
| FactoryTalk Metrics Software |
기계 성능에 대한 이해와 가동휴지시간의 원인 파악, 전체 기기 효율성
(overall equipment efficiency : OEE)제고를 포함하는 공장 관리시스템을 제공한다.

8) 미래 제품과 서비스 (Future Products and Services)

________________(회사명)은 산업트렌드 및 고객 니즈와 요구에 기초하여 제품의 포뮬레이션을 지속적으로 확장할 계획이다. 우리는 설문조사와 고객이 미래에 필요로 하는 것을 적은 코멘트 카드를 통한 피드백을 반영할 뿐만 아니라 고객과의 강력한 관계를 개발하고자 한다. 또한 ________________년부터 ________________개의 전자상거래 사이트를 추가할 계획이다.

성장전략의 근간은 신제품 출시와 기본 프로그램 보완의 조합을 통한 지속적인 성장이다. 피부관리에서 신제품 론칭은 제품 라인에 새로운 라인을 추가하는 것을 의미한다. 제품라인이라 함은 제품의 성격과 성질, 관련된 색깔이 비슷한 일련의 제품군을 의미한다. 바디케어 제품은 관련 제품의 성격을 만들어주거나 향상시킬 수 있는 다양한 에센셜 오일로 좋은 향을 낼 수 있도록 한다. 모든 바디케어 및 목욕 용품은 최대한 ________________(개)의 범위로 한다. 피부관리 제품은 ________________년 ________________월에 시작하여 ________________개월 단위로 ________________년 ________________계절에 ________________개의 범위까지 출시할 것이다.

우리는 다음과 같이 우리의 서비스를 확장하고자 한다:

1 웹사이트를 통해 특별 이벤트, 휴일 축하를 위해 재고 화장품으로 구성한 맞춤 디자인 선물 바스켓 제공

2 홈파티 영업 프로그램과 프로모션 이벤트를 위해 이동성 있는 트레일러 서비스 제공

우리의 미래성장 전략은 다음 사항의 주도권에 집중할 것이다:

1 온라인 상거래 사이트와 옥션에서의 판매를 증대시킨다: 제품의 배송환경을 개선하기 위해 노력하며 해외배송 시스템을 갖춘다

2 홈파티 판매 프로그램

미용파티를 계획할 예정이다. 다이렉트 세일, 자신만의 화장품 만들기, 즉석 맞춤 화장품 주문 등이 가능하도록 한다. 파티 초대자 교육 프로그램을 개발하고 파티를 진행하기 위해 빨리 설치하고 접을 수 있는 전시공간도 만들고자 한다. 이를 촉진하기 위해 파티 초대자와 예약 프로그램을 위한 장려금 제도를 만들 것이다.

3 우리 회사 제품을 사용하여 온라인 메이크업 강좌 프로그램을 개발한다.

4 꽃가게, 고급선물 가게, 선물 바구니 기업들과 판매제휴 및 교차판매 프로그램을 개발한다.

5 독창적인 화장 사용의 응용을 위해 혁신적인 원료연구에 힘쓴다.

6 제품 사용법을 출간하여 개별 브랜딩 프로그램에 집중한다.

7 개인의 피부관리에 대한 니즈와 화장품 구매를 어떻게 조화롭게 할 수 있는지에 대해 여성 전문가의 조언을 제공하는 개별 쇼핑 서비스를 제공한다.

8 패션 부티크를 위해 디자인 스펙에 적합한 개별 상표 브랜드를 독점 개발한다. 패션 부티크의 이름을 사용하여 부티크 매장에서 총 천연 제품을 판매함으로써 성장의 기회를 잡을 수 있다

9 반려동물 틈새시장을 잡고자 동물병원, 강아지집, 반려동물 미용살롱, 반려동물 호텔에 제품전시 공간을 만든다.

10 _____________(회사명) 데이스파와 소매점 :

데이스파는 수용가능한 수익을 창출하고 브랜드 이미지를 향상 시킬 수 있도록 신중한 입지선정이 필요하다.

회사 자체 데이스파의 존재가 회사의 권위를 세우고 강화하는데 도움을 줄 수 있다.

소매상점은 주요 쇼핑거리나 쇼핑몰에 위치하게 될 것이다. 자체 소매점은 주요 시장에서 고객들에게 제품과 브랜드 이미지 확립에 도움을 줄 것이다.

11 데이스파와 리조트를 통한 유통망 확립:

향후 최고급 스파와 리조트를 타겟팅하여 고객들에게 기업이미지를 향상 시키고자 한다.

12 신제품 출시와 지역적인 수요가 있을 때 고객 왕래가 많은 도심지에 임시 팝업 매장을 설치한다.

참조 : www.popuprepublic.com, www.thestorefront.com

한국판 참조사이트

http://www.jangup.com/news/articleView.html?idxno=65061

Part 4
Market Analysis Summary
시장분석 요약

Market Analysis Summary
시장분석 요약

이 장을 읽기 전에

이 장은 신규 진입업체로서 제품 및 서비스, 마케팅 전략 수립을 위해 필수적인 시장 분석 요령과 체크리스트를 보여준다. 마이클 포터의 산업구조 분석 모형을 소개하고 2차 시장 조사를 바탕으로 1차 시장 조사의 요령과 함께 샘플 설문지도 포함되어 있다. 타겟 시장의 경우 가능한 모든 타겟 시장과 해당 전략을 간략하게 소개하고 있으니 필요한 부분을 선택해서 사용하면 된다. 혹은 시장 세분화를 통해 새로운 타겟 시장을 만들고 전략을 도출하는 요령을 배울 수 있다.

경쟁사와 경쟁우위를 평가하기 위한 다양한 방법 및 비교 항목을 몇 가지 표로 요약하였으며 마지막으로 타겟 시장에서 다양한 방법으로 수익을 예측하는 방법도 보여준다.

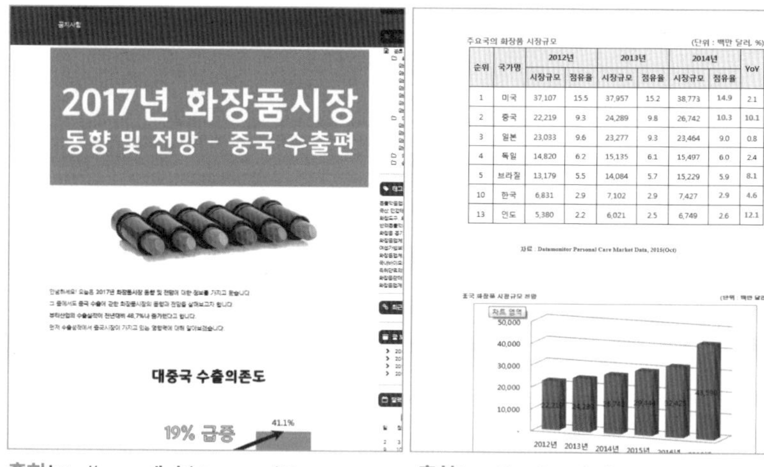

주요국의 화장품 시장규모 (단위 : 백만 달러, %)

순위	국가명	2012년		2013년		2014년		YoY
		시장규모	점유율	시장규모	점유율	시장규모	점유율	
1	미국	37,107	15.5	37,957	15.2	38,773	14.9	2.1
2	중국	22,219	9.3	24,289	9.8	26,742	10.3	10.1
3	일본	23,033	9.6	23,277	9.3	23,464	9.0	0.8
4	독일	14,820	6.2	15,135	6.1	15,497	6.0	2.4
5	브라질	13,179	5.5	14,084	5.7	15,229	5.9	8.1
10	한국	6,831	2.9	7,102	2.9	7,427	2.9	4.6
13	인도	5,380	2.2	6,021	2.5	6,749	2.6	12.1

자료 : Datamonitor Personal Care Market Data, 2016(Oct)

출처 http://cosmetibd.tistory.com/68

출처 http://stocksmain.tistory.com/74

시장분석은 다음 목표를 달성하기 위한 것이다:

1   타겟시장의 특징 및 니즈와 욕구를 분명히 규정한다.

2   판매 및 마케팅, 홍보 전략 개발의 기준으로 삼는다.

3   전자상거래 웹사이트 디자인에 반영한다.

미국의 화장품시장은 지난 10년동안 평균 6.6%씩 성장해 왔다. 이 부분 성장의 주요한 요소는 스파 포지셔닝을 포함한 틈새시장이 성장한 덕이다. 스파테마는 거의 모든 제품 카테고리와 관련되어있다. 아로마테라피가 대세로 자리잡아, 모든 제품 카테고리에 사용되었으며 성장을 거듭했다. 주로 다음의 제품 카테고리에서 매출이 발생하였다.

1   스킨케어

2   색조화장

3   향수

4   바디 및 목욕용품

5   남성제품

시장은 채널과 가격에 따라 다음과 같이 확연히 구분된다:

– 프리미엄 고급 백화점(전문점)

– 다양한 대량 머천다이저, 화장품 할인점, 약국, 음식점 도매클럽

– 아봉(Avon), 메리케이(Mary Kay) 등을 통한 대체 직판점

– 바디샵, 베스앤바디웍스(Bath and Body Works), 스파, 살롱을 통한 전문 소매 부티크

고객

__________(회사명)은 소매(직접적으로 최종 소비자에게)와 도매(판매업자를 통해 최종 소비자에게) 전략을 택하였으므로 우리의 대상 고객은 최종 소비자와 소매업체 두 그룹으로 나뉜다.

최종 타겟 소비자의 연령대는 24세에서 65세이며 활동적인 생활 방식을 가진, 최소 대학을 졸업한 도시의 전문직 종사자 여성들이다. 그들은 사회적, 환경적 이슈에 관심이 많으며 정신적, 육체적 건강을 모두 중요하게 여긴다. 헬스클럽을 다니거나, 요가나 필라테스 과정에도 참여한다. 노화와 젊게 보이도록 유지하는 것이 그들의 삶에 중요한 부분이다.

도매유통에서는 소비자의 니즈를 알고 동일시하는 판매업체를 타겟고객으로 할 것이다. 스파나 헬스클럽, 라이프스타일 소매업자, 화장품 전문점, 홈파티영업, 부티크 백화점과 같은 4개의 판매 채널을 통해 소비자에게 접근할 것이다.

다음의 틈새시장을 타겟할 계획이다.

틈새시장	제품
아동 및 청소년	스파클링 파우더와 립글로스
성인여자	안티에이징 제품군
임산부 및 산후여성	튼살로션
남성	애프터셰이브 로션, 바디 스프레이
스파 및 살롱	로션, 보습제, 오일
소수민족 틈새시장	비알레르기성 파우더

현재 미국 경제시장 상태는 불황이다. 이 경기후퇴는 부동산 매출에 큰 영향을 주어 역사상 최저치에 멈추었다. 많은 경제학자들이 2021년 중반까지 이 경기후퇴가 계속될 것이고 어느 순간 느리고 장기적인 회복기가 시작될 것으로 예측했다. 화장품 산업에서 공통된 걱정거리는 가격구조와 공급망 관리이다.

각각의 타겟시장은 그 지역에서 살거나, 일하거나, 휴가를 보내는 사람들이다. 타겟고객들은 대응성이 뛰어나고 박식한 정보 서비스, 편리한 접근성, 폭넓은 유기농 머천다이즈, 친근한 개인 서비스부터 고객 비밀과 개인정보 보안을 보장하는 온라인 쇼핑에 이르기까지 이 모든 것을 충족 시켜줄 화장품회사를 찾는다.

틈새시장의 타겟을 분명히 한 후에, 특정 화장품 및 원 재료 소싱, 포장, 라벨 개발을 시작할 것이다. 제품을 출시하기 전에 철저한 시장 테스트를 하고 잠재고객에게 시험판매하기 위해 고급지역에서 열리는 벼룩시장, 소셜네트워킹 플랫폼, 농산물 직판장에 참여할 것이다. 초기 목표는 가치 있는 피드백과 제안을 확보하는 것이다. 매우 긍정적인 리뷰를 얻은 후에 더 많은 물량을 시장에 내놓을 것이다.

모든 사업이 그렇듯, 시장환경 내에서 경제, 경쟁, 법/정치, 기술, 기록관리 이슈의 영향과 트렌드는 __________(회사명)에 영향을 미칠 것이다.

경제적환경 경제적으로 어려운 시기에 기운을 북돋게 하고, 저렴한 가격으로 선물할 수 있기 때문에 화장품 사업은 불경기에 영향을 받지 않는다고 알려져 있다. 경제 회복단계에 있으며, 실업률이 오르지 않고 안정된 임금과 인플레이션이 낮은, 안정된 지역경제 덕택에 보다 많은 사람과 사업가들이 희망을 갖기 위한 시그널로 이국적인 화장품을 사고자 할 것이다.

법/정치환경 __________시는 이 벤처사업 오프닝에 필요한 것을 지원하고, 부동산의 사용을 지원하는 건축허가를 승인하고, 사업허가증을 발급했다.

기술 및 기록관리 환경 회계/재고 세부사항을 수집하고 관리하기 위해 전산화 된 데이터 베이스를 사용할 것이다. 컴퓨터 프로그램은 모든 사업이 따라야 하는 재고관리, 구매, 재정기록관리, 세무준비 직무를 아주 간단하게 만들어 준다. 우리는 세무회계 직무를 아웃소싱하지만, 전문 재무회계 소프트웨어를 사용해 매일 재무상태를 기록하고 보관한다.

__________(회사명)은 사업의 기준이 될 __________(중상위층)의 분명한 타겟시장이 있다. 효율적인 마케팅과 최적의 제품 믹스가 성공하는데 아주 중요한 요소이다. 소유주는 화장품 시장에 대한 믿을 만한 정보를 소유하고, 충실한 고객이 될 것으로 예상되는 사람들의 공통적 특성에 대한 것을 많이 알고 있다. 이 정보는 우리가 충족시켜 주어야 하는 고객들의 구체적인 니즈에 대해 더 잘 이해할 수 있게 해주고, 더 잘 소통할 수 있는지 알게 해준다. 소유주는 더 많은 제품들이 저가의 일상용품이 될수록, 차별화 전략을 실현하기 위해 혁신적이고 개인화된 맞춤형 제품을 개발하는데 초점을 맞추는 것이 아주 중요하다고 믿고 있다.

1) 2차시장 조사 (Secondary Market Research)

다음의 이유로 인구통계를 조사할 것이다:

1. 히스패닉계나 노인들과 같은 특정 세그멘트가 어느 정도 성장했는지, 제대로 서비스를 받았는지 확인하기 위해.
2. 회사의 사업목표를 실현하기 위해 지정한 장소에 충분한 인구가 있는지 알기 위해.
3. 변화하는 인구 통계학적 프로파일과 니즈를 토대로 향후 어떤 제품과 서비스를 더해야 할지 고려하기 위해.

다음의 일반적인 인구 통계 경향에 특히 주의를 기울일 것이다:

1. 인구성장은 안정기에 들었고 시장 점유율은 혁신과 우수한 고객서비스를 통해서만 증가할 것으로 보인다.

2 소득은 증가하지 않고 실업률은 높기 때문에 가격을 경쟁력 있게 유지하기 위해 공정효율과 소싱 혜택을 반드시 개발해야 한다.

3 싱글 워킹맘 같은 비전통적인 가정이 늘고 있으니 혁신적이고 개인화된 프로그램들을 더 개발한다.

4 인구가 중년층(30–44세)에서 노년층(65세–)과 청년층으로 이동하면서, 자녀양육과 노인 이동지원 서비스가 더욱 필요해질 것이다.

5 노령화 인구의 증가 때문에 생기는 오염도 증가와 높은 실업률 같은 당면 과제를 해결하기 위한 새 로운 '그린' 방법이 개발되어야 한다.

해당 지역에서 다음의 인구통계자료를 수집할 것이다: _______________________________

참고 : www.census.gov, www.city–data.com, www.esri.com/data/esri_data/tapestry

출처 www.sbdcnet.org/index.php/demographics.html

한국판 참조사이트

http://kosis.kr/statisticsList/statisticsList_01List.jsp?vwcd=MT_ZTITLE&parentId=A

1 총 인구수

2 가구 수

3 인종 별 인구수　　백인 _______________________% 흑인 _______________________%

　　　　　　　　　　아시아–태평양섬지역인 _______________% 기타 _______________%

4 성별 인구수　　　남성 _______________________% 여성 _______________________%

5 소득 수치　　　　중간 가계소득 $ _______________________________________

　　　　　　　　　　가계소득 $50K이하 _____________% 가계소득 $50K–$100K _____________%

　　　　　　　　　　가계소득 $100K이상 _____________%

6 주택 가격   평균 집 가치 $ ___________________   평균 임대료 $ ___________________

7 자택소유   자택소유자 % ___________________   세입자 % ___________________

8 학력   고졸 % ___________________   학사 % ___________________

석사 % ___________________

9 신규인구유입   이주 5년 미만 % ___________________________________

10 혼인여부   _______ % 기혼   _______ % 이혼   _______ % 미혼

_______ % 결혼한 적 없음   _______ % 사별   _______ % 별거

11 직업   _______ % 서비스   _______ % 판매   _______ % 경영

_______ % 건설   _______ % 생산   _______ % 무직   _______ % 기타

12 연령대 분포   _______ % 5세 이하   _______ % 5–9   _______ % 10–12

_______ % 13–17   _______ % 18–19   _______ % 120–29

_______ % 30–39   _______ % 140–49   _______ % 150–59

_______ % 60–69   _______ % 70–79   _______ % 80+

13 이전 성장률   _______ 년 _______ %

14 예상 인구성장률 _______ %

15 고용 트렌드   _______________________________

16 사업 실패율   _______________________________________

2차시장 조사 결과:

다음의 이유로 이 지역은 인구통계학적으로 우리 사업에 적합하다.

____

____

출처 www.allbusiness.com/marketing/segmentation-targeting/848-1.html

1차시장 조사

1차 조사목적으로 다음의 설문지를 만들어 출판사로부터 구매한 비즈니스잡지 구독자와 현지 가정에 메일을 보낼 계획이다. 또한 설문지를 웹사이트에 올려 방문자들이 설문조사에 참여하도록 독려한다. 다음의 질문들을 사용해 더 나은 마케팅 커뮤니케이션을 할 수 있게 잠재고객층의 이상적인 고객프로파일을 만들고 응답률을 높이기 위해 시선을 끌만한(할인쿠폰/현금) 것들을 준비하여 설문에 응답하는 사람에게 감사의 표시로 제공한다.

1 우편번호가 무엇입니까? ____

2 결혼상태가 어떻게 되십니까? ____

3 남성입니까? 여성입니까? ____

4 몇 살이십니까? ____

5 가계소득이 얼마 정도 입니까? ____

6 학력이 어떻게 되십니까? ____

7 직업이 무엇입니까? ____

8 맞벌이입니까? ____

9 자녀가 있습니까? 만약 있다면 몇 명입니까? ____

10 즐겨 읽는 잡지가 무엇입니까? ____

11 즐겨 읽는 지역뉴스가 무엇입니까? ____

12 즐겨 듣는 라디오 방송이 무엇입니까? ____

13 즐겨 보는 TV 프로그램이 무엇입니까? ____

14 어떤 단체에 속해 있습니까? ____

15 우리 지역사회에 충분한 총 천연 화장품회사가 있습니까? 예 / 아니오

16 가족이 현재 지역 화장품회사를 애용하고 있습니까? 예 / 아니오

17 현재 화장품회사에 만족하십니까? 예 / 아니오

18 평균 한달/1년에 몇 번 정도 선호하는 화장품회사에서 구매하십니까? ________________

19 보통 어떤 서비스를 이용합니까?

___________맞춤화장품　___________선물서비스　___________재고품구매

___________지속적 서비스　___________기타

20 어떤 종류의 화장품에 가장 관심이 있습니까? 그 이유는 무엇입니까? ________________

21 평균적으로 한달/1년에 얼마 정도를 화장품에 소비하십니까? ________________

22 현재 애용중인 화장품회사의 이름이 무엇입니까? ________________

23 서비스 제공자로서 그 회사의 장점은 무엇입니까? ________________

24 그 회사의 약점이나 결점은 무엇입니까? ________________

25 회사가 어떻게 하면 그 회사의 제품을 구매하게 될까요? ________________

26 우리가 화장품을 시장에 내놓을 수 있는 가장 좋은 방법은 무엇입니까? ________________

27 ___________지역사회에 살거나 일하고 계십니까?

28 소매가의 몇%을 화장품에 지불할 용의가 있으십니까? ________________

29 가까운 미래에 당신에게 맞춤 화장품 서비스가 필요할 것이라고 생각하십니까? ________________

30 특별한 멤버십 혜택을 받을 수 있는 화장품회사 클럽 가입에 관심이 있으십니까? _______________

31 다른 화장품회사의 경험을 설명해 주십시오.

32 다음의 화장품회사를 고르는 요소들을 중요한 순서대로 숫자를 매겨 주십시오.(1부터 20)

- 제품의 품질
- 평판
- 청렴함
- 편리한 주문
- 구전/추천
- 포장디자인
- 매장 청결
- 직원 스킨케어 전문성
- 자선활동
- 보습능력
- 기타 _________________

- 향기 선택
- 고객서비스
- 직원 전문성
- 가치 제안
- 불만사항/항의 처리
- 지불옵션
- 재고보유
- 가격대
- 환경친화성
- 지속력

33 다음 제품들의 중요성의 우선순위를 매겨 주십시오.

- 샴푸
- 미네랄제품
- 기타 _______________

- 허브제품
- 유기농제품

34 화장품회사 뉴스레터에서 어떤 정보를 보고 싶습니까? ____

35 어떤 온라인 소셜그룹에 가입하셨습니까? 가입한 그룹을 선택해 주십시오.

페이스북 ☐
트위터 ☐
Ryze ☐

마이스페이스 ☐
LinkedIn ☐
Ning ☐

36 어떤 종류의 화장품회사 제품에 가장 관심이 있습니까?

37 당신이 일반적으로 화장품회사가 필요한 때가 언제입니까? 해당 월/요일/시간에 O표 하십시오.

월: **1 2 3 4 5 6 7 8 9 10 11 12** (매월)

요일: **월 화 수 목 금 토 일** (매일)

시간대 : _________________________ or(24 시간)

38 더 나은 화장품 구매경험을 위해 제안하실 내용이 있으십니까?

39 당신은 저희 메일목록에 있습니까? 예/아니오

만약 아니라면 당신을 저희 메일목록에 넣어도 되겠습니까? 예/아니오

40 유기농 화장품의 장점에 대한 무료 세미나에 참석하실 의향이 있으십니까?

41 새로운 지역 화장품회사에 대해 알고 싶어할 수도 있는 사람의 이름과 연락처정보를 주실 수 있으십니까?

42 우리가 화장품회사의 제품을 시장에 내놓는 가장 좋은 방법을 무엇입니까?

____

43 화장품회사 제품과 서비스에 대한 일반적인 생각이나 우려를 써주십시오.

____

설문조사에 참여해 주셔서 정말 감사 드립니다. 당신의 이름, 주소, 이메일주소를 적어주시면, 저희 e-뉴스레터에 가입시켜드리고, 설문결과를 알려드리겠습니다. 또, 지역에 있는 100% 천연 화장품에 관한 뉴스를 전해 드리고 매달 열리는 ____________추첨식에 참여할 수 있게 해드립니다.

- 이　름:
- 주소:
- 이메일:
- 전화:

고객의견

우리 회사 고객들의 니즈와 욕구를 더 잘 이해하기 위해 다음의 프로그램을 통하여 고객의 소리를 들을 것이다:

1　포커스그룹

　소규모 그룹 고객들을 초대하여 퍼실리테이터의 주도하에 회사의 정책에 대한 개방형 질문에 답하게 한다.

2　개인 인터뷰

　고객의 사고과정, 선택기준, 패션 트렌드, 카테고리 선호도를 이해하기 위해 일대일 인터뷰를 한다.

3　고객 패널

　색감과 스타일에 대한 개방형 질문에 응답하도록 소수의 고객을 정기적으로 초대한다.

4　고객 투어

　회사프로세스가 고객들을 어떻게 더 잘 서비스 할 수 있을지 논의하기 위해 고객들을 회사로 초대한다.

5　방문고객

　제품을 사용하는 동안 고객들이 그들의 고통과 문제들을 털어놓는 것을 관찰한다.

6　무역박람회 미팅

　무역박람회 부스를 고객들의 생각을 듣는데 사용한다.

7　수신자 부담 전화번호

모든 제품과 영업용 인쇄물에 전화번호를 붙여 고객들이 문제나 긍정적 피드백에 대해 전화
할 수 있게 한다.

8 고객 설문조사

폐쇄형 질문(응답선택 형 질문: 역자 주)에 대한 의견을 얻고 피드백, 추천, 디자인 등에 대해 제안을
요청하기 위해 설문조사를 실시한다.

9 미스터리 쇼퍼

회사 직원들이 고객들을 어떻게 대하는지 보고받기 위해 미스터리 쇼퍼를 이용한다.

10 판매원 보고

고객이 매장에서 무엇을 보고, 무엇을 원하고, 왜 판매에 실패 하는지를 알기 위해 판매원들에게 고
객경험에 대한 보고를 요청한다.

11 고객 연락일지

영업직원들에게 흥미 있는 고객의 의견을 기록하게 한다.

12 고객 서비스직원 직통전화

서비스 직원들이 문제가 있을 때 보고하기 위해 이 전화라인을 사용한다.

13 경쟁사들과 토론

14 건설적인 피드백을 장려하기 위해 건의함을 설치한다. 제안카드에는 점수를 매길 수 있는 몇 가지
문항을 넣고 또한 고객들이 자유롭게 건설적인 비판이나 칭찬을 할 수 있게 개방형 질문도 포함
시킨다. 서비스 향상을 위해 적절한 건의를 시행하는 것뿐만 아니라 고객들에게 그들의 건의를
소중히 하는 노력을 보여주기 위해 열심히 일할 것이다.

2) 시장 세분화 (Market Segmentation)

시장 세분화는 잠재적 이용자 영역에서 각각의 특징을 가진 정의 가능한 서브그룹으로 나누는 기술
이다. 기업은 세분화를 통하여 서브그룹의 니즈와 관심사에 적합한 메시지를 보낼 수 있다. 우리는 선
택된 고객그룹의 니즈와 욕구에 근거해 시장을 세분화하고 각각의 시장부분에 대한 혼합 고객프로파
일과 가치제안을 만들 것이다. 시장 세분화의 목적은 마케팅/영업 프로그램이 여러 화장품 중에서 해
당 서브그룹에서 가장 많이 구매할 만한 제품에 집중할 수 있게 해 준다. 세분화가 제대로 된다면 마
케팅/영업 비용 대비 큰 효과를 거둘 수 있다.

시장 세분화를 위해 우리는 오직 여성시장에만 초점을 맞추었고 그 결과 남성시장에 대한 통계나 전
제조건은 배제하였다. Spa Weekly가 만든 스파홍보 보고서의 인구통계에 따르면, 고객들은 대부분이

여성이고(85%), 학력이 높고(46% 대학교 재학/졸업), 소득수준도 높은 편이었다(26% $35,000이하, 32% $35,000-$74,999, 42% $75,000이상).

위의 인구통계학적 자료를 바탕으로 잠재적 고객층을 25세에서 65세 사이의 대학졸업 여성으로 결정하였다. 우리는 고졸, 18세에서 25세 사이, 65세 이상의 여성과 모든 남성을 배제했다. 여성인구는 연간 5.18%의 성장률을 보일 것으로 추산하였다(출처 : 미국 인구조사국). 이 정보는 전 미국에서 유효하다.

연구결과에 따르면 천연화장품 시장이 커지면서 세분시장의 규모도 증가하고 있기 때문에 새로운 공급업체든 기존 공급업체든 각 기업의 구체적인 타겟이 되는 고객계층과 판매채널을 위해 제품을 개발한다. 많은 새 제품출시는 별개의 고객계층을 목표로 한다. 새 스킨케어제품은 특히 아기 & 어린이, 청소년, 남성을 위한 제품이 많았다. 전통적인 화장품시장의 발전을 반영하는 신 제품출시는 안티에이징과 스킨테라피 같은 전문적인 분야의 제품들이 주류를 이루었다.

세분시장이 증가하는 트렌드는 소매점의 자가상표 제품에서도 나타난다. 수많은 자가상표 천연 화장품이 출시되고 특히 천연 & 유기농제품은 슈퍼마켓, 약국, 유기농 음식 소매상, 할인점의 자가 브랜드로 출시 되었다.

이상적 고객프로파일:
고객프로파일을 정리하여, 우리회사가 중점으로 두어야 할 고객의 니즈와 욕구와 타겟시장에 가장 잘 접근하는 방법을 알 수 있다. 고객 설문조사로 모은 정보를 이용해 다음과 같이 고객프로파일을 정리할 것이다:

이상적 고객프로파일 : 그들은 누구인가?	
나이	
성별	
직업	
위치 : 우편번호	
소득수준	
혼인여부	
인종	

학력	
가족생활주기	
가구원 수	
가계소득	
자택소유주 or 세입자	
협회 멤버십	
레저활동	
취미/관심분야	
주요 신념	
그들은 어디서 사는가?	
가장 인기 있는 구매 제품/서비스?	
라이프스타일?	
얼마나 자주 구매하는가?	
가장 중요한 구매요소는 무엇인가?	가격/브랜드/제품의 품질/결제조건/세일/편리함/포장/기타
그들의 주요 구입 동기는?	
지불 방법?	현금/신용카드/결제조건/기타
구입처 위치?	
해결을 원하는 문제점?	
구입시 겪는 주요 불만/고통?	
언제 구매하는가?	
사용하는 검색 방법?	
선호하는 문제해결방법?	

타겟시장 분석

잠재 고객	성장률	잠재 고객 수		
		2017	2018	2019
여성 〈35k				
여성 35–75K				
여성 〉75K				
기타				
합계				

3) 타겟시장 세분화 전략 (Target Market Segment Stratgy)

타겟 마케팅 전략은 화장품과 서비스의 방향을 잡기 위해 원하는 고객그룹을 찾아내는 것으로 시작하며 이 전략은 고객이 원하는 제품과 서비스를 고객에게 제공할 책임을 다하기 위해 고객의 니즈를 듣고 이해한 결과물이다. 타겟 고객에게 적합한 메시지를 개발할 때는 고객들이 어디서 일하는지, 예배 보는지, 파티 하는지, 노는지, 어디서 쇼핑하고, 어떤 학교를 가고, 레저시간은 어떻게 보내는지, 어떤 잡지를 읽고 단체에 속해 있는지, 어디서 자원봉사 하는지를 알기 위해 노력해야 한다. 제품에 대한 상세사항과 브랜드에 대한 방대한 정보를 얻기 위해 연구하고, 조사하고, 관찰할 것이다.

타겟시장 워크시트

제품 혜택: 고객의 니즈와 욕구를 충족시켜주는 실제요소(비용효율성, 디자인, 성능 등)나 인지되는 요소(이미지, 인기, 평판 등). 제품이 구매자에게 제공하는 장점이나 가치

제품 특징: 잠재적 구매자가 느낄 매력을 키워주는 제품이나 서비스의 구별되는 특징 중에 하나. 제품의 겉모양, 내용물, 효능을 규정하는 제품의 특징.

제품서비스	제품혜택	제품특징	잠재적타겟시장
주름방지크림	즈름감소, 보습, 토닝	100%천연유기농	40세 이상의 여성
여드름치료	박테리아 세정	정제재료	청소년

미국 스파 산업에서 스파 이용자에 대한 인구통계 연구결과를 발표했다: 여성이 85%이며 이중 46%는 대학에 재학 중, 39%는 대학졸업, 63%는 기혼이며, 연봉이 32%는 $45,000~$74,999, 40%는 $74,999이상, 26%는 $45,000이하이며, 47%는 34~52세이다.

스파 고객들은 대부분은 고학력 여성이며 우리의 최종 타겟 소비자와 유사한 인구통계학적 특성을 가진다. 미국에서 학위 소유자의 59%는 여성인데 학사의 55%, 석사의 53%, 박사의 40%는 여성이 차지하고 있다. 요즘은 60%가 넘는 학생들이 여성이며, 이 시장영역의 구매력은 계속해서 성장하고 있다. 현재 미국에는 1억 900만명이 넘는 여성소비자가 있다. 그들의 구매력은 $ 4.4조로 추산되며, 1997년에는 근로여성의 64%가 가계소득의 절반이상을 벌었다. 오늘날 여성이 소유하고 있는 사업의 연간 판매량은 $3.6조가 넘는다. 1992년부터 2005년까지의 노동자 순 증가량의 62%가 여성인걸로 추정된다. 소매업에서 가정 안의 주된 의사 결정권자의 85%는 여성소비자이다. 여성이 80%의 소비재를 구매하거나 구매에 영향을 미친다. 여성들의 학력이 높아지면서 젊은 여성들은 더 세련되고 요구사항도 더 많아졌다. 오늘날 여성 소비자는 선택의 폭이 넓은 사회를 살며, 그녀의 삶은 감기처럼 빠르게 변화한다. 최근 몇 년 동안, 여성들이 사용한 항불안약이 항우울제 판매량을 넘어섰다. 오늘날 여성들은 집과 사무실, 공과 사, 프로페셔널과 개주얼의 경계를 넘나들며, 니이는 상관이 없어졌다. 삶의 단계는 더 이상 나이로 깔끔히 설명이 되지 않는다.

세대간의 연결고리와 사고방식이 매우 넓게 퍼지고 있어 요즘의 여성소비자들은 나이보다 사고방식과 삶에 대한 접근법으로 자신을 정의한다. 부모와 청소년은 아주 비슷한 삶을 살기도 한다. 노년계층은 젊음을 유지하는데 관심이 있고 청년계층은 더 나이 들어 보이고 싶어한다.
또한 그 동안 사치의 민주화가 있어왔다. 거대한 상류층 가정그룹이 형성되어 800만 가구이상이 10만달러가 넘는 소득을 얻는다. 사치스런 지출이 전체 지출보다 4배나 빠르게 성장하고 있다. 모든 연령대의 근로여성들은 더 많은 돈을 가지고 있고 그것을 자신의 사치품에 쓴다. 그들은 자신과 다른 사람들을 더 보살피기 위해 선택을 하며 평화와, 해법, 성취를 찾고 있다.

이들은 가격과 관계없이 물건을 구매한다. 보다 중요한 것은 가격대비 가치이다. 이들이 추구하는 것은 부가가치를 제공해주는 경험이다. 도매채널과 결합한 우리의 전략은 타겟여성 고객들이 찾고 있는 효익을 제공하고자 하는 우리의 철학과 일치하는 동시에, 그녀의 바쁜 스케줄에도 맞추어 서비스를 제공할 수 있게 해준다. 기간제 재판매업자는 소매업에 국한되지 않을 것이기 때문에 4개의 판매 채널을 통해 소비자에게 접근할 것이다:

1 스파 & 헬스클럽:
   많은 고급 리조트 스파, 데이스파, 헬스클럽에서는 상표 없는 상품을 사용한다. 우리의 목표는 도심과 휴양지에 있는 선택된 스파와 제휴를 맺는 것이다. OEM 생산을 통하여 우수한 이익을 내면서 이 고객들에게 많은 양의 제품을 경쟁력 있는 가격에 제공할 수 있게 해준다.

2 라이프스타일 소매상:

라이프스타일 소매업은 일반적인 생활을 가진 사람들을 위한 것이다. 현재 그들의 삶의 이미지이건 혹은 그들이 원하는 이미지이건 관계없이 세분시장에 속한 고객들에게 자신의 이미지를 투영하는 장소와 서비스를 제공하는 곳이다. 우리가 목표로 하는 소매상은 보통 화장품과 물약 또는 천연제품 소매상이 아닌 라이프스타일을 기반으로 한 소매상이다. 라이프스타일 소매상은 거의 모든 도시에 존재한다. 샌프란시스코의 윌크스 배쉬포드(Wilkes Bashford), 로스앤젤레스의 프레드 시갈(Fred Segal), 뉴욕의 버크도르프 굿먼(Bergdorf Goodman), 또는 핫 토픽(Hot Topic)과 같은 곳이 이에 해당하며 세련된 단골고객층을 가지고 있으며 그들의 라이프스타일의 컨셉트를 잘 이해하고 있다.

3 화장품전문 소매상

유니티마케팅의 새로운 보고서에 따르면, 세포라(Sephora), 얼타(Ulta) 같은 전문소매점이 고급 미용제품과 화장품 소비자들 사이에서 인기가 많아지고 있다. 'Personal Luxury Report 2010'는 부유한(연수익 $100,000이상인) 쇼핑객들이 여전히 백화점을 가장 많이 찾지만, 한편으로는 전문점에게 점유율을 잃고 있다고 밝혔다. 이런 상점들이 인기 있는 이유는 브랜드에 상관없이 소비자들이 원하는 대로 쇼핑할 수 있기 때문이다. 백화점 미용소매업은 브랜드 별로 상점이 나뉘어져 있어 브랜드를 섞어 제품을 고르기 어렵다. 전문소매상은 다양한 화장품 브랜드를 한 곳에 묶어 사람들이 원하는 쇼핑경험을 제공한다. 부유한 소비자들 또한 여러 유통채널을 통해 여러 군데에서 개인 사치품을 산다. 유니티마케팅에 따르면, 미국에는 수익성 있는 고급 화장품과 개인생활용품 시장이 될 잠재성이 있는 2천 2백만의 부유한 가정이 있다.

세포라는 이 카테고리에서 주요한 브랜드이다. 세포라에서 화장품을 사는 것은 진짜 화장품 쇼핑경험을 뜻한다. 북미의 250개가 넘는 독립매장과 J. C. Penney 백화점 150군데 매장이 있으며 셀프 서비스 방식을 취한다. 세포라는 샘플을 사용해 볼 수 있는 자사 화장품라인, 스킨 & 헤어케어, 목욕제품을 포함한 200개가 넘는 고급제품 브랜드를 판매한다. 또한 카탈로그와 Sephora.com 온라인을 통해서도 판매를 한다.

4 부티크 백화점

큰 백화점안의 작은 가게들이다. 이 소규모 전문가게들은 소수의 고객들을 상대하고 제한적인 제품라인을 제공한다. 부티크는 폭넓은 제품과 서비스를 제공하는 백화점과는 반대로 한 때 부유층 고급고객용 소매점으로 불리기도 했다. 우리는 이 영역 안에서의 유통업체를 삭스(Saks), 니만스(Niemans), 바니스(Barneys)로 제한한다.

시장

스킨케어와 화장품을 포함한 전문라인을 제공하는 다른 브랜드가 없기 때문에 ___________(회사명)은 시장에서 독특한 위치를 점한다. 그러나 각 카테고리 안에서는 비중 있는 브랜드가 존재하며 품질과 가격은 각 그룹 안에서 매우 다양하다. ___________(회사명)은 고품질 브랜드로 자리 잡을 것이다. 미국 화장품시장은 최근 10년동안 큰 폭의 연 성장률을 보였다. 아로마 테라피 같은 새로운 라인과 기존 카테고리들의 뚜렷했던 경계선도 흐려지고 총 천연 화장품라인도 커지면서 신규진입 기업들 또한 생기고 있다.

타겟시장 프로파일은 다음의 사업과 직업 종류로 구성된다:

– 살롱	– 피부과 전문의
– 미용사	– 전문 미용학교
– 메이크업 아티스트	– 마사지 치료사

다음의 명확한 타겟시장 영역에 집중하고 좋은 가치, 품질, 천연재료선택, 고객서비스를 강조할 것이다.

타겟 선물가게

우리는 초기에 지역 선물 및 신상품 가게에 접근해 위탁판매를 통해 화장품을 팔 것이다.

타겟 건강식품 가게

천연 저자극성 제품을 찾는 건강제품 소매점에 도매로 우리 제품을 팔 것이다.

타겟 선물바구니 회사

우리는 천연화장품을 선물바구니 회사에 내놓을 것이다. 또는 특별행사용으로 선물바구니 라인을 만들 것이다.

타겟 홈파티 주최자

파티에 온 손님들이 총 천연 화장품을 살 수 있는 홈파티를 열 것이다. 양초나 다른 기타 대체상품들을 만들고 파는 재택사업을 하는 기업과 협력하여 홈파티에서 총 천연 화장품을 어떻게 만들고 우리 제품이 왜 특별한지 알리는 기회로 이용할 것이다.

타겟 현지 사업

스파, 미용살롱, 미용사, 호텔, 여관, 약국은 모두 총 천연 화장품을 팔거나 샘플이나 우리 회사에 대한 정보를 줄 수 있는 잠재성이 있는 사업들이다.

타겟 호텔 및 리조트

우리 화장품을 현지 호텔, 여관, 민박의 욕실에서 사용하도록 거래할 것이다. 제품에는 회사의 연락처를 넣고 눈에 띄는 포장재로 포장해, 우리 제품에 만족한 손님들이 어디서 제품을 구매할 수 있는지 알 수 있게 한다. 또한 총 천연 화장품 샘플과 여행용 패키지를 만들어 리조트 소유주와 함께 리조트 욕실에 제품을 공급할 것이다.

타겟 회사중역

많은 회사들이 직원들에게 보상을 주고, 부동산업자, 변호사, 회계사, 투자자, 기타 서비스 제공자를 포함한 전문직 종사자들은 고객과 좋은 관계를 구축하기 위해 선물을 이용한다. 때문에 현지 회사에 연락해, 총 천연 화장품을 담은 선물바구니를 회사중역들에게 선물하는 것에 대해 논의 할 것이다.

타겟 전문직 여성

전문직 여성들을 타겟으로 화장품 개인 쇼핑 서비스나 전문 화장품 자문서비스를 소개하여 2차 수익을 창출하기 위해서 전문직 여성들이 끌릴만한 흥미로운 총 천연 화장품라인을 개발한다. 스킨케어 세트는 고객들이 원하는 제품들을 하나씩 골라서 다른 세트들과 코디할 수 있도록 가능한 여러 종류의 선물세트를 만드는 것이 중요하다. 스킨케어가 좋은 결과를 얻기 위해 무엇이 필요한지를 고객에게 조언 한다. 전문직 여성들의 구미에 맞는 현지 여성단체에서 강연도 할 예정이다.

타겟 중년여성

중년여성은 안티에이징 화장품에 관심이 많기 때문에 어싱글립에서 유기농 총 천연 화장품의 스킨케어 혜택에 대해 설명하는 프레젠테이션을 할 것이다.

타겟 고등학생 및 대학생

학생의 색깔을 가지는 학생용 화장품라인을 개발할 예정이다. 현지 대학생들은 패션 흐름에 관심 있기 때문에 그들을 타겟으로 한다. 학교 신문에 안내광고를 내고 영업사원들에게 학교 서점과 선물상점에 연락하라고 할 것이다. 또한 학교 모금행사에도 참여한다.

타겟 소규모 소매업 및 병원

스파나 헬스클럽 같은 곳의 회사 정문에 화장품라인을 놓을 진열대를 설치할 수 있게 허가를 요청할 예정이다. 진열대 근처에 앉거나 서서 들어오는 사람들에게 정중히 인사하고 임시진열대에서 제품라인을 팔 것이다. 고객들에게는 본인이 구매하는 상품을 만드는 기술 전문가를 만날 수 있는 기회가 된다. 트렁크쇼의 날짜와 시간을 모든 고객들에게 이메일이나 전단지를 보내고 어버이날 같이 선물을 주고 받을 만한 날 바로 전에 트렁크쇼를 연다. 현지 플로리스트, 병원, 선물가게의 선물바구니와 생필품 패키지에 우리 화장품이 포함되도록 영업한다. 이 선물 패키지 안에 있는 샘플 크기의 제품은 럭셔리한 선물에 어울리고, 인지도를 향상시켜 줄 것이다.

타겟 홈파티 기획 판매

특별한 총 천연 화장품라인의 홈파티를 초대하거나, 홈파티 판매원을 모집할 계획이다. 목표는 여자끼리 노는 날, 향수 샘플링, 함께 쇼핑하기와 같은 재미있는 분위기를 만들고 진열대에서 직접 화장품

라인을 팔고 맞춤주문을 받을 것이다. 맞춤주문을 장려하기 위해 모든 홈파티 진열대에 올릴 수 있는 작고 예쁜 작품사진 앨범도 준비하고 평균 거래량을 늘리기 위해 일정 금액이상이 되거나 선물세트를 구매하면 특별 립스틱을 보너스로 줄 것이다. 이벤트 전날 호스티스가 모은 손님목록에 있는 손님들에게 메일을 보내고 알림 전화를 할 것이다.

타겟 젊은 커플

이 그룹은 25~35세 사이의 커플로 막 가정을 새로 이루는 과정에 있다. 남자와 여자 모두 일을 하면서 1년에 $65,000 이상 벌고, 그들 스스로에게 투자하고 싶어 한다. 그들은 친구들에게 성공한 모습을 보여주고 싶어하고 좋은 가격의 스파 같은 제품을 사용하는 데 관심이 많다.

타겟 베이비붐 세대

50세 이상의 사람들은 여윳돈이 더 많기 때문에 특별상품, 회춘관련제품, 특별 선물상품의 기회를 잡기 더 쉽다.

타겟 노인세대

과거에 자신들이 그랬던 것처럼 노인세대들은 손자들을 위해 선물 쇼핑을 하거나, 개인화 상품 쇼핑하는데 돈을 쓴다. 구매와 구전을 장려하기 위해 노인들에게 특별할인을 제공할 계획이다.

타겟 호텔 선물가게

영업사원들이 호텔 선물가게에 접근할 때 사용할 프레젠테이션 폴더를 만들어 줄 것이다. 이 폴더에는 수탁계약 양식, 고객 추천서, 제품 사진, 주문서, 만족도 보증서, 화장품재료 화학기술자의 이력서, FAQ가 들어있다.

타겟 부동산업자

여러 층 천연 화장품과 그와 관련된 바디 & 목욕제품이 담긴 선물바구니로 부동산업자들을 목표로 할 것이다. 부동산 중개업자와 다른 단체의 고객들에게 감사의 표시로 혹은 로고가 찍힌 프리미엄 선물로 선물바구니를 주도록 영업할 예정이다.

타겟 인종 집단

지금까지 인구통계학적 트렌드를 보면, 앞으로 경제적, 인종, 민족적 배경, 가족구조 측면에서 다양한 인구집단이 점점 증가할 것으로 전망된다. 다양한 민족적 배경, 특히 인구의 13%에 달하는 히스패닉계 고객에 신경을 쓰고자 한다. 종족별 신문이나 라디오방송국에 적극적인 미디어 캠페인을 벌일 것이며, 이중언어를 구사하는 종업원을 채용하여 다민족 구성에 걸맞는 사인보드를 통하여 보다 적극적으로 그들을 공략할 것이다. 마케팅 자료를 다른 언어로 정확하게 번역하여 구전 프로그램을 통해 주위에 있는 다민족 사람들에게 다가가기 위해 2개 국어를 구사하는 직원들의 지원을 요청한다. 우리는 가장 가까운 _____________(두드러지는 인종) 상공회의소에 가입하고 _____________(히스패닉계/ 중국/기타) 지지단체와 협력할 것이다. 우리는 또한 문화적 영향과 브랜드 선호도를 반영하는 프로그램을 개발할 것이다.

출처 │ U.S. census Bureau Statistics │ www.census.gov
│ U.S. Dept. of Labor/Bureau of Labor Statistics │ www.bls.gov/data/home.htm
│ National Hispanic Medical │ Association

한국판 참조자료

│ 국가통계포털 │ http://kosis.kr/

│ 통계로 소통하는 통하는 세상 │ http://hikostat.kr/2242

시장 니즈

시장에 영향을 주고 더 큰 기회들을 만드는 몇몇 새로운 수요 트렌드가 있는데 오래 전부터 입증된 천연 치료법으로 돌아가는 것도 이런 트렌드 중의 일부이다. 점점 더 많은 고객들이 스킨케어 제품에서 통합적인 치료 효과를 찾고 있고, 요즘의 고객들은 개인 생활용품의 안티에이징효과에 대해 더 많이 알고 관심을 갖는다.

시장 니즈를 파악하기 위해, 패션과 스킨케어 트렌드를 따를 것이다. 새 제품을 주문하기 전에 우리는 요즘 생활, 패션잡지, 화장품 카탈로그를 살펴보고, 최신 스파와 선물가게를 방문하고, 미용, 헬스케어, 생활 웹사이트를 둘러 볼 것이다.

메일목록에 있는 실제 및 잠재적 고객들 _____________(#)명에게 인터넷을 통해 제품을 팔 계획이다. 최종소비자에게 직접 제품을 배송하는 확실한 수요 기회를 찾는 것도 목표 중 하나이다.

지역 고객과 방문객들은 좋은 가치를 제공하는 양질의 제품을 원한다. 또한 그들은 편하고, 친근하고, 편리하고, 유익한 환경에서 제품에 대해 알고 구매할 수 있는 쇼핑경험을 원한다. 고객들이 우리 유기농 성분/재료를 사용함으로 그들의 건강에 투자하는 것이라는 것을 이해시키기 위해 그들을 교육하는 것 역시 중요한 부분이다.

또한 다른 화장품회사 제품을 연구하고 경쟁사들이 충족시키지 못한 니즈들을 찾을 계획이다. 우리의 계획은 다음의 고객 니즈를 다루는 것이다:

1 폭넓은 제품선택(설문조사에 근거함)
2 웹사이트를 통한 쉬운 접근
3 고객서비스 훈련 프로그램
4 경쟁력 있는 가격

우리는 아래 시장니즈를 충족시킬 계획이다.

1 고객서비스: 직원들을 박식하고 고객에게 직접 반응하는 전문가가 되도록 훈련.
2 경쟁력 있는 가격: 모든 상품들은 소매가의 20–30% 할인된 가격으로 책정.
3 선택: 시즌이 지난 제품들을 시즌 내내 할인판매.
4 접근성: 온라인 채팅/포럼 시간연장 및 접근이 쉬운 주차.
5 기밀성: 고객의 사전 동의 없는 개인 프로파일 정보 사용금지.

4) 구매패턴 (Buying Patterns)

구매패턴은 구매자/소비자가 제품이나 서비스를 구매하거나 회사가 구입 주문하는 수량, 빈도 시간 등을 나타낸 것이다. 구매패턴을 알아내기 위해서는 다음 사항들을 이해해야 한다:

- 무엇이 소비자로 하여금 구매를 하게 하는가?
- 고객구매에 영향을 주는 요소가 무엇인가?
- 우리 사회에 변화의 요소들은 무엇인가?

소비자들의 구매패턴은 보통 선물구매, 충동구매 두 가지로 나뉜다. 선물구매는 구매자가 누군가를 위해 선물을 찾고, 상품을 보고, 그 상품을 구입하는 것이다. 이런 경우 구입이 목적이기 때문에 언제 어디서 구입할지 알 수 없다. 연구결과에 따르면 어버이날이나 발렌타인데이같이 특별한 날을 기념하기 위한 선물로 바디로션을 많이 찾는다.

또 다른 구매패턴은 충동구매이다. 아무것도 필요하지 않은 사람이 쇼핑을 하다가 상품을 보고 사고 싶은 충동에 그 자리에서 상품을 구입한다. 총 천연 화장품을 살 때, 소비자들은 그저 좋은 모양, 질감, 색, 향, 에센셜 오일, 적당한 크기, 예쁜 포장, 적절한 가격을 찾는다.

대개의 경우, 고객들은 아래 기준에 따라 화장품을 구매한다:

1 다른 고객의 구전 및 관계.

2 고객의 성격 및 판매자와 예상되는 관계.

3 인터넷 정보수집.

4 눈에 띄는 진열.

사람들이 화장품 소매상을 애용하는 데는 다음의 이유들이 있다:

1 예상 못한 특매품이나 귀중품을 찾기 위해.

2 지불하는 돈 대비 가치를 얻기 위해.

3 특별한 이유로 좋은 기분이 되기 위해.

4 발렌타인데이 같은 특별한 날을 위한 선물이 필요해서.

5 맞춤형 제품이 필요해서.

화장품 수요의 증가는 보통 다음의 조건 하에서 이루어진다:

1 높은 취업률.

2 잉여 화폐경제.

3 경제 성장 기간.

화장품회사들은 다음의 요소 덕택에 성장하였다:

1 다른 산업과의 합병으로 전문 경영인과 직원의 증가 및 그들에 의한 경영/관리.

2 혁신적인 마케팅 전략.

3 온라인 셀프서비스 프로그램을 통한 고객지원의 확대.

4 이미지 개선을 위해 시민단체 및 종교단체 활동에 참여.

5 산업의 부정적인 측면을 없애기 위한 홍보 캠페인(공립학교에 기부, 원인발생 차단, 자선기부 등).

바디 및 목욕 카테고리와 대체 채널의 성장은 세 개의 주요 시장의 영향을 받았다:

1 브랜드 스파와 같이 새로운 기회를 창출하는 추가 유통망이 성장하였다.

2 자신을 가꾸는 것이 소비자들에게 중요한 요소로 자리 잡았고 욕구보다는 니즈로 간주되어, 새로운 스파라인, 아로마테라피를 아우르는 스파관련 제품, 항노화제품을 위한 새로운 기회들을 생성

했다.

3 스파체험을 통하여 고객들이 고급 스킨케어와 바디 & 목욕 제품의 혜택을 알게 되었다.

요즘의 스킨케어 고객들은 병에 담긴 물약이 그들의 주름을 지워준다고 믿고 싶어한다. 소비자들은 1999년에 스킨케어에만 11억달러를 지출했다. 그 중, 대략 3.6억 달러(32.7%)가 고급크림 구매에 쓰였다. 노화와 싸우고 싶어하는 베이비붐 세대들이 이 성장의 원동력이 되었다. 30대 초반의 남성과 여성들 조차도 멋지고 예뻐 보이기 위해 고급크림과 로션에 의지하고 있다.

www.lamer.com

이는 높은 교육수준과 용이한 정보접근의 결과이다. 우리는 정신과 신체의 균형잡힌 건강을 위해 개인 트레이너, 헬스클럽, 스파, 요가학원의 확산과, 비타민에 대한 인식, 건강하게 먹고 사는 것의 효과만 봐도 된다고 믿고 있다. 이 지표들은 그저 지나가는 트렌드가 아닌 가치와 생활의 변화를 나타낸다. 이 성장이 주식시장과 전체적인 경제의 성장 때문일 수도 있지만 지속적인 성장이 가능한 것은 이 때문만은 아니다. 소비자들이 이 제품들의 효과를 안 이상 쉽게 이 제품들을 포기하진 않을 것이다.

이 계층에서의 두 가지 주요 성장 카테고리는 페이스크림과 안티에이징 크림이다. 페이스크림에서 가장 인기 있는 새 제품은 Crème de la Mer이다. 이 크림은 나사 물리학자가 흉터 있는 조직을 치료하기 위해 알팔파, 시트러스, 켈프, 비타민으로 만들었다. 5온스 병의 가격은 $1,000이다. 인터뷰에서 여성들은 이 크림을 '마법'같다고 표현했다. 이 제품에 대한 수요가 너무 높아, 소매상들은 한 고객이 살 수 있는 제품의 수를 제한하기 시작했다. 홍콩에 제품이 소개되었을 때는 대기자 명단이 500명이 넘었다. 다른 고급 페이스크림인 시슬리가 샌프란시스코의 삭스에(1온스에 $300로) 입고되었을 때, 화장품 관리자에 의하면 매장이 제품이 품절되지 않게 하는데 힘이 들었다고 한다.

최근의 신세대 크림은 전의 생산회사들이 시장에 내놓은 어떤 것보다 과학적으로 발전되어있다. 연구 결과, 알파하이드록시산, 레티놀, 항산화제가 주름을 펴주고, 불규칙한 색소형성을 고르게 해준다. 다른 천연 성분들이 피부세포의 재생과정과 피부를 탄력 있게 하는 과정, 피부색을 투명하게 하는 과정뿐만 아니라 주름을 줄이는 과정을 촉진 시켜준다.

______________(회사명)은 단골고객층을 확립하기 위해 제품, 마케팅, 가격정책을 고객들에게 맞출 것이다. 노인 할인가격, 클럽 멤버십 프로그램, 맞춤 화장품 서비스, 지속적인 진실성, 신뢰 있는 고객기밀 보호 정책으로 ______________(시)에서 환영 받을 것이고 우리의 성공에 기여할 것이다.

5) 시장성장 (Market Growth)

우리는 시장성장에 영향을 주는 다음의 요소들을 평가할 것이다:

현재 평가	
이자율	
정부 규정	
예견되는 환경 영향	
소비자 신뢰 수준	
인구성장률	
실업률	
정치적 안정	
환율	
혁신 비율	
내수 판매	
유가	
추세/유행	
전반적인 경제상태	

인구성장, 특히 자녀를 가진 가구가 소비시장의 성장을 견인할 것이며, 상업분야에서는 경제성장의 수

요를 견인한다. 각 회사의 수익성은 효율적인 운영, 효과적인 판매, 마케팅에 의지한다. 대기업들은 구매, 생산, 유통, 마케팅에서 규모의 경제를 만들 수 있다. 반면에 중소기업들은 전문 틈새시장 제품, 우수한 고객서비스를 제공하고 로컬 시장을 겨냥해서 효과적으로 경쟁할 수 있다. 개인용품 산업은 자본집약형 산업으로 직원당 연간 수익이 평균 100만달러가 넘는다. 이 산업은 소비자 영역과 상업적 영역 사이에 고루 분포되어 있으며 두 영역은 굉장히 경쟁이 심하고, 대기업들은 많은 돈을 들여 시장 점유율을 유지하려고 한다.

불황 중에, 하락하진 않아도 산업성장이 느려졌을 때 가처분 소득 수준이 떨어진다. 2018년까지 빠른 성장세를 보이는 신흥시장에서 가처분 소득이 증가한 소비자들이 국제 화장품 생산 산업의 탄탄한 성장의 기초를 제공할 것이다.

스파와 살롱은 손님들에게 팔기 위해 마사지 오일, 에뮤오일, 식물성 제품 등의 수제 미용제품을 찾는다. 이런 제품 외에도, 선물바구니나 화장볼 같은 제품들을 기초라인에 추가할 것이다. 아로마 치료사, 마사지사 역시 성장하는 총 천연 화장품 시장의 한 부분이다.

평균 고객 프로파일

보통의 잠재 고객들은 18–34세에 자식이 없고, 1년에 $60,000이하의 소득을 가진 백인여성이다. 또한,

- 80%가 직업이 있고
- 72%는 대학을 졸업했고
- 33%는 자기 집이 있으며
- 모든 인종이 해당된다

우리의 이상적인 고객은 ____________세의 스몰 럭셔리를 좋아하는 여성이다. 그녀는, 특히 다른 사람들이 알아봐 줬을 때, 그녀의 액세서리를 자랑한다. 그녀는 대화를 유도하는 향수를 쓰고 싶어하고 주변에 우리 제품을 홍보하는 지지자가 된다. 이런 여성들은 자신 혹은 친한 친구를 위한 '특별한 것'을 찾기 위해 선물가게와 부티크에서 쇼핑한다. 그들은 다른 사람들에게는 없는 무언가를 원하며 저가의 중고품 할인매장에서 쇼핑할 생각은 하지 않는다. 그들은 디자인을 좋아하고 창작자와 감정적인 유대감을 갖는다.

미국 인구통계는 ____________지역의 미국가정이 2011년까지 ____________명으로 ____________(e.g. 10)% 증가할 것으로 예상한다. 인구와 가구의 증가로 다양한 화장품 회사의 제품과 서비스에 대해 폭넓고 편리한 접근이 필요하다.

우리는 ____________(시)에 새로운 포장 디자인을 위한 시장이 있고 이 시장이 크게 성장할 잠재력이 있다고 믿는다. 2000년에 미국 인구는 ___명이었고 향후 10년간 ____________(e.g. 5)%의 성장률을 보일 것으로 예상된다. ____________(시)는 작은 도시 느낌을 버리지 않고 인기 있는 휴양지로 남기 위해 노력했다. ____________(시)의 매력 때문에 앞으로 몇 년간 피서객과 주민들을 끌어들일 것이다. 고객들이 우리의 독보적인 혁신적 능력에 익숙해지면서 우리 회사는 성장할 것이다.

한가지 중요한 사실은 35–65세의 연령대에서 기혼 커플이 경제성장의 주역이며, 다른 가족구조보다 높은 수익을 누린다. 때문에 양질의 수제 상품을 할인가격으로 구매하고 사용하는 것을 즐길 것이다. 전체적인 환경이 ____________(회사명)에게 아주 긍정적이다. 일반적인 산업 분석은 ____________(시)가 인구, 주택, 상업적인 측면에서 ____________(두 자리 수)% 성장할 것으로 예측한다. 이는 더 많은 가정이 ____________지역으로 이동하면서 합리적인 가격의 고품질 총 천연 화장품에 대한 수요가 늘 것이고, 사업 측면에서 독창적인 생각에 대한 의지가 있고 서비스와 창의적인 디자인에 중점을 두는 화장품 회사들에게 좋은 입지가 된다는 의미이다.

6) 서비스사업 분석 (Service Business Analysis)

요즘 많은 미국 소비자들, 특히 베이비붐 세대는 건강한 음식, 유기농 스킨케어, 식이보조제가 예방건강관리 패키지의 한 부분이라고 믿는다. 건강을 챙기는 사람이 증가하면서 천연 및 유기농 산업이 연간 10%씩 성장하였다. 때마침, 건강 및 영양에 대한 주제(특별 다이어트, 어린이 건강 위해 요소, 안티에이징 솔루션, 건강하고 편리한 음식, 새로운 유기농 제품)가 전 세계적으로 사람들의 관심사가 되고 있다.

천연 제품 산업은 Nutrition Business Journal(NBJ)이 지정하는 "건강한 지구, 건강한 제품(Healthy Planet, Healthy Products"(HP2))으로 부르는 시장의 한 부분이다. NBJ는 HP2 시장규모를 $4400억으로 계산했다. 이 제품과 서비스는 개인적인 건강과 환경건강 모두에 대한 관심을 나타내는 회사와 해결책을 찾는 사람들이 견인차 역할을 했다. 더 건강한 생활과 세상을 원하는 고객들이 정부정책과 제품개발에 영향을 주었다. 이는 2–3 세대의 화장품생산 사업가들에게는 새로운 시장기회이다.

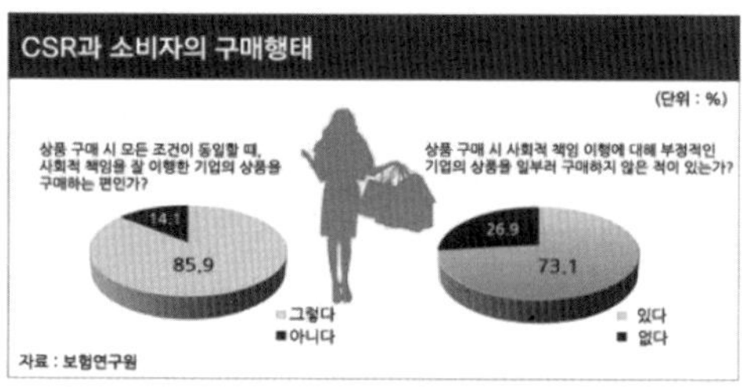

한국판 참조사이트

http://hikostat.kr/2242

다음은 총 천연 화장품 인기증가에 기여한 요소들이다:

1 모든 것이 유기농이었으면 하는 바람 덕에 총 천연 개인용품의 수요가 증가하였다.

2 사람들은 그들의 생활을 차별화 해줄 제품을 찾는다.

3 미용에 대한 새로운 태도와 급증하는 TV 유통채널, 미국의 다양한 인종증가가 매출증대에 기여하였다.

화장품 산업은 변덕스런 소비자들의 소비패턴, 거대 경쟁사의 판촉플랜, 신흥 거시경제 단체들에 의해 계속해서 영향을 받을 것이다. 모든 판매예측은 소비자, 거시경제, 경쟁사들이 어떻게 행동할지 추정해 만든다. 예를 들어, 사치품 구매자가 시장에 재진입하는 징후가 보였다. 이는 고급화장품 생산회사에게는 좋은 소식이지만, 트레이딩 다운(특별한 관심이 없는 일반 소비재를 구매할 때 자신의 소득이나 생활 수준에 비해 낮은 가격의 제품을 구매하는 경향을 일컫는 말. 관심있는 분야에 있어서는 수준에 비해 높은 가격의 제품을 구매하는 트레이딩 업과 상반되는 말 : 역자 주)으로 이득을 본 중간규모 시장

사업에게는 나쁜 소식일 수도 있다. 사치품 구매자가 지속적으로 소비할 지 여부는 주식시장이 얼마나 지속적으로 성장할지에 따라 달라진다.

화장품 산업은 많은 자가상표 판매자들로 인해 매우 경쟁이 심하며, 특히 총 천연 화장품을 파는 화장품회사뿐만 아니라 주요 생산회사와 유통업체로부터 자가상표 화장품을 파는 스파살롱, 선물가게에 이르기까지 총 천연 화장품 시장은 포화상태이다.

화장품에는 두 개의 주된 카테고리가 있다:

1 독점적인 소매형식의 고급 화장품 브랜드_ 샤넬, 디올, 이브 생 로랑 같은 브랜드들은 세포라나 마리오노 같은 전문점, 갤러리 라파예트나 메이시즈 같은 백화점이나 자사매장에서 주로 판매한다.
2 다른 모든 브랜드_ 게메이(Gemey: 메이블린 색조화장품 기업: 역자 주)와 니베아 같은 브랜드들은 슈퍼마켓과 약국에서 살 수 있다.

7) 진입장벽 (Barrier to Entry)

___________(회사명)은 누적된 진입난이도와 시장에 들어오고 싶어하는 다른 화장품생산 사업들에게 장애물이 되는 다음의 진입장벽들의 결합으로 이득을 취한다.

1. 경영경험	2. 지역사회 네트워킹
3. 구전프로그램	4. 대인관계 기술
5. 마케팅 기술	6. 위탁판매자와의 관계
7. 운영관리	8. 현금흐름 관리
9. 웹사이트 디자인	10. 판매 경험
11. 기술 전문지식	

포터의 산업구조 분석 모형

우리는 산업분석과 사업전략개발을 위해 포터의 산업구조분석 모형을 뼈대로 사용할 것이다. 우리 사업의 경쟁력에 영향을 미치는 5가지 힘을 분석하여 시장의 매력도를 알아보고자 한다. 이 문맥에서 매력도라 함은 전체적인 산업의 수익성을 나타낸다.

산업내 경쟁

이 영역의 경쟁 정도는 높지만, 전체적인 카테고리와 비교하면 적은 편이다. 이 지역에는 __________개의 주요 경쟁사들이 있고 다음 회사들을 포함한다: ______________________________

대체재의 위협

화장품 및 미용제품 생산 산업에서 대체재의 위협은 낮다. 전통적인 미용제품을 대체할만한 것이 거의 없다. 최근 설문조사에서 여성의 82%가 메이크업을 한다는 결과가 나왔다. 화장품의 대안으로 영구메이크업이 증가 추세이다. 영구메이크업은 전통적인 메이크업을 한 것처럼 화장문신을 하는 것이다. 피부에 색소를 주입하거나, 피부 결함을 감추는데 사용해 왔으며 지난 10년동안 인기가 높아졌다(De Cuyper, 2008). 다른 증가추세는 메이크업을 하지 않은 민낯이다. 여성들 사이에선 자연스런 얼굴을 자랑하고 싶은 욕구가 있다(Holmes, 2015). 화장품회사들은 자연스런 새 화장품을 만들어 노메이크업 트렌드에 맞서고 있다. 이 새 제품들은 민낯 같은 효과를 높여준다.

구매자의 협상력

화장품 생산 기업의 주고객은 미용매장, 화장품 매장과 약국이다. 이 소매점들은 소비자들에게 팔기 위해 화장품과 미용제품을 구매한다. 전반적으로 이 소매점들은 중간 정도의 협상력이 있다. 완제 화장품을 구매하는 가게들이 많기 때문에 화장품 소매상에 대한 최종 소비자의 비율은 낮아질 수 밖에 없다(IBISWorld Industry Reports, 2015). 고급 화장품에 대한 수요가 많아진다 해도 고급 제품 영역이 넓어지고 있는데, 화장품 소매상들은 화장품 생산업체에서 요구하는 최소 주문수량을 맞추어야 하기 때문에 협상력이 높아지기는 어렵다. 고객들의 협상력을 낮추는 다른 요소는 소비자 트렌드이다. 소비자들이 유행하는 제품을 원하면 소매상들은 그 제품을 공급해야 한다. 소매상이 무엇이 유행인지 정하는 것이 아니고 소비자 시장에 맞추어야 한다.

저비용 생산자의 동질상품은 소매상의 협상력을 높여준다. 저비용 제품을 사는 소비자들은 가격에 민감해서, 소매상들에게는 도매상품을 구매할 때 가격에 극도로 민감하다. 또한 식약처의 엄격한 필요조건 때문에 소매협상력이 커질 수 있다. 식약처는 비위생적이고, 라벨이 잘못되고, 위험한 제품으로부터 소비자들을 보호한다. 화장품생산 산업은 소매상의 영향력을 키우는 이 필요조건을 따라야 한다. 소매상들은 또한 소비자들의 수익에 영향을 받는다. 소비자들의 소비가 화장품 회사에게도 영향을 주는 소매상의 수익을 만들기 때문이다.

공급업체의 협상력

화장품 및 미용제품 생산 산업에서 공급업체의 협상력은 아주 낮다. 사용되는 재료비용은 완제품의 가격에 영향을 미치지 않는다(IBISWorld Industry Reports, 2015). 공급업체에서 만드는 화장품에 쓰이는 화학물질도 같아서, 공급업체의 협상력은 극히 낮다.

신규업체의 위협

화장품 및 미용제품 생신 신업에시 신규업체의 위협정도는 보통이다. 산업에 들어오기 위한 중간-대규모 자본이 필요하기 때문에 진입장벽이 된다(IBISWorld Industry Reports, 2015). 산업에서 경쟁하기 위해, 회사들은 신규업체에겐 부담스러운 가공 공장을 설립해야 한다. 비싼 광고비용도 신규업체의 위협을 줄인다. 브랜드를 좋아하도록 고객들의 마음을 흔들 마케팅 활동이 매출에 영향을 미친다. 평판이 좋은 브랜드 명을 수립하는 것은 시간이 걸리고, 결과적으로 산업 진입장벽이 된다. 화장품을 팔고 경쟁사보다 앞서 혁신하기 위해, 시장에 진입할 때는 인력자원 또한 중요하다. 필요한 고급 인재를 모집하여 신규업체 위협을 줄인다. 인력자원은 화장품 생산 산업에 가치를 더하고 신규업체에게 장애물이 된다. 산업이 이미 발달되었고 특정 제품 카테고리는 포화 상태이기 때문에 높은 수준의 혁신이 필요하다. 포화된 제품 카테고리는 또 다른 장벽이 되어, 새 제품을 가진 신규업체의 영역을 제한한다. 식약처의 엄격한 필요조건 또한 미래의 신규업체들이 제품이 규정을 준수하는지 확실히 해야 하는 장벽이 된다. 화장품 산업에서 성공하기 위해서 규모와 범위의 경제는 필요하지 않다. 생산 회사들은 규모와 범위에서 이득을 취하지만, 신규업체의 위협을 증가시킬 만큼 중대하지는 않다. 또한 아시아에서 수입한 값싼 제품과 유럽에서 수입한 고급 브랜드 제품에 대한 수요가 있다. 이는 다국적 생산회사들이 미국 화장품 생산 산업에 진입하고 싶어지게 하는데, 산업 수입이 평균적으로 1년에 4%의 성장률을 보여주기 때문이다.

결론 : ____________(회사명)은 경쟁적인 분야에 있고 경쟁적 혜택을 유지하기 위해 빠르게 움직여야 한다. 중요한 성공요인은 운영효율, 혁신적 프로그램, 비용효율적 마케팅, 우수한 고객서비스를 개발하는 것이다.

8) 경쟁 분석 (Competitive Analysis)

마케팅과 전략적 경영에서 경쟁 분석은 현재 혹은 미래의 경쟁사들의 강점과 약점에 대한 평가이다. 이 분석은 사업의 기회와 위협을 찾아서 공격적 전략과 방어적 전략을 만드는데 필요하다.

분석할 경쟁요소에는 총 천연 화장품 선택의 폭과 깊이, 제품 지식, 고객서비스, 비용관리, 마케팅 프로그램, 직원교육 및 생산성, 데이터베이스에 세부 고객정보 관리, 제품진열, 24시 온라인 연장 운영, 구매와 출하과정의 효율성, 고객로열티 프로그램, 가격책정, 유명 브랜드 평판이 포함된다.
화장품 산업으로 들어올 수 있는 다이렉트 마케터와 주요 광고업자들이 있지만, 우리는 대기업보다 고객에게 빨리 반응하며 고객서비스 지향적이고, 편리한 반품정책을 고수할 것이다. 한편, 인터넷 쇼핑몰이 새로운 경쟁자로 떠오르고 있지만, 이들은 아직 테스트 중이고 온라인 비즈니스 모델이 제대로 작동하려면 시간이 좀 더 필요하므로, 장기적 이슈가 될 것이다. 자체 웹사이트를 구축하고 영업과 서비스를 위해 자체자본으로 사이트를 키울 것이다. 다른 경쟁자들은 우리 회사를 고객들과 개인적인 관계를 구축하여 장기적인 고객관계를 발전시키는 회사로 인지할 것이다.

다음과 같은 이유로 훌륭한 시장정보 시스템을 갖출 것이다:
1 경쟁사들의 전략을 예측하기 위해.
2 우리 전략에 대한 경쟁사들의 반응을 예상하기 위해.
3 경쟁사들의 행동이 어떻게 우리에게 좋은 쪽으로 영향을 줄지 예측하기 위해.

그 지역의 전체적인 경쟁은 ____________(약하다/중간이다/강하다).

대표이사가 실시한 경쟁 분석에 의하면 ___________(시) 지역에 현재 창의적인 디자인으로 포장된 동질의 광범위 화장품 구색을 제공하는 ___________(#/0)개의 총 천연 화장품 회사가 있다고 한다. 기존의 경쟁사들은 전통적인 총 천연 화장품의 제품 구색이 제한적이며, 기초적인 서비스를 제공하지만 맞춤 상품을 제공하지 않는다. 이 중의 ___________(#/0)개 경쟁사들은 ___________(회사명)이 고객들에게 제공하려는 것과 유사한 제품 구색과 맞춤 서비스를 제공한다.

경쟁사	우리회사만 할 수 있는 것	경쟁사만 할 수 있는 것

다음의 총 천연 화장품회사들은 ______(시)내에 있는 직접적인 경쟁사이다:

경쟁사	시장점유율	1차 경쟁제품	2차 경쟁제품	강점	약점

간접적인 경쟁사들은 다음과 같다: 1 = 약함 ······················ 5 = 강함

위치	본사	유력한 경쟁사	비교
시설			
제품			
서비스 및 편의시설			
경영기술			
교육/훈련프로그램			
연구개발			
기업 문화			
사업 모델			
유통 시스템			
종합적 평가			
이유			

기타 경쟁 매트릭스

비교 항목	본사	유력한 경쟁사	비교
매출 수입			
제품 주안점			
멤버십 프로그램			
수익성			
시장 점유율			
브랜드			
전문성			
서비스			

자본총액			
타겟시장			
배달 지역			
개업일			
영업시간			
지불 방식			
기타 자금조달			
가격책정 전략			
평균 가격 상/중/하			
수익배분			
할인			
사업 연한			
평판			
신뢰도			
품질			
마케팅 전략			
판촉 방법			
제휴			
브로셔/카탈로그			
웹사이트			
매출 수익			
직원 수			
경쟁우위			
신용카드 사용가능 여부			
계약 조건			
수용 조건			
코멘트			

경쟁사 프로파일 매트릭스

주요 성공요소	자사점수	경쟁사1		경쟁사2		경쟁사3	
		중요도	점수	중요도	점수	중요도	점수
광고							
제품 품질							
서비스 품질							
가격 경쟁							
경영							
재무상태							
고객 로열티							
브랜드 아이덴티티							
시장 점유율							
합계							

우리는 다음의 정보출처를 이용해 경쟁 분석을 할 것이다:

1 경쟁사 웹사이트.

2 미스터리 쇼퍼로 방문.

3 연차 보고서(www.annual reports.com).

4 Thomas Net(www.thomasnet.com)(제품소싱 또는 공급자물색 사이트: 역자 주).

5 무역신문.

6 무역협회.

7 영업사원 인터뷰.

8 연구개발과 새로운 특허.

9 고객 피드백을 포함한 시장조사.

10 관심 있는 기업이나 산업에 대한 뉴스를 모니터링하는 사이트.

　　출처 www.portfolionews.com, www.Office.com

11 Hoover's www.hoovers.com(회사의 자산프로필이나 산업정보제공 사이트: 역자 주).

12 www.zapdata.com(Dun and Bradstreet) 일회성 리스트 구매가능(b2b 전자상거래 포털: 역자 주).

13 www.infousa.com(가장 큰 정보회사).

14 www.onesource.com(예약제, 여러 출처에서 정보를 가져옴).

15 www.capitaliq.com(Standard and Poor's).

16 둘 다 예약제이고 보고서를 하나밖에 구매할 수 없을 수도 있지만 First Research(www.

firstresearch.com)나 IBISWorld에서 세부적인 산업정보를 얻을 수 있음.

17 RMA(www.rmahq.com)를 통해서 혹은 ProfitCents.com software를 사용해 산업 자금 비율과 사업 규범확인.

18 회사 뉴스레터.

19 산업 자문.

20 공급업체 및 유통업체.

21 경쟁사에 관한 고객 인터뷰.

22 경쟁사의 광고타깃, 시장지위, 제품 특징, 혜택, 가격 등에 대한 광고분석.

23 경쟁사 대표의 연설이나 발표에 참석.

24 잠재고객의 입장에서 경쟁사의 무역박람회 진열 관찰.

25 컴퓨터 데이터베이스 조사(많은 공립도서관에서 할 수 있다).

26 경쟁사의 광고 리뷰.

27 www.bls.gov/cex/(전국, 지역, 대도시 전역 별 고객지출에 대한 정보 얻음).

28 www.sizeup.com(경쟁사 비교 툴 제공, 무료사이트: 역자 주).

29 비즈니스 통계 및 재무상태 www.bizstats.com.

9) 시장 수익 예측 (Market Revenue Projections)

각각의 선택된 타겟시장에 대해, 고객 수에 따른 시장 점유율과 고객행동에 근거해 1년에 얼마나 그들이 구매하는지, 각 구매당 평균금액이 얼마나 되는지 추산할 것이다. 그리고 우리는 이 세 숫자를 곱해 각 타겟시장에 대한 예상 판매량을 구할 것이다.

타겟시장	A 고객 수	B 1년 구매횟수	C 구매당 평균금액	D 총 판매량

* A × B × C = D

이 섹션에서 식별된 타겟시장 고객수는 현지 인구 통계를 이용하여, 우리지역의 시장기회와 수익잠

재력에 관한 평가를 만들었다:

잠재적 수익기회 =

     _________________ 현지 가정 수 (수익 $60,000 이상)

(x) _________________ 예상 시장 점유율

(=) _________________ 예상 고객 수

(x) $_________________ 연평균 거래금액

(=) $_________________ 연 수익기회

혹은

	주간 고객수 (×)	평균 매출 (×)	이익 (=)	주간마진
서비스				
제품 매출				
기타				
합계				
연간으로 환산				
예상 연간 수익				

개요													
월	1	2	3	4	5	6	7	8	9	10	11	12	합계
제품													
서비스													
총 매출액													
(−)반품													
순매출액													

수익 예상:

1 수익 예측 정보출처: ____

2 우리 제품/서비스에 대한 총 시장 수요를 100%로 둔다면, 우리 예상 판매량은 그의 __________%이다.

3 다음의 요소들 때문에 예상 수익이 낮아질 수 있다. _____________________________

쉽게 배우는
화장품 회사 경영

Business Plan for a Cosmetics Manufacturer

화장품 회사 설립의 A to Z

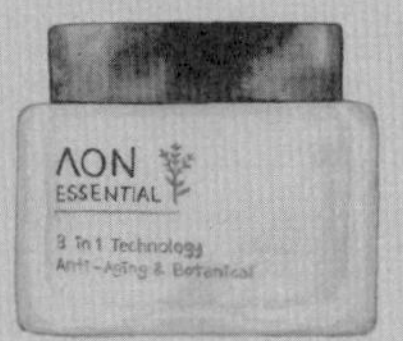

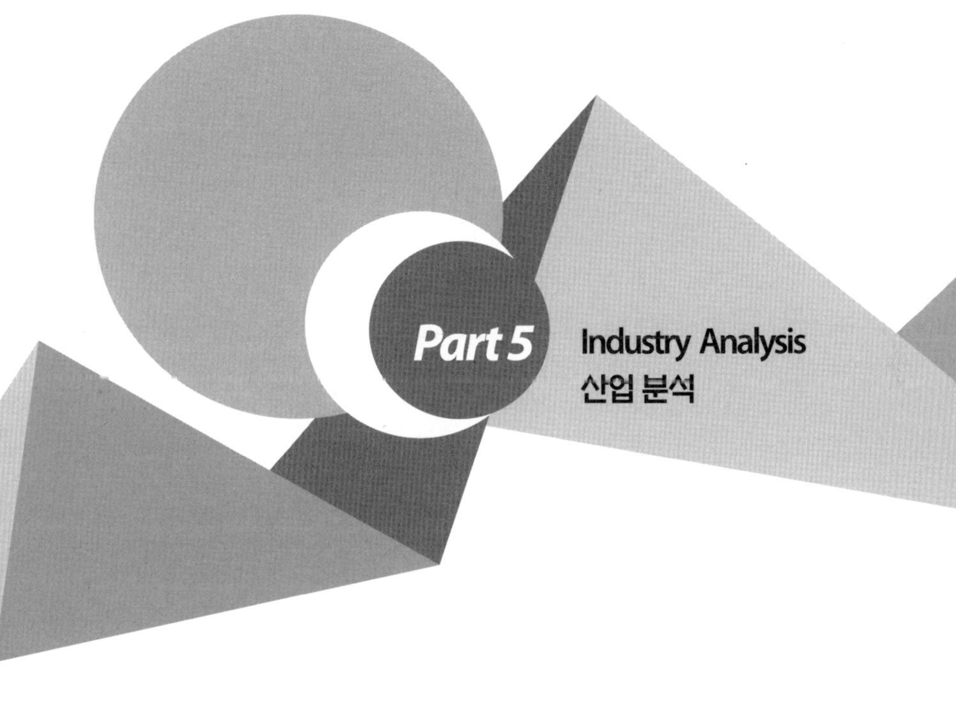

Part 5 Industry Analysis
산업 분석

Industry Analysis
산업 분석

이 장을 읽기 전에

이 장은 미국을 중심으로 화장품 산업의 규모와 트렌드를 분석하고 주요 화장품 회사들을 간략한 설명과 함께 소개하고 있다. 실제 사업을 시작하기 전에 본 장에서 제시한 순서와 내용대로 산업을 분석해 보는 것은 전반적인 산업의 트렌드와 잠재적 경쟁사를 이해하고 큰 틀에서 사업전략을 수립하는데 도움이 될 것이다.

산업 분석 중간 중간에 한국의 화장품 시장에 대한 분석을 곁들였다. 한국의 화장품 산업의 이해를 위해 한국보건산업진흥원에서 제공하는 화장품 산업 분석 보고서를 참고하기를 추천한다.

출처 한국보건산업진흥원 https://www.khidi.or.kr/board/view?pageNum=1&rowCnt=10&no1=5
3&linkId=162722&refMenuId=MENU00085&menuId=MENU01621&maxIndex=00001768439998&
minIndex=00001000959998&schType=1&schText=화장품&boardStyle=&categoryId=&continent=&country=

화장품 산업에 있는 기존 회사들은, 동질의 저가제품과 브랜드 유명세와 품질로 차별화하는 고급 화장품 회사들, 두 개의 주요 제품 카테고리로 나눌 수 있다. 화장품생산 산업을 이끄는 이 두 영역 모두에 대해 소비자 수요가 존재한다(IBISWorld Industry Reports, 2015). 고급 제품이나 브랜드로 차별화할 수 있는 기회의 결과로 산업 내 경쟁은 줄어들었다. 고급 화장품을 만드는 것은 고객을 위한 가치를 생성하며 경쟁사에 비해 가격이 높다. 제품 차별화로 인해 경쟁이 줄어든 것이다. 다른 시점으로 보면, 저가 화장품의 시장영역은 제공하는 제품의 품질이 다들 비슷해서 가격에 극도로 민감해지다 보니 경쟁이 치열하다.

미국 화장품시장(생산회사의 배송품을 기준으로 측정)은 2008년에 10억달러이상 성장했다(6.6%의 성장률). 이 영역의 주요 성장요소는 스파 포지셔닝 같은 틈새시장의 영향이다. 카테고리간의 명확한 경계가 흐려져서 여러 제품 카테고리에 스파가 관련되고 있다. 아로마 테라피가 유행하면서 모든 제품 카테고리에 나타났고, 남성제품을 제외한 모든 제품 카테고리에서 성장했다.

제품 카테고리:
> 스킨케어— 페이셜 트리트먼트 및 선케어
> 색조 화장품— 페이스 메이크업, 아이 메이크업, 립스틱, 네일 컬러, 화장도구, 화장용 정리함
> 여성용 향수— 향수, 오데코롱, 고급향수 및 보조제품
> 바디 및 목욕— 핸드크림, 바디로션, 목욕 및 샤워제품(고급향수에 미포함), 아로마테라피
> 남성제품— 남성을 위한 향수 및 보조제품

소비자들이 화장품과 스킨케어 제품에서 전반적인 치료효과를 찾는 경향이 많아지면서 화장품 산업은 과도기 상태이다. 소비자들은 더 이상 외모만을 가꿔주는 예전의 브랜드 제품에 만족하지 않는다.

화장품 소비자들은 그들이 선택한 메이크업 제품에 어떤 성분이 들어 있는지 확인하고 너무 많은 화학물질과 방부제가 함유된 제품을 피하고 자연적인 미네랄 메이크업을 선택하는 경향이 많아졌다.

요즘의 소비자들은 개인 생활용품의 효과에 대해 관심이 많고 까다로워졌다. 스킨크림은 해로운 햇빛으로부터 피부를 보호하고, 피부에 수분공급을 해주고, 노화를 늦춰주어야 한다. 또한 바쁜 하루 생활로부터 안도감을 찾기 위해 허브 테라피와 아로마 테라피의 효과에 대해 알거나 실제로 경험하였으며 더 강력한 효과를 원한다.
전통적으로, 화장품산업은 광고와 마케팅 캠페인에 막대한 자금이 필요했기 때문에 대기업만이

진출할 수 있는 산업이었다. 그러나 요즘에는 새로운 방식의 마케팅이 이 시장 영역에서 고객의 신뢰성을 얻는데 오히려 더 효율적이다. 또, 과거에는 한 배치의 제품을 생산하는데도 큰 비용이 들었으나, 요새는 효율적으로 작은 배치를 만들 수 있게 기술이 발전했다. 포장재료는 효율적인 비용관리와 빠른 성분전달을 감안하여 제작이 가능해졌다. 간단히 말하면, 신규기업들이 시장에 진입하는데 장애가 되던 규모의 이점이 없어졌다. 거대 화장품 회사들이 여전히 산업에서 큰 비중을 차지하고 있지만 그들도 신규 브랜드를 인수할 필요성을 인지하고 신규 브랜드들을 찾아내고 인수하는 일을 아주 잘 해왔다.

이 인수전략은 전통적인 큰 회사들 중 몇몇이 신규 틈새 브랜드들의 잠재력과 미국의 스파산업의 성장을 알아봤음을 나타낸다. 1980년 미국에는 25개의 스파가 있었는데 지금은 3,000개가 넘는 스파가 있다. 이는 미국인들이 자신을 가꾸는 데서 오는 이득과 즐거움을 이해하기 시작했다는 것을 의미한다.

1998년부터 지금까지 소매 판매가 26억달러를 넘어서고 51.9%의 성장률을 보여준 천연 개인생활용품 시장의 실적에는 소매상들과 마케터들의 증가 또한 한몫 했다. MarketResearch.com에서 볼 수 있는 Packaged Facts가 발행한 새 보고서, "천연 개인 생활 용품에 대한 미국 시장" 자료에 따르면, 많은 미국인들이 뉴트라슈티컬(nutraceuticals: nutrition (영양) + pharmaceutical(의약품)의 합성어로 치료효과가 있는 식품을 뜻함: 역자 주) 수준의 총 천연원료의 뷰티제품과 스트레스 해소 프로그램을 결합한 총체적 접근법을 수용하기 시작했고 이 분야에 속한 기업들이 엄청난 수익을 창출하였다.

유기농 음식과 건강제품 시장의 급성장으로, 헤어 및 스킨케어 화장품에 대한 관심을 충족시켜 주는 고가의 미용제품 및 그루밍 천연 개인 생활용품은 그 어느 때보다 인기가 있다. 이 제품들이 베이비붐 세대 사이에서 시장을 만들긴 했지만, 모든 성별, 인종, 연령대의 소비자들 사이에서 해당 제품에 대한 시장이 있다.

미국인들이 최근 개인관리제품에 들어가는 재료에 대해 더 신경쓰기 시작했다. "천연 개인 생활 용품에 대한 미국 시장" 보고서는 인구 통계학적 선호도 및 소비자 선호도, 역사적 판매 패턴 및 예상 판매 패턴, 사회적 요인분석, 마케팅 트렌드를 보여준다. 또한 존슨앤존슨, 버츠비, 톰스 오브 메인, 오브리오가닉스, 에스티 로더 등 회사들의 경쟁 프로파일을 다룬다. 납 같은 위험물질을 멀리하고 천연 미네랄 같은 천연 옵션을 가까이 하면서, 화장품 산업은 분명히 진화하고 있다.

46억달러 가치의 미국 천연 개인용품 시장은 지속적인 두 자릿수 성장률을 보인다. 건강 트렌드로 인해 이 분야는 개인용품분야에서 가장 빨리 성장하고 있는 분야이다. 샌프란시스코의 Spence Information Services(SPINS)에 따르면, 천연 개인 생활용품 시장의 헤어케어 영역은 연 17%의 성장률을 보이며 성장 중인데 스킨케어 총 판매액의 37%를, 천연 개인생활용품 중에서는 15%를 차지했다.

많은 생산회사들이 화장품이 비싼 주된 이유로 높은 연구비용을 꼽는다. 그러나 최근에는 돈이 많이 드는 새로운 과학 보다는 오래되고 입증된 천연 치료법으로 돌아가는 추세이다. 유명한 화학자와 화장품 연구원은 어떤 세럼이든 한 병(온스)에 $100이상 받는 것은 부당하다고 주장했다. 이 사실들과 소비자들의 높은 교육수준을 함께 고려해보면, 재료와 가치를 반영하는 기준 가격의 고급 스킨케어를 개발하는 틈새시장이 보이기 시작할 것이다.

출처 https://colgate-palmolive.wikispaces.com/file/view/32562_Cosmetic_%26_Beauty_Products_
Manufacturing_in_the_US_Industry_Report%5B1%5D+(1).pdf

1) 주요 산업 통계 (Key Industry Statistics)

조사와 컨설팅 분야에서 세계적인 회사인 Kline & Company에 의한 가장 최근 연구에 따르면, 2008년 미국 화장품 및 세면용품 시장의 매출 성장은 1991년 이후 최저인 0.3%밖에 되지 않았다.

Cosmetics & Toiletries USA 2008에서 발표한 새 자료에서는 생산회사 수준에서 총 매출이 356억달러에 도달했지만, 2010–11년에는 소비자의 불황에 대한 걱정 때문에 이 수준이 더 오르지 않을 것을 보여 준다.

TNS Media Intelligence에 의하면 2005년에 화장품 회사들은 22억달러를 광고비용으로 썼으며, 2015 Research Report에 따르면, 미용분야의 전자상거래는 29.1%의 엄청난 성장률을 보일 것으로 예측된다.

화장품 중에서 가장 큰 분야는 알로에 베라 엑기스 화장품으로 전 세계적으로 2015년 대비 6% 성장하며 연간 27,458.5톤 중 45%를 차지 하였다.

IBISWorld에 따르면 스킨 케어 제품의 매출은 일본에서 43%, 유럽에서 26%를 차지하는 것으로 예측하였다.

전체 산업에서 특정 산업의 기여도를 상징하는 산업의 부가가치로 보면 화장품 산업은 2021년까지 10년간 평균 0.7% 성장할 것으로 예측하였다. 이 비율은 같은 기간 동안 연평균 2.2% 성장하는 GDP에 비해 매우 느리게 성장하는 것이다.

출처 www.ibisworld.com/industry/global/global-cosmetics-manufacturing.html

북미 시장은 2015년 글로벌 화장품 시장의 24%로 800억불 시장규모를 차지했으며 개인 미용 시장에서 가장 가치 있는 시장으로 여겨진다.

체인 스토어인 울타사롱의 소매 영업에서 보면 2015년 미국에서 화장품과 향수가 가장 많이 팔렸으며 매출은 약 37억 달러에 달했다. 그러나 온라인 매출은 세포라(LMVH)가 선두를 차지했는데 같은 해 매장당 매출이 510만 달러나 되었다.

미국의 화장품 시장에서 가장 수익성이 좋은 카테고리는 파운데이션으로 2016년 매출이 9억 8천5백만달러 였고 그 다음으로 수익성이 좋은 분야는 마스카라로 9억 4천 1백만 달러의 매출을 기록했다.

오하이오에 위치한 프록터 갬블은 2015년 미국 화장품 산업에서 1위를 차지했으며 전체 화장품 산업 전체 매출의 13%을 차지했다.

출처 https://www.statista.com/topics/1008/cosmetics-industry/

화장품 산업 통계

미국 화장품 산업은 약 550억달러의 규모로 세계에서 가장 큰 화장품 시장이다. 5만3천명의 고용효과를 창출하고 1위는 프록터앤갬블이 차지했다. 다음은 화장품 산업의 시장 개요 및 트렌드를 보여주는 통계이다.

화장품 제품 카테고리

전 세계 화장품 시장은 2012년에 14% 성장하였으며 카테고리 별 매출액은 다음과 같다.

1 메이크업 – $ 9억 3천 2백만달러

2 스킨케어 – $8억 4천 4백만달러

3 향수 – 5억 1백만달러

카테고리 별 시장점유율

1 기초화장품 – 27%

2 개인관리용품 – 23%

3 헤어관리 – 20%

4 메이크업 – 20%

5 향수 – 10%

여성 소비자

1 여성들은 1년에 평균 144달러를 화장품에 소모한다.

2 서양인들은 평균보다 154달러를 많이 미용에 사용한다.

3 지난 6개월동안 57%의 여성은 월마트에서 화장품을 구매했다.

4 10%의 고객이 80%의 매출을 발생시킨다.

5 45%의 고객은 불경기 동안 제품 구매를 줄인다.

6 20%의 미국 가정은 10만달러 이상의 수입이 있으며 70%의 부를 대변한다.

유통분야

1 드럭스토어(20,000개 회사) – $2천 2백억달러

2 스파서비스(18,000 개 시설) – $1백30억달러

3 백화점(3,500개) – $7백억달러

4 화장품 소매(13,000개점) – $1백억달러

톱 5 화장품 브랜드

1 올레이 – 118억달러

2 에이본 – 79억달러

3 로레알 – 77억달러

4 뉴트로지나 –62억달러

5 니베어 – 56억달러

소비자가 느끼는 감정

1 거의 반에 가까운 미국 여성들은 메이크업을 하고 있을 때 자신을 통제하고 있다고 느낀다.

2 82%의 여성은 메이크업 하고 있을 때 더 자신감이 있다고 믿는다.

3 86%의 여성들은 메이크업 하고 있을 때 자신의 이미지가 향상된다고 생각한다. 많이

우리나라 화장품 생산실적

(단위 : 백만원, %)

구분	2010	2011	2012	2013	2014	YoY	CAGR ('10~'14)
시장규모	6,308,416	6,589,797	7,022,077	7,624,181	8,177,819	7.3	6.7
(백만달러)	5,456	5,947	6,231	6,962	7,765	–	–
생산	6,014,551	6,385,617	7,122,666	7,972,072	8,970,370	12.5	10.5
(백만달러)	5,202	5,763	6,321	7,280	8,517	–	–
수출	690,211	891,478	1,202,383	1,412,229	1,895,872	347.2	28.7
(백만달러)	597	805	1,067	1,290	1,800	–	–
수입	984,076	1,095,658	1,101,795	1,064,338	1,103,320	3.7	2.9
(백만달러)	851	989	978	972	1,048	–	–
무역수지	−293,865	−204,180	100,588	347,891	792,551	–	–
(백만달러)	−254	−184	89	318	753	–	–

주 : 1. 시장규모는 생산 − 수출 . 수입 / 2. 수출입에 대한 환율 적용은 한국은행의 연도별 연평균 기준 환율을 사용함

자료) 대한화장품협회, 화장품 생산실적 자료, 각 연도 / 한국의약품수출입협회, Faxts & Survey Report, 각 연도

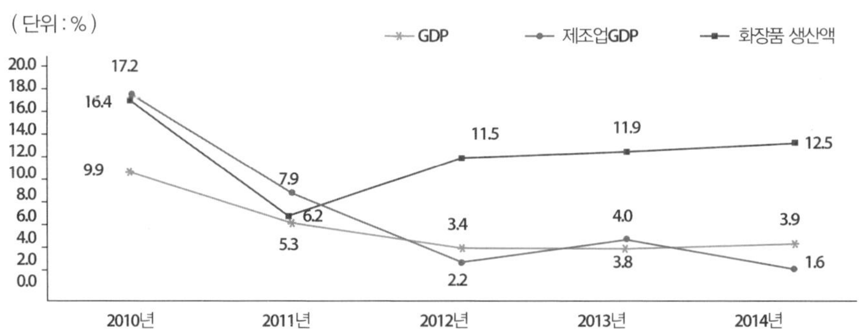

화장품 생산액 전년대비 증가율

지료 : 대한화장품협회, 화장품 생산실적 자료, 각 연도 한국은행, 경제통계시스템(ECOS)

2014년 매출액 기준 세계 100대 화장품 기업 현황　　　　　　　　　　　(단위: 억 달러, %)

순위	기업명	국가명	매출액	점유율	증가율
1	L'OREAL	프랑스	299.4	14.4	1.8
2	UNILEVER	영국, 네덜란드	216.6	10.4	1.5
3	PROCTER & GAMBLE	미국	198.0	9.5	−3.4
4	THE ESTÉE LAUDER COS.	미국	109.5	5.3	5.4
5	SHISEIDO CO.	일본	73.7	3.6	1.9
6	BEIERSDORF	독일	65.9	3.2	2.3
7	AVON PRODUCTS	미국	63.0	3.0	−12.0
8	CHANEL	프랑스	62.1	3.0	6.0
9	JOHNSON & JOHNSON	미국	60.0	2.9	−0.1
10	KAO CORP.	일본	56.0	2.7	3.4
11	LVMI IMOËTHENNESSY LOUIS VUITTON	프랑스	52.1	2.5	5.4
12	COTY	미국	44.9	2.2	−1.4
13	HENKEL	독일	44.8	2.2	1.0
14	AMOREPACIFIC CORP.	한국	44.7	2.2	21.2
15	LIMITED BRANDS	미국	44.5	2.1	14.1
⋮					
	LG HOUSEHOLD & HEALTH CARE	한국	23.0	1.1	18.0
⋮					
	ABLE C&C	한국	4.4	0.2	−1.0
	합계(100개사)		2,074.2	100.0	−

주 : 100대 화장품 기업의 향수, 메이크업, 스킨케어, 선케어, 헤어케어 및 데오도런트 제품류의 매출 실적을 바 탕으로 순위를 매겼으며 비누, 면도기, 치약, 식이요법 제품, 의약품, 비타민 또는 세척제는 순위 집계에서 제외됨

2) 산업 트렌드 (Industry Trends)

소비자에게 영향을 주고, 소비자의 니즈가 바뀌는 방향과, 타겟시장에 영향을 미치는 모든 사회적, 기술적 혹은 기타 다른 변화를 보여주는 트렌드를 알아낼 것이다. 트렌드와 보고서에 대해 계속

알아가면 사업을 위한 틈새시장을 개척하기 위한 경영에 도움을 주고, 경쟁에서 앞서가게 해주며, 소비자가 필요로 하고 원하는 제품을 제공할 수 있다.

1 환경 및 사회적 책임/사명에 대한 상식이 있고, 구매를 결정할 때 그 가치를 생각하는 소비자들에게 어필하는 제품과 서비스를 제공하는, 성장 중인 시장이 있다.

2 사람들이 음식에서 천연 제품을 더 찾기 시작하고 얼마 후부터 유기농 개인 생활용품의 인기가 올라갔다.

3 최근 라우릭 오일 가격책정에 의해 코코넛 오일의 대체품으로 야자핵 오일과 야자핵 올레인을 구매하고 사용한다.

4 '식물의 힘'을 보여주는 독특한 향, 허브, 오일, 아유르베다 재료의 혼합이 요즘의 화장품 시장에서 크게 유행하고 있다.

5 35–55세 사이의 여성과 베이비붐 세대를 타겟으로 하는 천연 재료 영역은 건강 트렌드가 생기면서 성장하고 있다. 천연 및 유기농 화장품 제품 매출이 연 성장률의 9%인 60억달러에 도달할 것으로 예상된다.

6 강력한 스킨케어 활성성분의 효과(안티에이징과 천연원료 혼합)가 있는 투인원 트리트먼트 메이크업이 등장했다.

7 무거운 파운데이션을 쓰는 대신, 스킨 톤을 정리해주는 색소를 포함하면서 결점 없는 민낯으로 만들어주는 섬세하고 투명한 셀프코렉팅 파우더를 써서, 더 자연스런 모습을 연출하는 것이 메이크업 트렌드이다.

8 화장품 회사들은 중국의 거대시장에 들어갈 생각을 하고 있고 중국여성들의 하얀 피부에 대한 욕구를 충족 시켜줄 크림을 개발하고 있다.

9 취업기회와 젊은 여성을 얻기 위해 젊은 외모를 유지하기 원하는 남성들을 타겟으로 하는 회사들이 많아졌다.

10 미에 대한 기준이 그 어느 때보다 높아서, 여성들은 다목적 제품과 브랜드의 웹사이트와 블로그를 통해 제공되는 세부정보, 연예인의 실제 홍보를 보는 것을 원한다.

11 한번에 하나의 제품만을 알리는 것이 아니라, 보습과 박피 효과가 있는 셀프 태닝크림과 같이 하나의 솔루션 시스템으로 작용하는 범위의 제품들을 제공하고 싶은 욕구가 성장하고 있다.

12 바르면 속눈썹을 말아 올려주는 마스카라나 보습효과를 주는 파운데이션 같은 여러 목적을 달성해주는 멀티 태스킹 효과로 더 큰 가치를 제공하는 제품에 대한 수요가 있다.

13 여성들은 화장품 광고를 분석하는데 많은 시간을 소비하기 때문에, 효과를 부풀리지 않는, 보다 현실적인 캠페인을 보기 원한다.

14 여성들은 전문 메이크업 아티스트의 립스틱 홍보처럼 그 분야의 전문가가 하는 광고를 보고 싶어한다.

15 향료나 향수는 화장품과 다른 종류의 개인생활용품을 만드는데 점점 더 중요한 역할을 하고 있다.

16 최근 수제 및 맞춤 화장품 제조기술이 크게 발전하였다(IBISWorld Industry Reports, 2015).

17 요즘은 화장품이 환경파괴를 최소화하게 생산되고 포장되기 때문에, 자연·친화적인 생산과정에 대한 수요가 있다(IBISWorld Industry Reports, 2015).

18 화장품회사들은 트리클로산과 같이 건강이 우려되는 모든 화학물질을 제품에 쓰지 않고, 품질과 순도, 투명성에 더 초점을 주는 회사가 되어야 한다는 압박을 점점 더 받는다.

19 또한 재료 공급업체들은 비누와 클렌저 같은 제품에서도 가능한 고성능의 안전한 항균성, 항미생물 재료뿐만 아니라, 제품의 유통기한을 정하는 방부제를 판매할 필요성이 있다.

20 병 재활용, 생분해성 재료 사용, 재생가능 연료 사용, 제로이미션(규제대상인 배기가스 제로: 역자 주) 달성의 강조가 증가해왔다.

21 화장품 공급업체들은 점점 더 환경친화적인 공급업체로부터 원료를 소싱하고 있다.

22 환경보존에 대한 관심으로 천연 및 유기농 화장품이 크게 발전해서, 유럽에서는 연 20%의 성장률을 보이고, 미국 시장의 10%를 차지한다.

23 자외선(UV)과 다른 광선에 노출될 경우 발암 가능성에 대한 관심이 커지면서 스킨케어 제품의 판매량이 급승했나.

24 최근 한국에서 남성용 화장품 시장이 급격히 성장하여 1조원을 예상하며 특히 40대와 50대 남성들도 이전보다 외모에 관심이 많아졌다.

25 최근 건강과 웰니스에 대한 관심과 트렌드로 인해 알로에베라와 알로에 베라 엑기스가 식품, 화장품, 의약품에 필수 원료가 되어 전 세계적으로 2016년 6만 톤 이상이 사용되었으며 160억달러의 매출을 기록하였다.

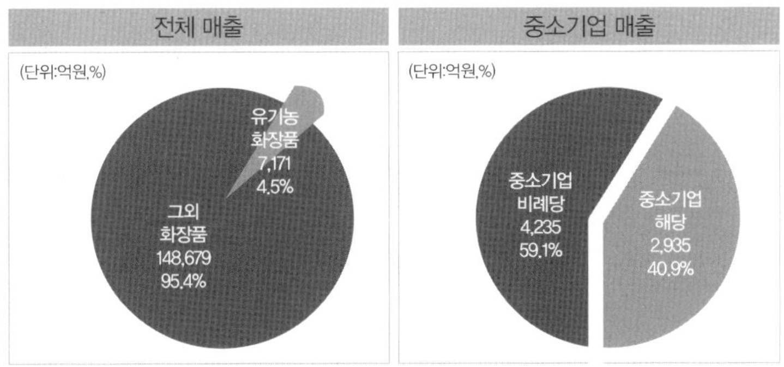

2014년 화장품 제조판매업체 유기농화장품 매출액

자료 : 한국보건산업진흥원, 2014 화장품 제조·유통 조사, 2015

연도별 화장품 소매판매액 및 온라인쇼핑 거래액 추이 (단위 : 백만원, %)

구분	2010	2011	2012	2013	2014	
					금액	YoY
합계(B)	121,578	134,100	141,287	149,568	162,857	8.9
온라인(A)	14,140	16,055	19,458	21,005	26,690	27.1
오프라인	107,438	118,045	121,829	128,564	136,168	5.9
온라인비중 (A/Bx100)	11.6	12.0	13.8	14.0	16.4	—

자료) 통계청 국가통계포털, 소매판매액통계(2015.11)
　　　통계청 국가통계포털, 온라인쇼핑동향(2015.11)

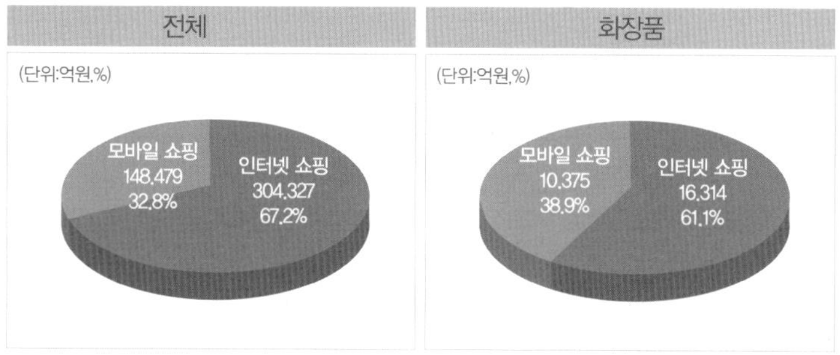

2014년 모바일쇼핑 거래액 비중
자료 : 통계청 국가통계포털, 온라인쇼핑동향(2015.11)

3) 산업 주요 용어 (Industry Key Terms)

이 산업에서의 공통언어를 이해하고 말할 수 있게 하고, 효율적인 대화를 하기 위해 다음과 같이
용어들을 정의한다.

농축액

농축된 알코올 용해성 방향족기.

착색제

천연 혹은 합성 염료 및 색소. 제품의 색을 안전하게 바꿀 수 있는 재료. 염료 혹은 색소라고
불리기도 한다. 가끔 알러지 반응을 일으킨다.

OEM 생산업체

고객이 포장 성분, 라벨 등을 제공하면 고객이 보내준 성분에 맞추어 포뮬라를 만들고 생산하는 업체를 말한다.

화장품(또는 메이크업)

사람 몸의 겉모습과 냄새를 향상시키기 위해 사용되는 제품. 일반적으로 화합물의 혼합이다. 몇몇은 천연재료에서 나오고, 많은 화합물을 합성해서 만든다. 미국에서, 화장품을 규제하는 식약처는 화장품을 "클렌징, 미화, 매력촉진을 목적으로 신체의 구조나 기능을 바꾸지 않으면서 겉모습을 바꾸기 위해 인간의 몸에 의도적으로 바르는 것"이라고 정의한다. 이 광범위한 정의는 화장품의 성분으로 사용될 의도가 있는 모든 재료를 포함한다. 식약처는 이 카테고리에서 비누를 제외시켰다.

미용사

얼굴이나 매니큐어, 페디큐어 같은 미용술을 위해 전문적으로 훈련/교육받은 사람.

글리세린 화장품

수제 화장품 베이스로 냉각처리하여 만든다. 글리세린 화장품은 알코올과 설탕/당을 이용한 공정으로 반투명하게 만든다. 공예품점과 화장품 제조 재료를 제공하는 화장품 제조회사에서 구매할 수 있다. 녹여붓기 화장품이라고도 불린다.

수제 화장품

이미 만들어진 화장품 베이스를 사용하여 녹여붓기로 화장품 바(bar)나 덩어리를 만들 때 쓰는 용어이다. 녹여붓기 화장품 베이스는 글리세린 화장품이라고도 불리며, 투명한 베이스다. 이 방법은 좋아하는 방향유나 향수뿐만 아니라 허브나 향신료를 추가하여 취미로 자신만의 수제 화장품을 만들 수 있게 해준다. 또한 다양한 방법으로 화장품에 색감을 줄 수 있다. 투명한 녹여붓기 베이스에 디자인이나 색을 층층이 다르게 하거나 다른 물질을 넣은 화장품을 만들 수 있다.

천연 화장품

천연 화장품은 일반적으로 천연재료만을 사용하여 만든 화장품을 일컫는다. 사용하는 천연 재료로는 식물성 오일, 순수한 에센셜 오일, 허브와 향신료 등을 들 수 있다. 이는 화장품을 만드는 과정에서 천연자원 재료만이 사용된다는 뜻이다. 천연 화장품은 수제일 수도 있으며, 수제 화장품과 같은 공정으로 만들 수 있다.

자가상표 제조회사

면밀한 연구개발과 정교한 설비를 이용하여 자사의 브랜드와 로고를 사용하는 유통업체에게
양질의 화장품을 제공하는 전문 제조공장이다. 자가상표 회사들은 원재료와 완제품을 바로 공급할
수 있도록 재고 수준을 유지한다. 여러 변화와 조합, 고객의 맞춤 라벨링이나 데코레이션으로
고객들은 만족스러운 맞춤 스타일을 찾을 수 있다.

4) 업계 선두 주자 (Industry Leaders)

업계 선두 주자들의 최고 기법을 연구하고 사업 모델 컨셉트에 맞출 기법을 선택할 계획이다. 이
기법들을 회사 운영에 통합시켰을 때 고객 만족도가 증가할 것으로 기대한다.

로레알(L'Oreal)

매출로 따졌을 때 세계에서 가장 큰 화장품 제조사이다. 로레알은 자사의 27개 브랜드를 통해 모든
소득수준을 포괄하는 헤어케어, 스킨케어, 메이크업, 탈취제, 향수 제품을 제공한다. 로레알은 이브
생 로랑 보떼, 랑콤, 키엘, 가르니에, 메이블린 뉴욕을 포함한 여러 크고 유명한 브랜드를 소유하고
있다. 과거에 로레알은 신흥시장에 초점을 두었는데, 이는 시장이 지금처럼 포화상태가 아니었기
때문이다. 로레알은 화장품에 대한 관심이 급격히 증가한 남성과 안티에이징 제품에 관심이 있는
중장년층 시장에도 뛰어들었다. 로레알은 전문 스타일리스트와 비전문인 모두에게 제품을 판다.
로레알의 직판점은 약국에서 백화점, 자사 부티크까지 다양하다. 프랑스 기반의 이 회사는 세계
곳곳에 있고, 매출의 대부분이 북미지역과 서유럽에서 나온다. 로레알은 제품을 더 공격적으로
마케팅하고 소비자들이 살 수 밖에 없는 새 제품들을 내놓는 것으로 불경기에 대응했다. 또한
아시아 신흥국에서 시민들의 구매력을 높여주면서, 화장품 소비도 늘어났고, 이로 인해 로레알의
해외시장이 더욱 커졌다.

로레알은 2025년에는 전 유럽, 미국, 일본 인구의 41.5%가 50세이상일 것으로 예측한다(2005년에는
34%가 50대이상이었음). 베이비붐 세대가 늙어가면서, 50세이상 미국인의 증가율이 50세이하
미국인의 증가율보다 빠르기 때문이다(50세이하—연평균 1,677명/50세이상—연평균 5,757명).
게다가, 미국인의 중간 연령대가 2000년부터 2008년까지 꾸준히 올랐다. 중장년층은 화장품,
특히 안티에이징 스킨케어와 다른 나이와 관련된 제품을 더 원할 것이기 때문에 이는 로레알에게
촉망되는 트렌드이다.
남성 화장품의 사용은 최근 20년간 상당히 증가했다. 미국과 유럽 남성의 89%는 멋있는 외모가

직업적 성공에 중요하다고 했고, 2008년에는 48%였던 것에 비해 70%의 남성이 본인의 스킨케어 제품을 샀다고 대답했다. 화장품 회사는 40세이상 남성시장에 진입하기 시작했는데 그 이유는 여성이나 젊은 남성 시장에서 비해 덜 포화되어있기 때문이다. 로레알은 아시아에서 남성 스킨케어 영역을 확장하는데 특별히 집중했다. 남성들이 화장품 회사에게 이토록 많은 관심을 받는 데는 크게 두 가지 이유가 있다. 무엇보다, 이 시장은 여성시장에 비해 포화되지 않은 상태이다. 게다가, 다음의 트렌드로 더 쉽게 옮겨가는 여성에 비해 남성은 특정 제품이나 브랜드에 더 충성하는 것으로 증명되었다. 그래서 화장품 회사들은 장기 충성고객들을 확보하기 위해 남성 시장에 어필하고 있다. 몇몇 브랜드(메이블린, 랑콤, 슈에무라, 케라스타즈)를 제외하고, 로레알은 남성과 여성 모두를 고객으로 한다. 또한 로레알은 저렴한 라인(매트릭스)부터 고급제품(이브 생 로랑)까지, 다른 소득수준의 고객까지 포괄한다.

출처 https://hbr.org/2013/06/loreal-masters-multiculturalism, http://www.loreal.com/

키엘(Kiehl's)

1851년에 설립되었고, 소비자들에게 좋은 이미지가 확립된 브랜드이다. 키엘은 천연재료를 사용하며 스킨케어와 헤어케어라인 분야의 선두주자이다. 주요 제품들은 키엘 립밤과 바디로션(Creme de corps)이다 이 회사의 주요 강점은 제품의 효과가 좋다는 것이다. 키엘은 4세대동안 이어온 가족기업으로, 제품은 뉴욕공장에서 소량생산 했다. 키엘은 폭넓고 다양한 유통전략이 있으며 포장과 라벨을 굉장히 간소화했다. 최근 키엘은 거의 기하학적인 성장을 보였는데 이것이 오히려 심각한 내부 문제를 야기했다. 수요를 맞출 수 없었으며, 고객유치를 중단했다. 2000년 봄에 에스티 로더가 키엘을 인수했다. 내부 출저에 따르면, 에스티 로더는 생산을 OEM 시설에 맡기고, 자체생산을 중단할 계획이며 전통 백화점 내 매장 개설과 키엘 전문매장 출시에 집중할 계획이다. 이 합병의 확실한 이득은 현금과 기술적 자원의 유용성이다. 에스티로더가 키엘브랜드를 백화점과 더 밀접하게 연계하여 판매가 증가하면, OEM생산으로 포뮬라가 변하거나 효과가 떨어질 수 있다는 잠재적 위험 또한 간과할 수 없다.

아베다(Aveda)

호스트 레켈바커(아티스트)에 의해 1978년에 설립된 아베다는 고급 헤어케어 제품과 살롱의 동의어가 되었다. 그들은 3,000개가 넘는 아베다 살롱으로 광범위하게 전세계적으로 퍼져있다. 아베다는 명확한 이미지를 육성하고 회사에서 소유한 위치에 허가받은 사업권까지 포함하여 매우 효율적인 유통 네트워크를 구축하였다. 그들의 제품 철학은 아유르베다 치료와 아로마 테라피 중심이다. 최근에 에스티 로더가 아베다를 인수했다.

http://www.aveda.com/

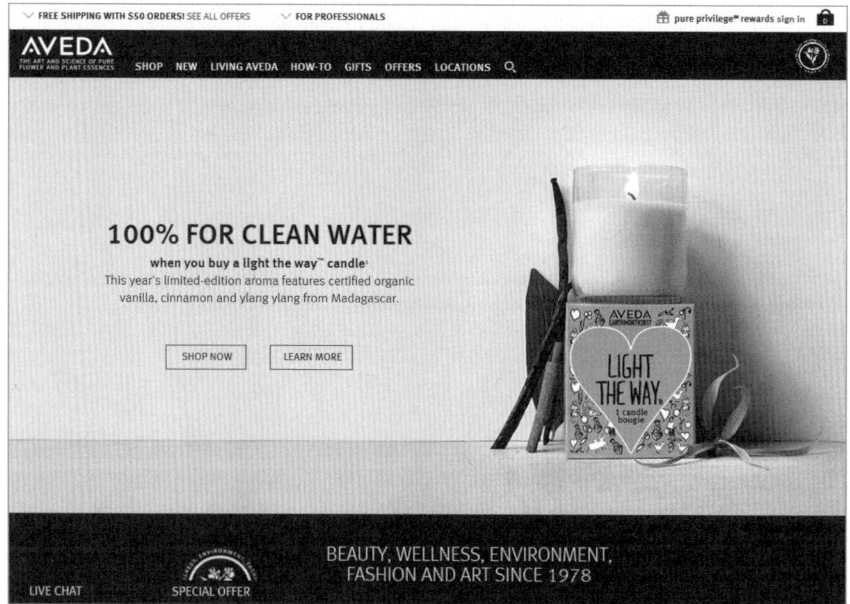

에스티 로더(Estee Lauder)

스킨케어, 메이크업, 향수, 헤어케어 제품의 제조사 및 소매상으로 서로 다른 고객에게 맞는 다양한 제품을 서로 다른 포지셔닝으로 다양한 채널을 통해 제품을 유통한다. 메이시즈와 같은 백화점과 세포라, 향수 판매점, 약국, 미용실, 스파 같은 미용소매점들, 그리고 회사 매장, 온라인 웹사이트, TV 광고를 통한 직접판매 등을 통해 제품을 판매한다. 에스티 로더는 20개가 넘는 스킨케어와 메이크업 브랜드뿐만 아니라 다양한 향수 브랜드를 소유하고 있다. 핵심 브랜드는 에스티 로더,

클리니크, 프리스크립티브, 오리진스, 맥, 바비 브라운, 달팡, 라 메르, 톰 포드가 있다. 또한 타미힐피거, 도나 카란 코스메틱스, 션 존 코스메틱스, 아라미스의 브랜드 이름으로 향수를 팔 수 있는 글로벌 판권을 소유하고 있다.

클리니크(Clinique)

클리니크는 알러지 테스트를 모두 거치고, 향이 없는 스킨케어와 메이크업 제품으로 1968년에 설립되었다. 크리니크 제품은 클렌징, 각질제거, 보습의 3단계 시스템의 하나로 시장에 나왔다. 제품은 백화점에 1차적으로 유통되었다. 최근에는 구식의 이미지를 가진 회사가 되었다. 클리니크는 백화점의 "보너스주간"을 통해 많은 매출을 올린다. 18-35세의 사람들은 클리니크가 첨단이라고 생각하지 않으며, 그들의 제품개발은 소비자의 바뀌는 인지도를 따라가지 못하고 있다. 클리니크는 에스티 로더 소유이다.

국제 화장품 마케팅 회사(비버리 사순으로도 일컬어짐)

비버리 사순과 엘린 사순의 이름이 박힌 다양한 스킨게이와 영양제품을 기발하고 유통하는 이 회사는 다양한 비타민을 함유한 스킨케어와 선케어 제품을 판매한다. 항노화 보습제를 제외한 모든 스킨케어 제품에는 유기농 성분만 함유하고 있다. 스킨케어 제품들은 비타오가닉 울트라-젠틀 클렌저, 비타오가닉 디톡스 토너, 비타오가닉 울트라-라이트 보습제, 울트라-라이트 보습제, 비타오가닉 스킨 서포트 세럼, 비타오가닉 나이트크림, 비타오가닉 아이크림, 항노화 보습제로 구성되어있다. 선케어 제품으로는 SPF 12 비타-선 선크림, SPF 30 비타선크림, SPF 15 비타-선, SPF 30 비타-선, SPF4 비타골드 선스프레이, SPF 30 비타-스포츠, 선리스 태닝크림이 있다. 국제 화장품 마케팅 회사는 신티 컴퍼니로 불리다가 1999년에 그 이름을 바꾼다. 미국 플로리다 주 보카레이턴에 있는 회사는 1995년에 주식회사가 되었다.

레브론(Revlon)

레브론은 1932년 찰스 레브슨과 조셉 형제가 화학자 찰스 래치먼과 함께 설립했다. 레브론의 "L"은 회사에 공헌한 그의 이름에서 따온 것이다. 한가지 제품으로 - 새로운 종류의 네일 에나멜 - 시작해, 세 창업자는 그들의 자원을 모아 특별한 생산방법을 개발했다. 염료대신 색소를 사용해, 새로운 색조의 불투명한 네일 에나멜을 개발했다. 레브론은 1937년부터 백화점과 약국에서 매니큐어를 팔기 시작했다. 6년만에 회사는 수백만 달러 가치의 기업이 되었다. 1940년에는 전 매니큐어 라인제품을 공급했으며, 컬렉션에 립스틱을 추가했다. 세계 2차대전 중에는 1944년에 육해군 'E'상을 수여 받은 미군을 위한 메이크업과 그와 관련된 제품을 개발했다.

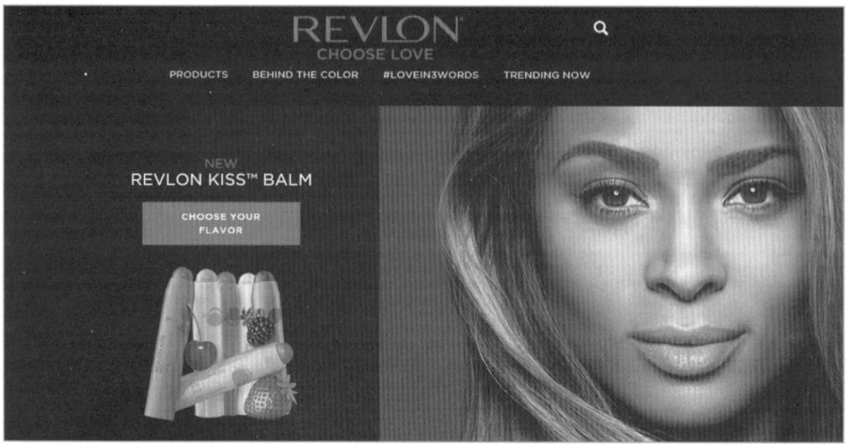

랑콤(Lancome)

75년전 처음 기업을 시작할 때부터 랑콤은 전형적인 프랑스다움으로 아름다움과 화려함을 잘 보여주었다. 1935년에 아르망 쁘띠장에 의해 설립되었으며, 랑콤이라는 이름은 화장품 화학자가 파리 서부에서 휴가를 보내던 중 프랑스 중부 랑코스메(the Château de Lancosme)라는 고성에서 영감을 받아 탄생했다. 고성 주변을 감싸고 있던 신비스런 노란 꽃이 랑콤의 노란 장미 엠블럼에 영감을 주었다. 이사벨라 로셀리니부터 줄리엣 비노쉬, 앤 해서웨이, 줄리아 로버츠, 케이트 윈슬렛, 페넬로페 크루스까지 영화산업의 상징적인 몇몇 스타들이 랑콤 캠페인을 빛냈다. 다리아 워보이, 알레니스 소사, 엘레트라 위에드만 같은 슈퍼모델 또한 랑콤패밀리였다. 랑콤은 트레쥬 향수, 쥬이시튜브, 비파실 눈화장 리무버, 10년 넘게 최고의 마스키리로 남아있는 디피니실 미스가라 등의 제품들을 생산한다. 랑콤은 아마존 쇼핑몰뿐만 아니라, 통합 정리한 메이크업 팁, 사용 안내 비디오, 회사의 전자상거래를 통한 소셜 홍보의 덕을 톡톡히 봤다.

www.lancome-usa.com

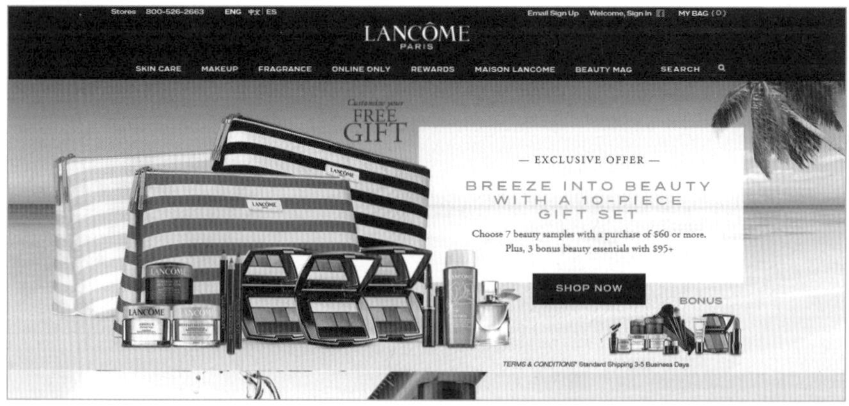

프레쉬(Fresh)

프레쉬는 자사매장과, 소비자 카탈로그, 백화점과 전문점에 국제적 도매를 통해 바디케어와 스킨케어를 유통한다. 그들의 제품은 치료 목적보다는 패션에 더 영향을 받는다. 현재 뉴욕에 2개, 보스턴에 1개의 매장을 갖고 있다. 프레쉬의 타겟시장은 블루스파보다 젊고 덜 부자인 사람들이다.

에센셜 엘레멘트(Essential Elements)

이전 주식 분석가가 1995년에 에센셜 엘레멘트를 창업했다. 제품은 식물베이스의 천연 바디크림과 로션이다. 1차적으로 스파와 전문점에 제품을 유통하였다. 소식통에 의하면 에센셜 엘레멘트는 소비자 카탈로그를 출시할 예정이라고 한다. 그들의 주요 타깃을 위해 스파와 리조트로 유통망을 넓히고 있다.

버츠비(Burt's Bees, Inc.)

밀랍, 견과유, 그리고 다른 천연 재료로 만든 립밤, 목욕오일, 화장품, 150종의 기타 개인생활용품을 만들고 판매한다. 미국, 캐나다, 영국, 아일랜드, 홍콩, 대만에 위치한 30,000개의 건강식품점, 식료품점, 그리고 웹사이트를 통해 제품을 판매한다. 록산느 큄비가 양봉가 버트 샤비츠를 만나 1984년, 메인(Maines)에서 설립하였고 그들은 버트 샤비츠의 밀랍으로 양초와 립밤을 만들기 시작했다. 2007년말, 925백만달러에 거대 청소용품기업인 클로록스에 팔린다.

톰스 오브 메인(Tom's of Maine)

톰스 오브 메인은 회사의 주력상품인 치약 브랜드(회사 매출의 절반이상 차지)뿐만 아니라, 천연재료로 만들고 친환경 포장재로 포장한 구강 청결제, 치실, 탈취제, 화장품, 면도크림 판매로 명성을 얻었다. 회사는 세전 이익의 10%를 자선단체에 기부하고 직원들에게 유급노동시간의 5%를 봉사활동에 쓰라고 장려한다. 1970년, 메인(Maine)에서 CEO 톰 채플과 그의 부인, VP 케이트 채플이 톰스 오브 메인을 설립했다. 2006년, 콜게이트(Colgate)가 전문 치약시장에 진입하기 위해 10억달러에 회사를 매입했다.

www.tomsofmaine.com/products/cosmetics

칸나비스 뷰티 디파인드(Cannabis Beauty Defined)

피부에 활력을 주고, 잔주름을 줄여주고, 햇빛노출의 영향을 줄여주는 제품라인은 강력한 치료제역할을 하는 대마유를 포함하여 100% 천연성분들로 만든다. 대마유는 오메가와 단백질로 가득 찬 고영양 제조법으로 피부에 영양분을 공급하며 박피크림, 보습제, 토너, 세럼의 주요 성분이다. 이 제품라인의 영업정책으로 대마유를 사용했다는 것을 직접 말하지 않고, 빛나는 고급 청색 포장에 작은 대마 잎 아이콘을 넣어 내용물에 대한 힌트를 주었다.

www.cbdstore.co/cannabis-beauty-defined

출처 www.trendhunter.com/trends/anti-aging-beauty-products

시세이도(The Shiseido Group)

일본 도쿄에 본사를 두고 1872년에 설립되었다. 화장품과 세면도구 산업이 주 종목으로 부티크, 식당, 살롱, 정제화학약품, 제약, 미용 식품 분야 사업도 하고 있다. 시세이도 그룹은 20개이상의 브랜드를 가진 일본에서 가장 큰 화장품 회사이다. 회사제품에는 스킨케어라인, 순수제품라인, 효능제품라인 3가지가 있다(Shiseido, 2005 Jones, Kanno Egawa, 2005). 창립 후 회사는 고급 브랜드, 우수한 품질로 자리잡기 위해 노력했다. 시세이도는 고급 시장 영역에 주로 초점을 두었고 이 영역은 회사에 수익을 가져다 주었다. 회사는 이 전략을 재검토해야 할 만큼 많은 문제들에 직면해 있다. 아마 가장 큰 문제는 치열한 경쟁과 널리 퍼진 위조제품이었을 것이다. 세계공황을 겪으면서 치열한 경쟁과 사람들이 점점 고가의 제품을 사기 어려워지면서 매출을 깎아 먹었다.

시세이도는 이를 해결하기 위해 신흥시장 영역을 목표로 한 획기적인 새 제품을 내놓아, 새로운 시장기회를 만들기 위해 노력하고 있다. 시세이도는 위기탈출을 위해 천연 및 유기농 재료로 만든 화장품과 다목적 제품을 원하는 소비자에게 판매할 것이다. 이는 우수한 연구개발부서에 의한 혁신이 회사의 주요 능력 중에 하나이기 때문에 이루기 쉬울 것이다. 세계적으로 가장 빠르게 성장하는 영역 중에 하나인 남성 화장품 영역을 위해 제품을 늘리는 것을 고려해야 한다.

출처 http://best-management-articles.blogspot.com/2012/12/analysis-of-shiseido.html

에이본(Avon)

에이본은 143개국이상에 있으며, 회사에는 370만명이 넘는 외판원이 있다. 회사의 활동이 환경에 피해를 주지 않게 하기 위해 회사는 환경을 위한 국제표준을 존중한다. 에이본은 제품에서 CFC(chlorofluorocarbons) 가스 – 오존층에 해로운 가스 – 함유를 가장 처음 없앤 회사이다. 거의 모든 포장이 재활용 가능하다. 에이본의 시장타겟은 도시권에 위치한, 중/고소득층이며, 화장품에 관심이 있으며, 35-45세 사이의 사람들이다. 그들은 전문직 여성들이고, 고학력이며 독립직이며, 그들의 외모에 관심이 있다. 이 사람들은 제품의 진가를 잘 알아보고 세부적인 것에 주의를 기울인다.

출처 http://www.upet.ro/annals/economics/pdf/2011/part4/Palade.pdf

뷰티카운터(Beauty Counter)

많은 화장품 브랜드들이 쓰는 화학물질이 없는 스킨케어 제품과 메이크업을 만든다. 이 회사의 모든 재료는 안전성과 성능 면에서 회사의 기준을 충족시켜야 한다. 그들은 제품의 재료에 대해 굉장히 투명하다. 회사는 보상이 필요 없는 연예인들의 무료홍보 덕을 많이 봤다. 그들은 7500명의 독립적인 컨설턴트의 네트워크를 통해 제품을 판매하는데, 이는 회사가 그들의 이야기가 사람에서 사람으로 퍼지길 원하기 때문이다.

e살롱(e-Salon)

e살롱은 불확실한 소매제품 구입이나 비싼 살롱염색 대신 아름다운 양질의 모발 색을 가질 수 있다는 발상에서 영감을 얻었다. e살롱은 고객의 본래 모색, 새치의 양, 이전에 도포된 색, 모발의 질감과 상태, 원하는 색, 또 기타 변수를 계산해 고객들이 규격품에서는 가질 수 없었던 맞춤 모발색을 가질 수 있다. 수천 가지의 색을 만들 수 있고, e살롱은 모색 제조법으로 가장 어울리는 색과 각각의 고객을 위한 맞춤 설명을 제공한다. 특허 출원중인 기술로 대규모 개인 맞춤서비스가 가능하다. 모색은 미리 만들어두지 않는다. 모든 주문은 맞춤 블렌드이고 완성되자마자 병에 담고 포장해 고객에게 배달한다.

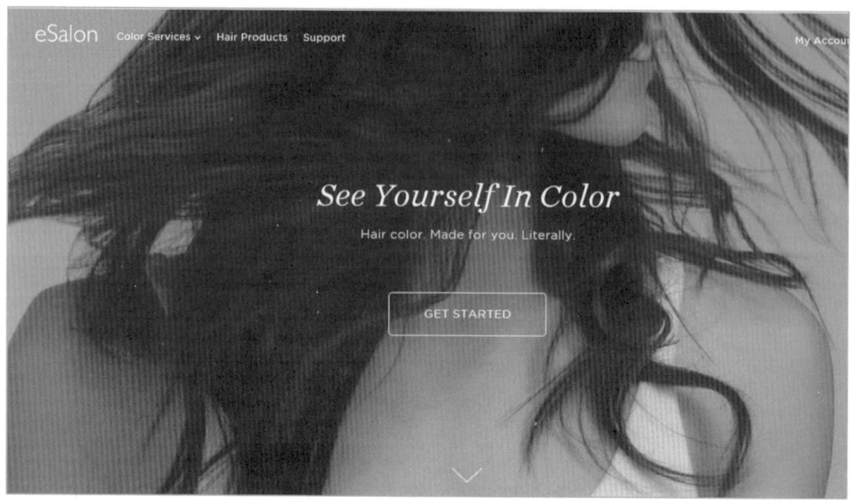

www.esalon.com

코스맥스(Cosmax)

한국의 ODM(Original Development Manufacturer)회사이며 일본의 유명 화장품 회사인 시세이도와 자브랜드에 화장품을 제공하는 것으로 사업을 시작하여 한국의 화장품 시장을 세계에서 세 번째로 큰 시장으로 확장하는 데 기여하였다. 이 회사는 최근에도 시세이도에 화장품 공급하는 계약을 맺었고 항 노화 크림과 CC크림으로 알려진 칼라 콘트롤 크림과 일본에서 인기가 많은 유기농 제품들을 생산 공급하고 있다.

출처http://pulsenews.co.kr/view.php?year=2016&no=824862

산업 혁신가

스웨거(Swagger)

아트 앤 디자인 인터내셔널 최고경영자인 헬렌 추가 아시아 남성을 타겟으로 2011년에 설립한 회사이다. 이 브랜드는 2017년에 유명 드럭스토어 체인인 왓슨을 통하여 중국과 동남아 시장으로 사업을 확장할 계획이다. 이 회사는 한국 회사이며 여성들이 좋아하는 남성 화장품을 만드는 것으로 유명하다.

출처 https://www.koreatimes.co.kr/www/news/people/2016/12/178_221064.html

스토우어웨이(Stowaway)

이 회사는 끊임 없이 일하는 여성들의 니즈를 충족시키기 위해 휴대성을 중시한 고객 지향적

미용라인을 개발했다. 소량의 가벼운 포장은 얇은 핸드백에 넣어 다니기 편하고 유통기한을 늘리기 위한 파라벤 및 프탈레이트 같은 방부제의 사용을 줄일 수 있다. 회사는 예약서비스를 시작하고 BB크림, 컨실러, 팟루즈, 립스틱, 아이라이너, 마스카라를 포함한 기본세트를 75달러에 판매한다.

https://stowawaycosmetics.com/

로레알(Loreal)

이 회사는 성장 전략의 중심으로 다양성과 세계화로 소비자수요보다 앞서 나가려고 한다. 남아프리카와 중동뿐만 아니라 미국에 있는 다문화 여성들의 다양한 피부톤에 맞춘 제품에 투자하고 있다. 그들은 좀처럼 쓰이지 않는 군청색 같은 색소를 이용해 질감과 명암을 희생하지 않으면서 깊고 순수한 색을 만든다.

더 아니스트 컴퍼니(The Honest Company)

이 회사는 Honest Beauty라 불리는, 어떤 화학물질도 첨가하지 않은 천연 화장품라인을 개발하고 있다. 이 회사는 소매싱짐과 온라인을 통해 제품을 팔며 본사는 캘리포니아 산디고니키에 위치하고 있다.

이 회사는 어린아이와 가정을 위해 효과적이고 의문의 여지 없이 안전하고 환경 친화적이며 아름답고 편리하며 합리적인 가격의 제품을 생산하고 있다고 믿고 있다. 매우 스타일리쉬한 디자인의 환경 친화적인 기저귀와 목욕, 스킨케어, 청소용품, 유기농 건강식품을 개인화된 맞춤 번들상품으로 묶어서 판매하는 방향으로 제품 라인을 늘이고 있다. 또한 요즘의 일반적인 현대 가정을 위해 더 건강하고, 행복한 가정, 모든 아이들을 위한 더 좋은 미래를 만들기 위한 가족 브랜드라는 최종의 목표를 위해 가장 안전한 제품, 가장 좋은 서비스, 가장 쓸모 있는 도구를 판매하는 원스톱 숍이다.

제시카 알바가 창립자중의 한 명이다.

출처 http://www.bloomberg.com/research/stocks/private/snapshot.asp?privcapId=140952960

스트림 코스메틱(Stream Cosmetics)

이 회사는 에어브러시 화장품 회사의 리더이다. 제품 개발을 위해 광범위하게 연구하고 미국, 유럽, 일본에서 철저하게 테스트하며 제품은 피부과와 안과에서 테스트하고 추천한다. 이 회사의 제품은 다음의 특성으로 유명하다.

- 수성
- 저자극
- 모공을 막거나 여드름 유발하지 않음

- 파라빈과 실리콘을 함유하지 않음

- 가장 좋은 자연 성분 활용

- 동물실험 배제

- 미네랄 성분 염료 사용

- HD효과를 위해 나노사이즈 입자 사용

- 건조-지성피부까지 다양한 피부타입을 위한 다양한 제품

- 식약처에서 허가한 성분으로 만든 태닝 제품

- 2-3년의 사용기한

출처 http://digitalbloggers.org/richguzman/stream-cosmetics-airbrushing-cosmetics-manufacturer-goes-mlm/

Part 6
Strategy and Implementation Summary
전략과 실행 요약

Strategy and Implementation Summary
전략과 실행 요약

이 장을 읽기 전에

이 장은 앞에서 실시한 시장 및 산업 분석을 바탕으로 전략을 도출하고 도출된 전략에 기초하여 어떻게 마케팅 활동을 할 것인지에 대한 구체적인 방안을 보여주기 위한 것이다.
고객 응답이나 친구추천 문구, 마케팅 할 수 있는 인터넷 사이트와 사이트별 공략 방법까지 상세하게 보여주기 때문에 실제 적용에 큰 도움이 될 수 있다.
한국에서 유명하지 않은 사이트라면 비슷한 서비스를 제공하는 한국 사이트를 찾아서 적용할 수 있다.
실제 적용할 때에는 다음 사항을 염두에 두고 전략과 실행계획을 수립할 것을 권장한다.

처음 회사 설립을 가정할 때 미국의 특정 지역에 위치하며 해당 지역에 중점적으로 마케팅할 예정이었다. 이는 미국이 한국에 비해 인구가 많고 영토가 넓은 상황을 감안하여 한국 시장 상황에 그대로 적용할 필요는 없다.
TV나 케이블 광고의 경우 다른 나라와 달리 한국은 한국방송광고공사를 통해서만 매체믹스를 할 수 있으므로 광고 프로그램 선정과 관련해서는 방송사가 아니라 광고 에이전시와 먼저 상의하는 것이 바람직하다.
인터넷, 모바일이나 PPL과 같은 경우에는 해당 매체를 전문으로 하는 에이전시를 통해 진행하는 것이 저렴하고 원하는 프로그램과 방법을 구체적으로 논의할 수 있다.
한국 상황에서는 특히 온라인과 홈쇼핑을 통한 유통이 미국에 비해 시장 확장에 큰 영향을 미치는데 이 장에서는 자세히 다루지 못한 면이 있어 한국판 참조자료를 보충하고자 마케팅 캠페인을 시작하기 위해 다음의 단계를 거친다.

1 시장을 정의한다

타겟고객이 누군지 화장품 구상 초기단계에 결정하여, 그에 맞게 제품과 브랜딩을 조정한다. 오직 ____________(e.g. 30–40대 전문직 중산층 여성)시장을 위한 광범위한 화장품라인을 개발할 것이다. ____________시장을 겨냥하는 것뿐만 아니라, 제품도 최근 유행하는 ____________에게서 영감을 받아 만들 것이다.

2 타겟고객을 안다

타겟고객에 대해 습관, 바라는 것, 생활, 목표, 소득정도, 지출에 대한 의향, 선호하는 소매점과 쇼핑 방법을 알아낼 것이다. 브랜딩과 포장재를 고객에게 적합하게 디자인하고 진화하는 그들의 니즈에 지속적으로 맞출 것이다.

3 트렌드에 맞춘다

화장품은 패션처럼 매 시즌마다 바뀐다. 현재의 트렌드나 스타일이 무엇인지 확실히 인지하기 위해 조사를 진행한다. 사람들의 생각, 목표, 욕구에 대해 정확히 알고 총 천연 및 유기농 스킨케어 재료로 만든 화장품을 사용하고, 과도한 화학성분 첨가를 피하는 이유를 이해할 것이다. 트렌드 분석을 통해 산소가 피부에 주는 효과를 연구한 후, 스킨케어 제품에 산소를 첨가하는 몇몇 생산회사가 있다는 것 또한 밝혀냈다. 정기적으로 패션쇼에 참석해 유행하는 색이 무엇인지 파악할 것이다.

출처 www.trendhunter.com/cool-hunting/category/cosmetics-and-beauty-trendss

4 PPL과 연예인 홍보를 이용한다

타겟고객이 우리 제품을 수용할 때 현지 영화와 TV 드라마, 연예인 효과의 영향을 이해하기 때문에 유명 메이크업 아티스트에게 홍보를 부탁한다.

5 능력 있는 유통업체와 일한다

미용실과 스파에 중점적으로 판매를 하는 유통업체를 통해 제품을 판매하고자 한다. 유통업체에 제품을 팔 때 무엇이 필요한지, 쉘프토커(shelf-talker: 특정제품에 대한 고객의 시선을 끌기 위해 슈퍼마켓 선반에 붙이는 스티커 : 역자 주)처럼 어떤 마케팅자료가 그들에게 가장 좋을지 조사할 것이다. 샐리, 울트라, 세포라, 메이시즈와 같이 우리 제품을 팔고 싶은 곳과 관계가 있는 유통업체를 찾는다.

6 무역 박람회에 참여한다

산업 무역박람회에 참여할 것이다. 이는 우리 제품을 팔고 관계를 맺을 사람들을 만날 수 있는 아주 좋은 방법이다.

7 새 제품 출시를 위한 보도자료 발행

에디터 미팅을 잡기 위해 PR 대리인을 고용할 것이다. 경쟁사보다 틈새시장을 더 잘 공략하고 경쟁우위를 강화하는 것이 중요한 영업전략이다. 원스톱 선물 솔루션과 오리지널 상품의 가치가격을 만들어 고객의 니즈와 욕구를 이해하고 충족시킴으로써 경쟁사 대비 우월한 이점을 얻을 것이다.

영업전략의 목표는 새 고객 유치, 기존 고객 유지, 구매 및 방문 빈도가 높은 고객을 얻는 것이다. 로열 고객층을 확립하는 것이 중요한데, 이런 핵심 고객들은 가장 많은 생애주기 매출을 만들어 줄 뿐만 아니라 가치 있는 구전을 제공하기 때문이다.

다이렉트 메일 캠페인, 고객기대를 능가하는 서비스, 유용한 정보를 제공하는 웹사이트 개발, 특별 이벤트 이메일 리마인더, 지역사업과 함께하는 커뮤니티 이벤트 참여, 신문기사 내는 것을 조건으로 자선행사에 제품 기증과 같은 활동을 통하여 구전효과를 만들 것이다. 잠재적 고객이나 첫 방문고객과 장기적인 관계를 형성하여 고객 스스로가 구전 에이전트가 되게 한다. 경쟁우위와 타겟 마케팅 캠페인, 네트워킹 활동의 조합은 ____________(회사명)의 지속적인 시장 점유율 증가를 가능하게 해준다.

1) 촉진전략 (Promotion Strategy)

촉진전략은 타겟시장 영역에 집중될 것이다. 지역 주민들간의 구전의 중요성을 고려했을 때, 장기적인 성공의 처방법으로 정기적으로 고객에게 효율적인 서비스를 제공하기 위해 노력해야 한다. 앞서 얘기한대로 지역주민에 대한 직접 판매, 기업 마케팅, 세미나, 광고에 집중할 것이다. 촉진전략은 기존 고객들과 전문가들, 지역사회 참여, 다이렉트 메일 캠페인으로부터 구전을 이끌어 내는데 집중한다.

촉진전략은 다음의 광범위한 프로그램들을 포함한다:

가격책정 : 매장에서 가격인하를 하지 않고 도매 고객들이 가격을 내리지 못하게 할 것이다. 대신 분기마다 보너스 주간 행사를 할 것이다. 보너스 주간 중에는 미리 정한 금액이상 구매한 소비자에게 무료 선물을 증정한다. 선물세트는 가장 최근에 나온 제품을 샘플크기로 특별히 디사인된 토트백에 담아 준다.

소비자 **메일발송** : 매달 고객들에게 메일을 발송할 것이다. 이 메일은 소비자에게 특정 제품의 효과에 대해 설명하도록 디자인할 것이다. 메일 대신 제품 샘플을 보낼 수도 있다.

세미나 : POS(Point Of Sales의 약자, 판매시점에서 판매와 관련된 정보를 관리하는 시스템을 뜻함 역자주). 판매와 고객의 사용행태를 추적하여 스킨케어와 건강에 관한 분기별 세미나에 우수고객을 초대할 것이다.

연계 프로그램 : 제품 샘플과 함께 고급 여성 필라테스와 피트니스 교안을 제공할 것이다.

PR : 주요 출간물에 PPL(Product Placement 영화, 드라마 등에 제품을 끼워 넣는 간접광고: 역자주)을 하거나 오피니언 리더가 홍보하도록 한다.

지면광고 : 보그, 코스모폴리탄, 여행과 레저, 바니티페어, 인스타일, 쉐이프, 뉴욕타임즈 일요일 판 등의 지역 이슈 면에 매달 제품광고를 할 예정이다.

촉진전략은 다음의 도구 또한 사용할 것이다:

광고	● 그 해의 성공을 축하하기 위해 매년 여는 기념파티. ● 책 및 온라인 전화번호부 광고.

	●특별세일과 박람회를 홍보하는 전단. ●테마 판촉 이벤트 광고를 위한 배너. ●회사 이름, 로고, 주소가 적힌 선물박스.
현지 마케팅 PR	●선물 증정권과 할인쿠폰 추첨. ●현지 시민단체 가입. ●현지 지역사회 센터에서 하는 가족과 주민들을 위한 이벤트 후원 언론보도. ●잡지사에 맞춤제조 및 유기농 재료의 효과에 대한 설명 기사. ●총 천연 화장품의 특별함을 전해주는 판매 브로셔. ●현지 시민단체를 상대로 화장품 산업의 역사적 기원에 대한 세미나 발표. ●연락처와 함께 할인쿠폰 배부.
현지 미디어	●다이렉트 메일 – 분기별 엽서와 연간 다이렉트 메일을 매장 주변 마일 이내의 주민들에게 보낼 것이다. 메일에는 회사의 지속적인 프로그램에 대한 설명이 들어있다. ●라디오 캠페인 – 라디오를 듣고 있는 청취자들에게 홍보가 될 수 있도록 샘플 사용 쿠폰에 대한 생방송 발표를 할 것이다. 또한 토크 라디오와 TV 프로그램을 위해 화장 전문가를 준비시킨다. ●신문 캠페인 – 초기 캠페인을 시작하기 위해 현지 지역신문에 여러 광고를 끼워 넣는다. 샘플사용 쿠폰도 같이 넣는다. ●웹사이트 – 월간 신문을 위해 이메일 주소를 모은다. ●지역 케이블 TV 광고 – 패션, 개인 이미지, 스킨케어 및 헬스케어 프로그램에 광고한다.

오프닝

오프닝 기념행사는 구전광고 효과를 낼 수 있는 매우 중요한 기회이다. 지역신문과 라디오에 오프닝 날짜를 광고할 것이다. 가벼운 전채와 칵테일을 무료로 제공하는 것은 지역 주민들이 우리 시설을 첫 방문할 이유를 만들어 주는 좋은 방법이다.

성공적인 오픈 하우스 행사를 위해 다음의 항목들을 진행 할 것이다:

1 더 많은 경품을 제공하기 위해 지역 사업의 지원을 요청한다.

2 참가 신청서를 이용해 이메일 리스트를 만든다.

3 향수제품 경진대회를 개최한다.

4 지역 유명인이 참여하도록 한다.

5 풍선과 음료, 음악으로 축제 분위기를 만든다.

6 지역 라디오에서 행사를 생중계하게 하고, 재미있는 선물을 나눠준다.

7 참가비를 받지 않는다.

8 콘테스트 상품으로 로고가 박힌 티셔츠를 준다.

9 잠재적 고객들이 시설을 둘러보고 질문할 시간을 준다.

10 홍보전단을 인쇄하고 지역에 전단을 배포 한다.

11 메이크업 시범, 스토리텔링, 참여자를 위한 간식을 준비한다.

12 지역 정치인이 공식 개업식에 참여하게 하고, 지역신문사들이 와서 사진을 찍고 특집기사를 내게 한다.

13 개업 당일에 사람들이 설비를 보고, 판매 브로셔를 챙기고, 우리 서비스에 대해 더 알 수 있게 시설투어를 준비할 것이다.

14 특정 지무 수행, 명함 및 판매 브로서 배부에 직원들을 힐딩하며 질문 및 문의에 응답하노록 교육시킨다.

15 마케팅 리스트를 만들기 위해 명함 뒤에 이름과 전화번호를 쓰고 경품으로 상품권을 주는 추첨식을 연다.

16 할인 쿠폰과 샘플을 나눠준다.

가치 제안

가치 제안은 소비자들이 왜 우리 총 천연 화장품을 써야 하는지를 요약한 것이다. 고객에게, 모든 고객이 받아 마땅한 개인적인 관심과 서비스를 제공함으로써 뛰어난 평판을 얻을 계획이다. 적절한 가격과 양질의 다양한 총 천연 화장품 컬렉션을 취급할 것이다. ____________(시)지역의 편리한 곳에 위치한 시설에서 모든 종류의 스킨케어 제품을 제공할 것이다. 우리의 가치 제안은 총 천연 화장품과 맞춤제조 서비스가 가치를 더해주고, 마케팅 지원, 선물추천, 스킨케어 가이드를 제공하는 편리한 원스톱 화장품 생산회사로서 고객의 니즈를 잘 해결해 줄 것이라는 확신을 갖게 해주는 것이다.

본 가치제안 선언문은 우리회사의 섬세한 제품라인으로부터 가장 큰 효과를 볼 고객을 타게팅하는 데에 사용할 것이다. 이 고객들은 총 천연 화장품을 구매, 사용하는 데에서 큰 가치를 찾는 소비자들이다. 우리의 가치제안이 고객에게 총 천연의 유기농, 무자극, 보습 화장품에 대한 가장 강력한 구매동기로 어필할 것이다.

에센셜 오일을 함유한 총 천연 미네랄베이스 화장품의 치료효과에 대한 증거는 넘쳐날 정도로 많다. 습진 및 건선으로 고통 받는 사람들뿐만 아니라, 피부가 민감하거나 알러지가 많은 사람들도 유기농의 총 천연 화장품라인으로 바꾸면 피부가 진정되는걸 느낄 수 있을 것이다.

최종 소비자에 대한 화장품 회사의 주장과 가치제안은 넘쳐나지만 모두 이해하기 어렵거나 비싼 경우가 대부분이다. 고객들은 피부에 무엇이 어떻게 작용하는지 모르고 피부에 맞는 화장품을 고르기도 어렵다. 스파는 돈과 시간이 많이 드는 사치스러운 일이다. 때문에 우리는 제품에 대한 간단한 이점과 함께 제품을 추천할 것이다. 우리 스파는 치료에 대한 새로운 접근을 제공할 것이다. 소비자에게 편안하고 활기를 되찾아주는 경험을 제공하기 위해 디자인된 메뉴를 만들 것이다. 고객이 스파에서 가장 마음에 들어 한 제품을 구할 수 있게 하며, 집에서 사용할 때 최고의 효과를 보는데 필요한 정보를 제공할 것이다. 다채널 유통전략은 언제 어디서든 고객이 제품이 필요할 때 제품을 구하기 쉽게 해줄 것이다. 제품지식에 대한 단순한 접근과 편리하게 구매할 수 있는 유통전략, 고품질 브랜드이지만 고품질 브랜드보다 25%이상 저렴한 가격 포지셔닝, 고급 브랜드 이미지의 조합으로, 타겟고객을 위한 매력적인 가치 제안을 생성할 수 있다고 믿는다.

회사의 타겟 소매상과 스파의 고객들은 각기 다른 가치를 체험하고자 매장을 찾는다. 최근 이들 소매상과 스파들은 자신들의 고객을 매장으로 끌어들이고 재방문할 제품들이 필요하며 제품에 대한 교육이나 마케팅을 지원해 줄 벤더도 필요하다. ____________(회사명)은 소매상 고객의 이러한 요구 각각에 대처할 것이다. ____________(회사명)을 소비자를 끌어들이는 브랜드로 만들 것이기 때문이다. 회사의 영업사원들이 매장을 방문하여 진열장과 POS 시스템을 지원하고 매장의 직원을 개발하고 훈련시킬 자원을 제공한다. 또한 그들 매장에 ____________(회사명)가 운영하는 키오스크를 배치할 기회를 제공할 것이다.

자격 있는 도매상 확보를 위해 마진의 50%를 보장해주고 반품 및 교환특권을 제공한다. 우리는 도매유통을 제한하여 소매상 고객들이 경쟁사들보다 시장우위를 차지할 수 있게한다. ____________(회사명)이 소매전략으로 잘 계획하였으므로 소매업체를 더 잘 이해하고 니즈를 충족시켜줄 수 있을 것이다.

가치 제안 개요:
신뢰   우리는 강력한 고객과 판매상의 지지를 받는, 신뢰받는 사업 파트너로 알려져 있다. 우리는 품질, 진실성, 성공적인 소매 마케팅 솔루션 제공으로 명성을 얻었다.
품질   우리는 ____________년의 경험과 ____________분야에서의 경쟁력 있는 광범위한 전문지식을 지니고 있다.

경험   ____________에 대한 깊은 전문지식과 다년간의 ____________경험이 있는 사람을 보
유한 것이 성공의 핵심이다.

끈끈한 벤더 파트너십   ____________와____________의 끈끈한 벤더 파트너십으로 대규모
기업의 자원을 융통성 있게 확보할 수 있게 해준다.

고객만족과 성공의지   고객들과의 협력과 양질의 솔루션 전달을 통해 유의미한 수준의 재구매
및 구전효과를 얻을 수 있었다. ____________년부터 ____________%의 수익은 기존 고
객들로부터 발생하였다. 우리의 철학은 "고객의 만족이 우리의 성공이다"이다. 우리의 성공
은 고객 설문조사 점수와 고객증언을 통해 확인할 것이다.

포지셔닝

회사를 위해 경쟁사와 우리 회사를 구별 짓는 것이 무엇인지 설명해주는 포지셔닝을 정할 것이다.
간단하고 인상적이며 짧고 분명하게 만들고 타겟고객에게 어필이 되는지 확인하기 위해 테스트할
것이다. 타겟고객의 욕구, 니즈, 목표에 직접 닿을 때까지 지속적으로 개선할 것이다. 고객과의 모든
서면 커뮤니케이션에 포지셔닝 문장을 사용하여 포지셔닝 메시지가 일관되고 크고 분명하게 전달
되게 해줄 것이다. 이외에도 포지셔닝을 전달하는 양질의 이미지 마케팅 자료를 만들 것이다.

무엇이 소비자 욕구에 유용한지, 총 천연 화장품과 맞춤제조 서비스가 어떻게 소비자 니즈를 맞출
수 있을지 알아내기 위해 면밀한 소비자 시장조사를 실시하고 이를 바탕으로 포지셔닝 전략을 도출
할 것이다. 맞벌이 가정의 증가로, 서비스 지향 직종들은 그들에게 편리함을 제공해야 하기 때문에
웹사이트에 24시간 원클릭 주문 시스템을 도입할 것이다. 또한 홈파티 영업을 위해 적절한 일정을
잡을 계획이다.

환경 친화적인 식물성분으로 만든 화장품이 담긴 맞춤 선물바구니 같이 틈새시장을 타게팅하여 특
정 프로그램과 전문 서비스를 개발할 계획이다. 이 특별한 목표는 시장에서 ____________(중위/
상위)의 위치에 자리잡게 해주며, 저가 및 염가의 차별화 없는 경쟁사와 비교할 때 회사는 건강한
이윤을 남기고 장기적 성장을 할 수 있게 해준다.

시장 포지셔닝 개요

가격 : 시장선두보다는 낮지만, 우리 제품과 서비스의 가치를 나타내줄 정도로 경쟁력있는 가격을
설정한다.

품질 : 서비스의 결과가 주목 받는 상황에서 소개될 것이기 때문에 제품의 품질이 아주 좋아야 한다.

서비스 : 고객서비스 관점에서 정규 및 맞춤서비스는 이런 종류의 사업에서 주요 성공요소이다. 고객
에 대한 개인적인 관심은 매출과 구전 광고효과를 증가시킨다.

고유판매제안 (USP : Unique Selling Point)

고유판매제안(USP)은 이 시장에서 다른 선택 가능한 옵션들이 아닌 우리 회사를 선택하여, 사업을 해야 하는 이유에 답을 준다. USP는 더 이상 가격이 매출의 중요요소가 되지 않는 우리 회사의 특별하고 중요한 특혜에 대한 설명이다.

USP는 다음 항목을 포함한다:

타겟고객이 누구인가: ____

그들을 위해 우리가 무엇을 할 것인가: ____

다른 회사에 없는 어떤 자질, 기술, 재능, 특성을 갖고 있는가: ____

다른 곳에서 줄 수 없는 어떤 특혜를 줄 수 있는가: ____

그 특혜가 다른 곳에서 제공하는 것과 무엇이 다른가: ____

그 솔루션이 우리 타겟고객에게 중요한가: ____

유통전략

고객들은 전화, 팩스, 인터넷으로, 혹은 회사에 들러서 ___________(회사명)과 연락할 수 있다. 우리와 가장 가까운 경쟁사는 ___________마일 떨어져 있다.

우리 고객들은 다음의 경로로 제품을 구매할 수 있다:

1 전화주문

　　고객들은 ___________에서 일주일 내내 우리에게 연락할 수 있다. 고객서비스 상담원이 월요일부터 일요일까지, 오전 ___________시부터 오후 ___________시까지 고객을 도울 것이다.

2 팩스주문

　　고객들은 ___________로 언제든지 주문을 보낼 수 있다.

　　주문에는 계좌번호, 청구 및 배송주소, 주문번호, 가능하면 이름, 전화번호, 제품번호/설명, 측정단위와 수량, 사용 가능한 판매촉진 코드를 기재한다.

3 온라인주문

　　고객들은 www.___________.com에서 온라인으로 주문할 수 있다. 계정이 활성화되면, 주문을 하고, 카탈로그를 보고, 재고상황 및 가격을 확인하고, 주문현황, 주문/거래 내역을 볼 수 있다.

4 직접주문

　　모든 고객들은 월요일부터 금요일까지, 오전 ___________시부터 오후 ___________시까지 우리 매장에서 직접 서비스를 받을 수 있다.

5 EDI(Electronic Data Interchange) 주문(전자 문서 교환)

도매고객들은 중개인 관리시스템에서 직접 주문을 할 수 있고, 주문을 받으면 고객들에게 예상 출하날짜, 가격, 배송조회번호, 주문현황, 주문이 출하될 유통센터를 전자 알림으로 알려준다. 내용은 중개인 관리시스템에서 바로 재검토할 수 있다.

6 홈파티 판매 컨설턴트

7 엄선된 소매 아울렛

우리는 다음의 유통채널을 실행할 계획이다: (필요항목 선택)

1 회사의 소매 아울렛

2 독립 소매 아울렛

3 체인 소매 아울렛

4 도매 아울렛

5 독립 유통업체

6 독립 커미션 판매원

7 내부 판매사원

8 회사 카탈로그나 전단을 사용한 다이렉트 메일

9 내부 텔레마케팅

10 외부 텔레마케팅 콜센터

11 회사 웹사이트를 통한 사이버마케팅

12 아마존, 이베이 등을 통한 온라인 판매

13 TV 및 Cable 직거래

14 TV 홈쇼핑 채널

15 모바일 쇼핑

16 가맹 사업부문

17 무역 박람회

18 고급 벼룩시장

19 위탁 판매점

20 홈파티 판매계획

21 농산물 직판장

22 키오스크

23 소매 부티크

우리는 다음의 소매 유통채널을 실행할 것이다: (필요항목 선택)

1 스파

2 미용실

3 네일샵

4 건강식품점

5 피부과 병원

6 약국

7 홈파티 판매

8 백화점

9 슈퍼마켓

10 1달러 상점 (염가매장)

11 편의점

12 창고할인클럽

홈파티 판매

홈파티 판매는 잠재고객들이 우리 총 천연 화장품라인을 경험해볼 수 있는 기회이다. 홈파티를 통하여 고객들은 친구들 사이에서 재미있고 편한 환경에서 직접 냄새를 맡고 제품을 경험해 볼 수도 있다. 파티 코디네이터들에게 다음의 방법으로 보상할 것이다:

1 코디네이터가 고른 총 천연 화장품 무료제공.

2 회사가 특별히 지정한 제품.

3 매출의 일부.

4 제품구매 크레딧.

백화점 판매

 백화점에 제품을 팔 기회를 늘리기 위해 다음의 단계들을 거칠 것이다:

1 재정적 안정성을 보여주기 위해 재정정보를 만든다.

2 대량주문을 이행하고 완료하기 위해 충분한 운영자금이 필요하다.

3 주문이 들어왔을 때 30일에서 60일동안 외상 매출금을 제공할 여유가 있어야 한다.

4 던 앤드 브래드스트리트(Duns & Bradstreet 전세계 기업의 재무정보를 수집하고 분석하는 미국 회사: 역자 주)의 리스트를 신청하고 DUNS(Data Universal Numbering System, 역자 주)번호를 받기 위해 등록한다.

5 Uniform Code Councils 웹사이트에서 Universal Product Code(UPC, 세계상품코드 – 12자리 바코드: 역자 주)를 신청하고, 제품과, 포장, 제품라벨에 직접 인쇄하기 위해 받은 UPC번호를 전문

UPC 인쇄회사에 보낸다.

6 포장, 스타일, 가격, 효과, 품질을 포함한 고유판매제안(USP)을 개발한다.

7 소비자제품 중개인들은 전문적으로 새 제품을 소개하고 큰 백화점에 홍보하기 때문에 그들에게 연락한다.

출처 | Nagmr Consumer Products Brokers |

　　　| David Biernbaum & Associates |

　　　| Carlyle Co. |

8 중개인을 통하지 않을 때는, 회사에서 구매자에게 연락을 하고, 구매자가 요청하는 정보를 보내고 회사 마케팅과 홍보 계획을 설명할 준비를 한다.

9 제품이 매장에 도착했을 때부터 기록을 하고 디스플레이와 마케팅 자료를 제공한다.

영업사원 계획

다음이 조건들로 영업사원 계획을 정의할 것이다

1 내부사원 혹은 독립사원

2 월급 또는 커미션

3 봉급률 혹은 수수료율

4 봉급 + 수수료율

5 특별 실적 성과급

6 협상 조건(가격파괴/부가서비스)

7 실적 평가 기준(새 고객 수/판매량)

8 사원 수

9 판매지역 결정 요인(지리/인구통계)

10 담당영업지역

11 교육 프로그램 개요

12 교육 프로그램 비용

13 영업용 키트

14 1차 타겟시장

15 2차 타겟시장

사원 이름	보상 계획	담당 지역

우리는 다음의 기술을 이용하여 영업사원들을 배치할 것이다:

1 전문 화장품, 패션, 도매, 중소기업 틈새시장을 다루는 업계지에 안내광고를 넣는다.

2 다른 도매상의 추천을 받는다.

3 화장품 가게의 매니저에게 제품을 보여준 영업사원의 이름을 물어본다.

4 영업사원이 제품라인을 보여줄 수 있는 전시회와 선물시장에 참가한다.

5 영업사원 디렉토리를 활용한다.

영업사원 제품소개 책자 구성

1 제품 사진

2 가격정보 및 할인정책

3 실적 성과급

4 제품 성분자료

5 판매 브로셔

6 제품진열 사진

7 뉴스레터

8 수상내역

9 뷰티 에디터 홍보

10 POS 쉘프토커(shelf–talker: 특정제품에 대한 고객의 시선을 끌기 위해 슈퍼마켓 선반에 붙이는 카드: 역자 주)

11 크로스 머천다이징 프로그램

12 추천 제품 페어링(pairings)

13 제품 인기도와 트렌드를 보여주는 통계자료

14 교육 세미나 일정과 의제

2) 경쟁우위 (Competitive Advantage)

경쟁우위는 경쟁사와 사업을 차별화하는 것이다. 우리 회사와 다른 모든 이들을 나누는 기준이다. "왜 고객들이 경쟁사가 아닌 우리한테서 구매하나?", "우리가 고객들에게 어떤 특별한 것을 제공하나?"라는 질문에 대답해준다. 마케팅 자료에 주요 경쟁우위가 확실히 포함되도록 하며 아래 경쟁우위를 이용해 경쟁사와 우리를 구별할 것이다. ___________(회사명)이 시장에 가져올 독특한 경쟁우위는 다음과 같다: (참고: 지원 가능한 항목만 선택한다)

1 우리는 작은 지역에 위치한 지역기반 기업이지만, 어떤 질문에도 대답할 준비가 된 대표이사가 있다.

2 ___________년부터 이 사업을 해왔다.

3 특별한 고객서비스를 제공한다.

4 광범위한 유명 브랜드 스킨케어 제품 컬렉션을 제조 판매한다.

5 우리 회사를 친구에게 추천해주는 고객에게는 데기를 지공히는 프로그램을 운영한디.

6 다양한 지불방법을 제공한다.

7 상품권을 제공한다.

8 상품권 등록 프로그램을 가지고 있다.

9 "검색 불만"을 없애기 위해 웹사이트를 잘 정리하여 알기 쉽게 만든다.

10 매장 내 판매 인력들은 고객자료와 거래내역, 위시리스트 정보를 확인하고 고객들에게 맞춤정보를 제공하는데 도움을 준다.

11 회사의 경영활동은 회사를 위해 시간과 노력을 바치는 전문 경영인과 대표이사의 팀워크로 이루어진다. 이러한 전문화는 비용효율적인 관리를 통해 사업의 모든 면에서의 효율을 증가시킬 것이다.

12 지역사회에 관여와 적극적인 참석으로 고객으로부터 직접적인 피드백을 받을 수 있는 기회를 줄 것이다.

13 웹사이트를 통해 고객들이 온라인으로 남아 있는 제품의 총 재고를 볼 수 있게 한다.

14 양질의 유기농 화장품에 집중하는 것은 경쟁사로부터 고객을 빼올 뿐만 아니라 기존에 없던 지역 시장을 생성할 것이다.

15 우리는 운영방안을 갱신하고, 고객들에게 우리가 지역 전문기업들 중에서 가장 진보적이라는 이미지를 강화하기 위해 지속적으로 최신 기술조사를 한다.

16 기록 저장과 검색에 더하여, 기초 및 중급 보고기능, 비용편익분석, 재고관리, 감사기능을 가진 소프트웨어 패키지를 이용할 것이다.

17 고객에게 가능한 가장 좋은 맞춤서비스를 제공하기 위한 기술 및 전문 직원채용 능력을 가지고 있다.

18 서비스 지향 사업에서 중요한 다민족의 여러 언어 구사가 가능한 직원들이 있다.

19 하나의 액세스 포인트를 통해 다수의 총 천연 화장품을 제공할 수 있게 해주는 협정을 맺었다.

20 직원들이 우리 판매 프로그램 관리에 능숙해지도록 전문 교육 프로그램을 개발했다.

21 잘 훈련된 직원들을 통해 제공하는 뛰어난 고객서비스는 우리를 돋보이게 한다.

22 필요한 상품을 쉽게 배송진열하는 재고관리 시스템이 있다.

23 수시로 변하는 고객의 기대를 이해하기 위해 정기적으로 포커스그룹을 상대로 조사한다.

24 직원을 고용하고 교육하여 고객의 니즈에 즉각반응하고 공감할 수 있게 한다.

25 우리는 창의적이고 특이한 포장 디자인을 만들 능력이 있다.

26 적정가격, 제품 선택의 폭과 깊이, 고객서비스, 전략적 매장 집중, 공격적인 마케팅의 독특한 조합은 다른 화장품회사를 뛰어넘는 경쟁우위를 생성한다.

27 독립적인 영업사원이 우리의 가장 큰 경쟁우위가 될 것이다.

브랜드 전략

화장품 및 미용 제품 생산산업에서 광고는 매우 중요하며, 마케팅 전문가들에 의해 광고의 성공여부가 결정된다(IBISWorld Industry Reports, 2015). 브랜드 인지도가 높아지면 화장품 매출이 급속하게 증가함과 동시에 경쟁사의 경쟁의식 또한 높아진다. 성공적인 광고 캠페인은 회사의 성공에 꼭 필요하며, 경쟁 회사들이 고용한 마케팅 전문가들과 지적인 전문가들이 만든 광고들과 경쟁해야 한다.

브랜드 전략은 상품이 제공하는 효익과 브랜드의 의미를 고객이 즉시 알아차릴 수 있도록 하는 것이다. 브랜드 전략의 목적은 고객이 인식하는 구매위험을 줄이고, 총 천연 화장품에 프리미엄 가치를 추가하여 이윤을 향상시키는 것이다.

출처 www.personadesign.ie

다른 회사와 차별화된 화장품 생산회사라는 브랜드네임 이미지를 유지하기 위해 우리는 매년 $____________을 투자할 것이다. 브랜드네임을 생성하고 유지하는데 사용되는 비용은 제품에 대한 어떤 구체적인 정보도 주지 않지만, 이 시장에 장기간 동안 있었고, 보호해야 할 명성이 있으며, 고객들과 지속적으로 상호작용할 것이라는 메시지를 간접적으로 전달하는데 쓰일 것이다. 브랜드네임을 유지하는 비용은 소비자들에게 우리가 일관된 품질의 제품과 서비스를 제공할거라는 표시이다.

시장에서 브랜드 플랫폼을 효과적으로 구축하고 관리하는 것이 마케팅의 성공 요인이며 다음의 요소로 구성된다:

- 브랜드 비전 : 브랜드의 미래비전은 노화의 합병증을 관리하는 화장품이 되는 것이다.
- 브랜드 속성 : 파트너, 문제 해결자, 즉시 대응하는 화학자, 친절하고, 믿을만하며, 유연하고 함께 일하고 싶은 브랜드.
- 브랜드 에센스 : 고객과 공유하는 브랜드 가치이자, 소비자가 우리제품을 사용하면서 얻는 모든 경험이 "문제 해결"이 될 수도 있고, "즉각대응성"이 될 수도 있다. 이는 우리가 고용하는 사람들의 종류나 우리가 기대하는 행동의 종류를 견인하는 우리조직의 핵심이 될 것이다.
- 브랜드 이미지 : 외부세계의 우리회사에 대한 전반적인 지각은 제대로 된 장소에서 제대로 된 화장을 할 수 있도록 도와주는 화장품 전문가이다.
- 브랜드 약속 : 이는 우리가 무엇을 하고, 왜 하며, 왜 기업고객들이 우리와 함께 일하는지를 나타내는 축약된 문장으로서, 표현하자면 "우리회사의 박식한 직원의 도움으로 우리제품의 견고한 가치를 깨닫게 하는 것"이다.

우리는 다음의 방법들을 사용하여 브랜드 전략을 시행할 것이다:

1 일관된 품질 기준과 미션 선언문의 목표를 달성하기 위해 공정, 시스템, 품질보증 절차를 발전시킨다.

2 가치 제안에 근거하여 지속적으로 사업하기 위해 사업 절차를 개발한다.

3 직원들의 전문성과 대응성을 보장하기 위해 교육 프로그램을 개발한다.

4 일관되고 강력한 메시지 내용의 마케팅 커뮤니케이션을 실시한다.

5 우리의 약속을 지지해주는 증언들을 마케팅 자료에 포함시킨다.

6 일관된 외형의 마케팅 커뮤니케이션도구들을 디자인한다(로고 디자인, 회사 색, 슬로건, 라벨, 포장, 문구류 등).

7 지속적인 고객로열티를 얻기 위해 브랜드 약속을 능가하는 제품과 서비스를 제공한다.

8 설문조사, 포커스그룹, 인터뷰를 이용하여 고객들에게 우리 브랜드가 어떤 의미인지 지속적으로 모니터한다.

9 지속적으로 우리 브랜드 가치나 업적기준을 고객 요구에 맞춘다.

10 회사의 강점과 관련된 주요 브랜드 가치 유지에 초점을 둔다.

11 지속적으로 시장의 산업 트렌드에 대해 조사하여 항상 고객의 니즈와 욕구를 파악한다.

12 로고가 새겨진 제품 라벨과 명함을 모든 제품과 마케팅 커뮤니케이션, 청구서에 붙인다.

13 우리 브랜드의 본질을 담고 있는 기억에 남고 의미 있는 태그라인(핵심, 결정적인 구절로 마케팅 메시지에서 가장 핵심적인 단어를 의미함: 역자 주)을 개발한다.

14 한 페이지 분량의 회사개요를 준비하고, 발표자료의 주요 내용으로 한다.

15 고객의 관심을 가장 중시하도록 직원을 고용하고 교육한다.

16 정기적으로 새로운 내용이 업데이트되는 전문 웹사이트를 개발한다.

17 블로그를 사용하여 틈새제품 관련 전문지식 내용을 알리고 고객과의 양방향 대화를 한다.

18 도장, 메탈 태그, 회사로고가 양각된 품질표시표, 귀걸이카드(제품 디스플레이 목적의 소형 카드: 역자 주)를 이용해 우리 제품임을 표시할 것이다.

19 독특한 포장 디자인을 만들 것이다.

20 모든 제품에 개발자의 약력을 붙여 유명 화장품 화학자로 만들 것이다.

21 영원한 낙천주의자와 같이 감정적으로 행복감을 주는 제품명을 선택할 것이다.

라벨 디자인 팁

1 매장 진열대와 온라인에서 돋보이도록 제품라벨 인쇄에 선명한 색을 택한다.

2 읽기 쉬운 문장을 사용하고 포장테마를 보완하는 폰트를 고른다.

3 포장과 내용물을 보완해주는 라벨 색상을 선택한다.

4 제품에 대한 고객의 관심을 끌기 위해 눈에 띄는 로고나 그래픽을 사용한다.

5 계절마케팅 기회를 이용하기 위해 한시적으로 특정 계절을 위한 한정 판매제품을 만든다.

6 미국 농무부의 유기농 성분을 보증하는 '그린' 미용라벨을 사용한다.

7 회사 인지도를 빠르게 늘리기 위해 전 제품라인에서 라벨의 주요요소를 유지한다.

8 정부의 라벨규정을 준수한다.

출처 http://www.sks-bottle.com/LabelDesign_Info.html

한국판 참조자료

| 화장품 관련 매뉴얼/지침 | http://www.mfds.go.kr/index.do?mid=695&cd=&searchkey=title%3 Acontents&searchword=%C8%AD%C0%E5%C7%B0&x=0&y=0

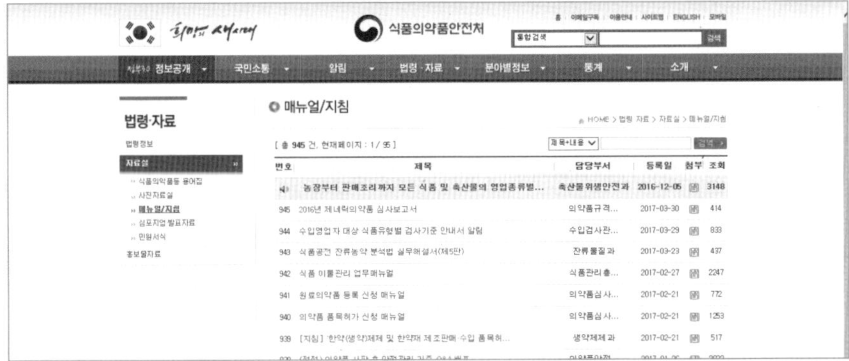

| 화장품 포장의 기재, 표시 | http://www.law.go.kr/lsSc.do?menuId=0&p1=&subMenu=4&tabNo=7&query=%ED%99%94%EC%9E%A5%ED%92%88%EB%B2%95+%EC%8B%9C%ED%96%89%EA%B7%9C%EC%B9%99&x=18&y=11&mainYn=Y&nwLsIncRvs=Y&efYd=20170530&lsiSeq=191015&nwYn=N#undefined

미용라벨에 쓰이는 "유기농"이라는 용어는 4가지 의미가 있다.

1 총 유기농 : 제품은 유기적으로 생산된 식품성분만을 함유해야 하고 라벨에 USDA Organic seal
을 붙일 수 있다.

2 유기농 : 제품은 유기적으로 생산된 식품성분을 최소 95% 함유해야 하고 라벨에 USDA Organic
seal을 붙일 것이다.

3 유기농 재료로 생산 : 제품은 유기적으로 생산된 식품성분을 최소 70% 함유해야 한다. 제품에는
최대 3개의 유기농 재료나 하나의 유기농 식품군을 나열하지만 라벨에 USDA Organic seal을 붙
일 수 없다. 재료 목록의 각각의 재료는"유기농"으로 표기할 수 있다.

4 유기농 재료 : 유기적으로 생산된 식품재료의 함유량이 70%이하인 제품은 재료. 목록에만 유기
농재료를 포함할 수 있으나, USDA Organic seal은 붙일 수 없다.

브랜드 플랫폼 형성을 위해 사용할 커뮤니케이션 전략은 다음의 항목들을 포함한다:

● 웹사이트 – 제품라인 정보, 연구, 고객증언, 비용편익 분석, FAQ, 정책정보 등을 포함하며, 이 웹
사이트는 영업 팀과 고객 모두를 위한 도구로 사용될 것이다.

● 프레젠테이션, 브로셔, 메일은 소비자들에게 맞춰 제작하며 종합적인 미용 및 스킨케어 플랜의
한 부분으로 제품라인의 이점을 설명해준다. 프레젠테이션 및 브로셔는 가정의 의사 결정권자에
게 우리 회사의 미용 프로그램을 사용할 경우 긍정적인 결과와 비용 절감, 부정적 결과가 나타날
위험 감소 등의 장점을 설명해준다.

● 프레젠테이션 및 채용 브로셔는 장래의 영업사원에 맞추어 우리 기업에 들어오면 얻게 될 이점
을 강조하였다.

● 모든 직원들에게 일관되게 브랜드 메시지를 전달해주는 교육자료를 제작한다.

포지셔닝 선언문

타겟시장에 우리 브랜드가 어떤 의미인지 요약하기 위해 다음의 포지셔닝 선언문을 사용할 것이다:
____(타겟시장)에게,
_____________(회사명)은 고객들이 _____________(1차 성능상 이점)을 할 수 있게 해주
는 _____________(제품/서비스 준거 틀)의 브랜드인데, 이는 _____________(회사명)의
_____________(제품/서비스)가 최고의 _____________(주요성분)_____________(로 만들어졌기/을
제공하기/을 제안하기) 때문이다.

3) 사업 스왓(SWOT) 분석 (Business SWOT Analysis)

정의 : 스왓 분석은 강점과 약점을 파악하고, 기회와 위협을 찾을 수 있는 강력한 기법이다.

전략:스왓 분석을 통하여 회사에서 이용할 수 있는 기회를 찾고, 시장에서 지속 가능한 영역을 개척할 것이다. 그리고 우리 사업의 약점을 파악하여 위협을 관리하고 제거할 수 있다. 스왓 체계를 사용함으로써 경쟁사들로부터 제품을 구별 짓는 전략을 세워, 시장에서 성공적으로 경쟁할 수 있다.

강점   (필요항목 선택)

어떤 제품과 서비스를 제공하는데 우리가 최고인가?

어떤 독특한 리소스를 이용할 수 있나?

1 우리는 ____________(중상층/상류층) 거주지역의 한가운데 위치한다.

2 충분한 주차시설이 있는 ____________(사업종류)와 가깝다.

3 ____________년 동안 ____________로 인정 받아왔다.

4 가장 가까운 경쟁사는 ____________마일 밖에 있고 유기농 총 천연 화장품 제품이 그리 많지 않나.

5 생산공장의 많은 곳을 업그레이드하면서 대대적으로 개조했다.

6 전시장은 특별한 행사 및 계절조건에 따라 진열상품에 변화를 줄 수 있다.

7 회사의 임원은 노련하고, 사업지식에 해박하며, 화장품 거래에 경험이 많다.

8 ____________을 포함한 많은 기업들과 강력한 네트워킹 관계를 유지한다.

9 고객의 니즈와 욕구에 즉시 대응하는 훌륭한 직원이 많다.

10 아주 다양하고 독특한 브랜드를 제공한다.

11 고객 로열티가 높다.

12 우수한 맞춤 고객서비스를 제공할 수 있다.

13 펀딩 기관과 관계가 좋다.

14 다른 기업들과 좋은 관계를 유지하고 있다.

15 단골고객으로 생긴 변함 없는 평판을 통해 고객로열티가 증가 추세이다.

16 ____________(e.g. 스파)의 집중하는 타겟시장이 있다.

17 독특한 포장과 제품라벨을 만들 수 있다.

18 ____

약점

어떤 분야를 개선할 수 있나?

다른 회사보다 리소스가 부족한 곳이 어디인가?

1 오프시즌 제품을 진열하기 위한 소매점 공간이 제한적이다.

2 지역에 진입하는 신규업체들이 있다.

3 마케팅 경험이 부족하다.

4 브랜드 자산확립이 필요하다.

5 부족한 브랜드 인지도를 개선하기 위한 마케팅 예산이 부족하다.

6 의지할만한 인간중심의 직원이 더 필요하다.

7 재고를 추적하고 관리 보고서를 만들 시스템이 부족하다.

8 지역 인구의 니즈와 욕구를 모른다.

9 대표이사가 소매상에서 경험 학습곡선을 고려하고 관리해야 한다.

10 사업의 계절적 성격 때문에 어려움이 있을 수 있다.

11 중개인 네트워크가 나누어져 있어, 좋은 유통 네트워크를 수립하는데 어려움이 있다.

12 브랜드 차별화가 더욱 어려워졌다.

13 합병 때문에 소매 아울렛의 수가 줄었다.

14 경영 전문지식에 차이가 많다.

15 경쟁사 전략 및 반응 모니터링이 부족하다.

16 ____

기회

새로운 혹은 개선된 서비스를 할 수 있는 어떤 기회가 있나?

어떤 트렌드를 이용할 수 있나?

1 재고의 계절적 변화가 있다.

2 기존 경쟁사로부터 시장 점유율을 가져올 수 있다.

3 시간이 부족한 맞벌이 부부를 위해 이동주택 서비스가 더 필요하다.

4 _____________(회사명)의 존재를 아직 알지 못하는 타겟시장이 높은 비율로 성장하고 있다.

5 장기적 고객관계를 형성하는 능력이 있다.

6 제품/서비스 패키지 범위 확장 가능하다.

7 서비스 홍보를 위해 직접광고를 최대한 활용한다.

8 같은 타겟시장 영역에 있는 지역 사업과 서로 추천 관계를 맺는다.

9 비영리단체와 네트워킹한다.

10 노령화 인구는 더 다양한 _____________을 필요로 하고 기대할 것이다.

11 '그린' 물질의 중요성에 대한 대중의 인식이 높아졌다.

12 범위를 확장하기 위한 전략적 제휴업체가 제공하는 추천 멘트와 공동시판 기회를 이용할 수 있다.

13 _____________지역에서 주거 및 상업분야가 괄목할만하게 성장하고 있다.

14 경쟁사가 재정적으로 과도하게 확장하여 파산 직전인 상황이다.

15 소매 노출을 위해 인터넷 디렉토리를 활용한다.

16 새로운 국내 영업시장에 진입하기 위해 웹사이트를 개발한다.

위협

어떤 트렌드나 경쟁사의 행동이 우리에게 피해가 되나?

약점이 우리를 어떤 위협에 노출시키나?

1 다른 화장품회사가 이 지역에 들어올 수 있다.

2 향후 경제전망이 불투명하다.

3 유능한 직원들과 주요인물이 이직하거나 새 벤처사업을 하지 못하게 관리해야 한다.

4 유사 서비스 제공업체가 만든 모조품과 경쟁해야 한다.

5 중요한 경쟁요소인 가격 차별화가 필요하다.

6 지역의 기존 재판매점과 경쟁해야 한다.

7 다른 모든 경쟁사들의 강점과 약점을 더 잘 파악해야 한다..

8 충분한 내상변적을 얻을 능력이 부족하나.

9 광고와 마케팅 지원으로는 경쟁이 되지 않는, 여러 틈새 브랜드를 인수한 대기업들과 경쟁해야
한다.

10 ____

개요:

우리는 다음의 강점을 이용하여 인지된 기회를 활용할 것이다:

1 ____

2 ____

우리는 다음의 활동으로 약점을 강점으로 바꾸고 확인된 위협으로부터 방어할 준비를 할 것이다:

1 ____

2 ____

4) 마케팅 전략 (Marketing Strategy)

______________(회사명)는 타겟시장에서의 사업을 위해 최대한 시야를 보장해줄 광범위한 마케팅
캠페인을 유지할 생각이다. 아래는 마케팅 전략의 개요와 목표이다.

마케팅 목표

1 웹사이트를 개발하고 온라인 디렉토리와 함께 회사명과 연락처를 넣어 온라인에서 영향력을 높인다.

2 전단, 지역신문광고, 무역 박람회, 구전을 통해 회사의 타겟시장에서 지역 캠페인을 시행한다.

마케팅 전략 개요

_____________(회사명)은 마케팅 계획의 기반으로써 브랜드구축 전략을 활용할 것이다. 타겟 소비자에게 영향을 주고 브랜드를 입증할 만한 잡지에 광고할 것이다. 우리가 활용할 출판물들은: W, 보그, 맨즈헬스, 코스모폴리탄, 여행과 레저, 배너티 페어, 인스타일, 쉐이프, 타운 앤 컨트리(Town and Country)이다. 이 출판물들은 소매구매자들과 트렌드 분석가들이 신규 브랜드나 트렌드를 찾기 위해 철저히 조사하는 잡지이다. 위에 언급한 출판물의 지역발행에 넣는 유료광고뿐만 아니라, 작품 속 광고와 연예인/트레이너가 직접 홍보하는 프로그램을 개발할 것이다. 이러한 미디어 및 PR 전략은 소비자 바로 앞에 브랜드를 가져다 놓아, 이미지 발전을 위한 토대를 마련해줄 것이다. 우리는 무역 박람회에서 스파와 소매상 각각에게 제품을 판매할 다른 계획도 세웠다. 또한 매장에서 우리 제품의 혜택과 이점을 설명해주는 특별한 그래픽을 개발할 것이다.

_____________(회사명)은 인터넷 기반 전략을 이용할 것이다. 많은 사람들이 제일 먼저 인터넷을 통하여 제품과 서비스를 검색하기 때문에 이 전략은 매우 중요하다. 온라인 포탈에 등록하여 잠재적 고객들이 우리사업에 쉽게 접근할 수 있게 하고 또한 회사정책, 제품 및 서비스 카탈로그를 소개하는 회사 웹사이트를 개발할 것이다. 회사는 맞춤제조 서비스를 홍보하기 위해 지역 시장에서의 대형 인쇄물과 전통적인 광고 캠페인도 진행할 것이다.

http://www.thebodyshop.co.kr/brand/culture/mania/mania_info.asp

마케팅 전략은 다음의 항목들에 초점을 맞출 것이다:

1 광범위한 화장품 셀렉션과 가치중심적 가격, 우수한 고객서비스로 평판을 얻는다.

2 일관된 재고를 유지하기 위해 공급업체와 강력한 관계를 형성한다.

3 최고수준의 생산성과 고객서비스를 유지하기 위해 직원들이 집중하고 만족하며 의욕을 가지게 한다.

4 타겟 지역사회에 꾸준한 광고를 통해 브랜드를 지속적으로 노출시킨다.

5 커미션 영업사원을 통해 잠재적 도매 고객과, 기업고객, 지역사회 조직을 관리한다.

6 위시리스트 매칭, 재미있고 교육적인 지식 나눔, 뉴스레터 발간, 웹사이트를 통한 고객 셀프 서비스, 무료 지역 픽업, 배달, 선물 알림 서비스와 같은 부가사업을 장려하는 활동들을 한다.

7 직접 통신판매, 외부 영업사원 및 상호작용 웹사이트를 통해 시장을 확장한다.

마케팅 전략과 같은 선상에서 할인과 개업기념 프로모션 전략을 이용하여 타겟시장에 다가갈 것이다. 사업 첫해에는 고객 로열티를 얻길 바라면서 매우 공격적인 마케팅 자세를 취할 것이다. 그 후 몇 년은 진지하게 광고에 덜 집중할 것이지만, 지속적인 계절기반의 광고 프로모션을 위해 별도의 예산을 책정할 계획이 있다.

이미 확인된 개인 연락처를 가지고 사업을 시작한 다음, 캠페인을 통해 다른 그룹에서 인지도를 넓혀가 그 그룹의 연락처 데이터베이스를 만들고 보존할 것이다. 창업과정 동안 기존의 관계를 유지하고 활용할 것이며, 그 다음 마케팅도구를 이용하여 다른 잠재적인 소비자들과 접촉할 것이다. 이 마케팅 전략은 타겟시장에게 어필하고 인지도와 관심을 끌 것이다. 이 전략의 최종목표는 재구매를 장려하고 고객들이 친구와 전문가에게 우리제품을 소개하게 하는 것이다. 구전효과를 만들기 위해 인센티브와 우수한 서비스를 제공할 것이며, 고객이 필요하고 원하는 것이 무엇인지 관심을 가지는 것으로 고객과의 관계를 형성할 것이다.

마케팅 전략은 다른 두 종류의 매체, 전단지와 웹사이트를 중심으로 돌아간다. 이 두 도구를 통하여 고객들이 넓은 범위의 우수한 머천다이즈와 선물증정 서비스를 알게 될 것이다. 마케팅 전략에서 초점으로 둘 것 중에 하나는 휴가철 선물 머천다이즈에 대한 정보를 제공하기 위해 고객들을 웹사이트로 끌어들이는 것이다.

지역 매체와 이벤트 마케팅의 조합을 활용할 것이다. ___________(회사명)은 특히 지역 매체를 활용하여 실행전략과 함께 아이덴티티 지향의 마케팅 전략을 만들 것이다. 황금 시간대 라디오, 인쇄 광고, 언론 보도, 전화번호부 광고, 전단지, 뉴스레터 배부를 활용하며 직접반응 광고를 효율적으로 이용하고 모든 인쇄 광고에 쿠폰을 넣을 것이다.

코멘트 카드, 뉴스레터 가입 양식, 설문조사를 이용하여 고객 이메일 주소를 수집하고 고객관계관리 (CRM : Customer Relationship Management)소프트웨어 시스템에 수집한 정보를 입력할 것이다. 이 시스템은 아티클 재인쇄, 세미나 초대장, 이메일 메시지, 설문조사, e-뉴스레터 같은 사후 마케팅자료를 예정된 시간에 자동으로 보낸다. 회사의 뉴스레터에 공급업체와 다른 지역 상인들로부터 광고를 수주하여 뉴스레터 발행 비용을 충당한다.

현행상황

트렌드를 분석하고 사업성장의 근원을 알기 위해 매주 현재 마케팅 상황을 연구할 것이다. 현지 고객서비스를 보장하기 위해 항상 준비하고 있을 것이다. 주어진 기회와 스킨케어 트렌드를 활용하여 고품질의 제품과 고객의 피드백에 즉각 반응하는 서비스를 제공함으로써 회사의 경쟁력을 유지할 수 있으며, 이는 매달 광범위하고 상세한 재무제표를 만들어보면 확인할 수 있다.

마케팅 예산

마케팅 예산은 분기당 대략 $____________이 될 것이다. 마케팅 예산은 그 해에 가장 맞는 방식으로 할당할 것이다.

분기별 마케팅 예산:

신문 광고	$	라디오 광고	$
웹 페이지	$	고객 콘테스트	$
다이렉트 메일	$	판매 브로셔	$
무역 박람회	$	세미나	$
구글 애드워즈	$	증정품	$
차량 사인	$	명함	$
전단	$	라벨/스티커	$
비디오/DVD	$	샘플	$
뉴스레터	$	이메일 캠페인	$
영업사원 커미션	$	레스토랑 전시판매	$
언론 보도	$	게시판	$
영화관 광고	$	모금행사	$
해설식 광고	$	연설	$
엽서	$	고객 증언 책자	$
소셜 네트워킹	$	자선 기부	

기타	$		
합계:			

마케팅 예산은 예상 연 매출의 ___________(e.g.5)%에서 ___________(e.g.7)%사이로 책정하고 유지하도록 한다.

마케팅 믹스

구전과 고객추천 프로그램을 통해 새로운 고객을 유치한다. 엄선된 제휴 파트너, 다이렉트 메일, 이메일 캠페인, 세미나, 웹사이트로 하는 타겟광고와, 홍보, 공동마케팅을 통한 브랜드 인지도 생성을 포함하는 종합적인 시장접근을 하도록 마케팅 믹스를 계획한다.

비디오 마케팅

회사의 여러 화장품에 대해 얘기하는 유튜브 비디오 클립 시리즈를 웹사이트와 링크할 것이다. 흥미로운 정보 제공형 마케팅 비디오를 만들어 검색엔진 순위를 크게 향상시킬 것이다. 비디오는 아래 항목들을 포함한다:

- 고객 증언 : 사람들은 회사가 자기제품에 대해 말하는 것보다 다른 사람들이 말하는 것을 더 잘 믿기 때문에 우수고객들이 잠시 판매사원의 역할을 하도록 한다.
- 제품 설명 : 잠재적 고객들에게 가장 인기 있는 제품과 맞춤 디자인 서비스에 대해 말하고 보여줌으로써 고객을 교육하고 구매욕구을 자극할 것이다. 충분한 시간을 들여 제품과 서비스에 대해 설명하지 않으면 잠재적 고객들이 제품과 서비스의 종류와 깊이에 대해 완전히 모르는 경우가 많기 때문이다.

회사 웹사이트 주소 등록

- 다양한 메이크업 스타일을 연출하는 방법에 대한 교육용 비디오 업로드.
- 대표이사 인터뷰 : 회사 미션 선언문, 고유 판매제안이나 경쟁우위에 대한 논의.
- FAQ 세션 기록 : 자주 받는 질문에 답하고 답변에 이의를 제기하는 경우를 예상하여 지역 최고의 화장품 생산회사임을 잠재고객에게 확인시킨다.
- 구매와 연결 : 총 천연 화장품에 대해 알고 구매할 수 있도록 도와줄 경험과 노하우가 있다.
- 세미나 초대 : 스킨 케어 레시피에 피부 회복 효과가 있는 에센셜 오일을 첨가하는 방법 등 다양한 세미나에 고객을 초대한다
- 산업 트렌드와 제품 뉴스에 대한 평 : 화장품 산업과 시장에 어떤 일이 있는지 말할 수 있다면, 우리는 더 정교하고 박식해 보일 것이다.

유튜브 블로거

제품 리뷰를 하는 유튜브 블로거를 고용하여 사용 후기를 올리게 한다. 블로거의 긍정적인 리뷰는 고객이 인식하는 첫 구매 위험을 줄여줄 것이다.

우수 가사관리(Good Housekeeping Institute; 주부대상 인기 잡지; 역자 주) 블로그를 통해 제품 리뷰를 함으로써 블로그 고객들이 우리 웹사이트를 방문하게 한다.

명함

회사명함에는 회사 로고와, 모든 연락처, 이름 및 칭호, 협회 로고, 슬로건이나 라벨사진, 총 천연 화장품을 사용해야 하는 가장 큰 이유, 각종 인증서들을 표시한다. 특별히 디자인된 폰트를 사용해 회사 만트라와 사업의 성격을 나타낼 것이다.

두 겹으로 된 명함의 중심에는 회사에서 제공하는 제품 카테고리 리스트가 있다. 거래나 서비스 완료 후에 친구, 가족, 각 고객들에게 명함을 나누어 줄 것이다.

또한 다음의 방법들로 명함을 배포할 것이다:
1 청구서, 전단, 세미나 유인물, 도어 행거에 붙인다.
2 제품 패키지에 포함시킨다.
3 지역 상공회의소와 무료 카운터를 제공하는 사업체에 명함을 담은 박스를 둔다.

접히는 카드를 사용해 모든 제품의 목록과 모든 연락처를 카드 안에 넣을 수 있게 할 것이다. 또한 새 고객들이 냉장고 문에 붙일 수 있게 자석 달린 명함을 줄 것이다.

명함 뒷면에 다음의 고객추천 할인 메시지를 넣을 것이다:

우리회사는 고객추천 하시는 분을 우대합니다. 만일 우수한 서비스에 이득을 볼만한 동료가 있다면 명함 아래 고객님의 이름을 써 그들에게 주십시오. 동료가 첫 방문에 그 명함을 보여주면 그 분은 10% 할인을 받습니다. 그리고 고객추천에 대한 감사로 다음 청구서에서 고객님 또한 10% 할인을 받으실 것입니다.

출처 www.vistaprint.com, www.printmadeeasy.com

다이렉트 메일 패키지.

브랜드 인지도를 쌓고 우리 화장품회사의 개업을 알리기 위해 3번 접히는 브로셔로 구성된 메일 패키지를 만들 것이다. 이 브로셔에는 신규 고객들을 위한 쿠폰이 들어있다. 지역 패션 및 생활 잡지 구독자들에게 메일을 보낼 계획이다. 확인된 지역 고객들에게 설문조사 작성과 제품라인에 대한 인식 설명을 부탁하고, 추가했으면 하는 특정 제품이나 서비스가 있는지 물어볼 것이다. 설문조사를 작성해 주는 고객에게는 프리미엄(증정용) 선물을 제공할 것이다. "업스케일 리빙(Upscale Living)", "롭리포트(Robb Report)", 돌체 비타(Dolce Vita)" 와같은 럭셔리 잡지로부터 구독 리스트를 구매할 예정이다.

무역 박람회

고객에게 노출을 증대시키고 총 천연 화장품에 신규고객들을 끌어들이기 위해 지역 무역 박람회에 가능한 많이 참여할 것이다. 트렁크쇼, 주정부 페어, 길거리 전시, 농산물 직판장, 공예품 전시회, 패션쇼, 부동산 쇼, 예술제, 쇼핑몰에서의 오픈 전시회, 지역 상공회의소 행사에도 참가한다. 회사와 서비스가 최대한 많은 사람들에게 알려지는 것이 목표이다. 무역 박람회에서 전시할 때, 부스를 깔끔하게 유지하고 전문가라는 것을 나타낼 수 있도록 솔직하고, 열정적이고, 유용한 정보를 제공한다. 판매 브로셔와, 로고가 새겨진 증정품, 체험을 위한 샘플, 사람들이 훑어볼 수 있는 포토북, 비디오 프레젠테이션을 볼 수 있는 컴퓨터를 제품과 함께 전시할 것이다. 선물바구니를 위한 '무료 추첨식'과 이름과 이메일 주소를 수집하기 위해 회원가입 신청서를 받는다. 고객프로파일을 모으고 시장에서 얻은 단서를 분석할 수 있는 설문조사도 함께 실시한다. 부스 안내원들이 모든 종류의 질문에 답하고 고객의 이의제기를 다룰 수 있게 교육시킬 것이다. 또한 언론의 관심과 브랜드 및 전문성 인지도의 증가를 위해 박람회에서 교육 세미나를 열 생각이다. 가장 중요하게는, 박람회 후 고객과 계속 연락하기 위한 후속 프로그램을 개발하고 시행하는 것이다.

출처 www.tsnn.com, www.expocentral.com, www.acshomeshow.com/

뷰티관련 무역 박람회:

1 라스베가스 국제뷰티쇼(IBS International Beauty Show)

가장 큰 뷰티 엑스포 및 교육 이벤트인 본 미용 엑스포는 미용산업의 발전을 견인한다. 산업의 가장 재능 있는 스타일리스트와 기업의 아티스트들이 전세계에서 몰려온다. IBS는 네일 스타일링, 커팅, 컬러링, 메이크업 세션의 설명이 특징이다. 이노베이터와 고급 전문가들이 산업에 곧 다가올 트렌드와 스타일에 대한 교육 세션을 제공하는데 닉 아로조(Nick Arrojo), 리차드 애쉬포드(Richard Ashforth), 마이크 카그(Mike Karg), 우디 앤드 아미 미켈럽(Woody & Amy Michleb), 마르코 펠루시 앤드 마틴 파선(Marco Pelusi & Martin Parson)같은 산업 최고의 전문가들이 150개의 귀중한 강의를 통해 유용한 미용 팁을 전달한다. 18,000명 이상이 엑스포에 방문할 것이다.

2 IECSC

미국 라스베가스 컨벤션센터에서 개최되는 IECSC (International Esthetics, Cosmetics & Spa Conference)는 화장품 및 뷰티 제품 산업에서 가장 큰 행사이다. 3일의 이벤트기간 동안 뷰티살롱과 매니큐어 및 페디큐어 도구 사업가들에게 미용 전문가와 전문 도구, 기구 및 액세서리 관람기회를 주는 국제 행사이다. 기업뿐만 아니라 일반 대중과 관련 있는 뷰티 테라피스트, 네일미용사, 메이크업 아티스트, 마사지 테라피스트, 미용사, 아로마 테라피스트, 학생, 그리고 기타 전문가들이 타겟 방문자들이다.

3 메이크업쇼(The Makeup Show)

이 메이크업쇼는 시카고에서 열리는데 전문가들만 참여 가능한 첫 뷰티 행사다. 이 행사는 이틀 동안 톱 브랜드와 영감 있는 아티스트 및 교육자를 한데 모아 공동체 구성 및 커리어개발, 기술교류 등의 기회를 제공한다. 행사에서 유명한 메이크업 아티스트들이 전시장에서 즉석 데모, 무료 세미나, 워크숍, 키노트 포럼을 열 것이다. 주요 방문자들은 메이크업 아티스트, 살롱/스파 대표이사 및 매니저, 백화점/전문/메이크업 부티크, 미용사, 스파 전문가, 헤어 스타일리스트, 사진작가, 의상 스타일리스트, 모델, 학생, 네일 미용사들이다.

4 미국뷰티쇼 www.americasbeautyshow.com/ABOUT/tabid/274/Default.aspx

5 코스모프로프 라스베가스 www.cosmoprofnorthamerica.com/exhibition/default.aspx

6 International Make-Up Artist Trade Show-Los Angeles

International Make-Up Artist Trade Show-Los Angeles는 세계에 단 하나뿐인 쇼다. 수천의 메이크업 아티스트와, 상인, 생산회사, 열렬한 지지자들이 산업에 제공해야 할 최고의 것에 대해 토론하고, 보여주며, 발견하고, 수집하기 위해 모이는 세계에서 가장 큰 메이크업 쇼이다.
●장소: 패서디나 컨벤션센터

7 스파 & 리조트 엑스포 & 학회

The Spa & Resort/Medical Spa Conferences and Expos는 스파 & 리조트 산업의 전통 및 의료 분야의 통합을 주장하고 지지하는 미국 최고의 행사다. 스파의 최첨단 의료 기술부터 가장 호화스러운 서비스까지 보고, 만지고, 맡고, 고객을 즐겁게 해줄 가장 다양한 범위의 제품과 서비스, 아이디어를 경험할 수 있다.
●장소: 뉴욕 제이콥 자비츠 컨벤션센터.

8 미용 박람회

미용 및 건강관리 제품, 스파, 건강제품, 미용술 도구, 대체요법, 미용 훈련 및 교육 코스, 헤어 및 네일 스파제품, 이발 및 헤어 스타일링 젤, 액세서리, 그밖에 많은 것들을 소개하는 서부해안의 가장 큰 토털미용 행사.

http://10times.com/salon-spa-expo

9 HBA Global Expo

HBA Global Expo(Health & Beauty America)는 미용산업의 세계에서 가장 중요하고 가장 빠르게 성장하는 전시회 중에 하나로써 국제적인 명성을 얻었다. 이 전시회는 건강관리 및 제약 산업이 건강 및 미용 산업에서 제공하는 토털 솔루션과 시설, 하부구조를 한데 모아 소개할 기회를 줄 것이다. ●장소: 뉴욕 제이콥 자비츠 컨벤션센터.

10 결혼박람회(Bridal Show)

이 박람회는 한 곳에서 결혼에 대한 모든 계획을 실현시킬 완벽한 기회이다. 이 Bridal Show는 미국 Dallas Market Center에서 열리며 Dallas Market Center에서 주최하는 일일 전시회다. 신부복, 액세서리와 헤나 드레스, 야회복, 들러리, 신랑예복, 장신구, 미용/헤어 서비스, 음향, 조명, 엔터테인먼트, 사진, 영상 제작, 꽃장식, 무대 디자인, 예식장소 등의 제품과 서비스가 전시된다. ●장소: 텍사스 Dallas Market Center.

11 이동식 소매 전시회

여러 종류의 소매 아울렛과 접촉하여 화장품과 선물세트 진열대를 임시로 설치하고 매출의 일정 비율로 수익을 배분하고자 한다. 이를 위해 다음 종류의 사업과 접촉할 것이다:

1. 웨딩숍	2. 건강식품매장
3. 식물원	4. 티 룸
5. 호텔	6. 커피숍
7. 피트니스 클럽	8. 선물가게

한국판 참조자료

http://www.k-beautyexpo.co.kr/

http://www.expobeauty.co.kr/

http://www.gnhealth-beauty.com/

https://www.facebook.com/osongbeauty

http://www.beautyexpo.kr/

http://europaregina.eu/trade-shows/beauty-wellness-industry/

http://www.gnhealth-beauty.com/

http://www.beautyexpo.kr/

네트워킹

네트워킹은 성공의 주요요소인데, 이는 추천기업과 협력업체들이 지역사회 이미지의 개선과 회사 지속성장에 도움을 줄 수 있기 때문이다. 네트워킹 대상 기업들과 장기적으로 상호간에 이익이 되는 관계를 맺고 다음 종류의 단체에 들어가기 위해 노력할 것이다:

1 LeTip에 가입하고 챕터를 만들어 업체 관련 뉴스를 교환한다.

2 추천기업 교환 그룹인 지역 BNI.com에 가입한다.

3 기업관계를 조장하기 위해 상공회의소에 가입한다.

4 로터리 클럽, 라이온스 클럽, 키와니스 클럽, 교회단체 등에 가입한다.

5 미국 심장 협회와 해비타트 운동을 위한 자원봉사를 한다.

6 지역 부동산업자 협회와 여성 부동산 중개인 협회의 소속회원이 된다.

7 지역 주택 대표이사 협회와 '가든과 여성' 클럽에 가입한다.

8 브랜드 노출을 증가시키기 위해 자선단체에 가입한다.

자선단체

화장품라인을 홍보할 기회를 잡는 동시에 아래 방법들을 이용해 자선단체들이 모금목표를 이룰 수 있게 돕는다:

1 자선경매에 연락처와 함께 화장품 선물세트를 제공한다.

2 선택된 자선단체의 회원이 우리 매장을 이용할 때 특별할인을 해준다.

3 자선단체 회원을 위해 진열대를 설치하거나 화장품 박람회를 후원한다.

4 단체가 사전에 동의한 경우 회원들이 가족이나 친구들에게 파는 총 천연 화장품 금액의 일정 비율을 그들이 속한 단체에 기부한다.

5 회사나 제품을 자선단체의 뉴스레터나 게시판에 광고한다.

6 자선단체의 특별 로고를 넣은 맞춤 향수를 만든다. 자선단체는 이 제품을 자선기금 모금에 사용할 수 있다.

7 회사가 자선단체를 지지한다는 광고를 허가하는 자선단체에 매출의 일부분을 기부한다.

http://blog.naver.com/healingad/220207849627

상공회의소

_____________(시)의 상공회의소를 이용해 유망한 비즈니스 주소록을 확보하고자 한다. 모든 회원들에게 회사의 맞춤제조 서비스를 설명하는 메일을 보내고 상공회의소 뉴스레터에 광고도 하고 회원들에게 전화도 한다.

출처 www.indiebeauty.com, www.hsmg.net

뉴스레터

구독자에게 보내거나, 소매 아울렛에 방문한 고객들이 집에 가져갈 수 있게 배부할 뉴스레터를 만들 것이다. 월간 뉴스레터는 회사의 브랜드를 확립하고, 고객들을 교육하며, 고객에게 특별 프로모션에 대해 알려주기 위해 사용한다. 뉴스레터는 회사 자체적으로 제작한다.

월간 뉴스레터에는 다음 종류의 정보를 넣는다.

1 회사의 자선행사 참여
2 새로운 서비스/제품 소개
3 이달의 직원/고객
4 새로운 화장품산업 기술, 방법/체계, 트렌드
5 유명인의 홍보/증언
6 현지 스폰서 혹은 구매자의 안내광고
7 공고/다가오는 행사

출처 | **Microsoft Publisher** |

뉴스레터 제작은 다음의 지침을 따른다:

1 구독자들에게 실질적인 가치가 있는 내용을 제공한다.
2 구독자들의 문제나 질문에 대한 해결책을 제공한다.
3 본 뉴스레터는 매월 발행한다.
4 뉴스레터를 전문적으로 보이게 만들고, 몇 명의 사람들이 링크를 클릭하거나 이메일을 열어보는지 추적하게 해주는 HTML 메시지를 넣는다.
5 너무 노골적으로 사업에 대해 얘기하지는 않는다.
6 구독자 목록을 만드는데 마케팅 예산을 집중시킨다.
7 판촉메시지 전달이 아닌 관계형성에 집중한다.
8 영상, 글, 체크리스트, 인용문, 사진, 차트로 메시지 구성을 다르게 한다.
9 마케팅 비용을 보충하기 위해 때때로 제휴 회사의 제품을 추천하는 메시지를 실을 수도 있다.
10 고품질 데이터베이스를 만들기 위해 항상 위의 단계들을 따른다.

출처 www.aweber.com, www.constantcontact.com

차량사인

회사 차량에 자석사인과 비닐사인을 붙이고, 가능하면 회사명, 전화번호, 회사 슬로건, 웹사이트 주소를 넣는다. 우리는 마케팅 메시지를 더 잘 전달하기 위해 차량이나 밴의 한 부분을 고품질, 고해상도의 차량포장을 한 비용효율적인 이동 광고판을 만들 것이다.

Use easy to read block letters in caps and lower case.

디자인 팁:

1 너무 많은 글자체나 글자크기의 혼합을 피한다.

2 알아보기 가장 쉬운 로고를 사용한다.

3 표준배경은 흰색으로 한다.

4 차량 색과 같거나 비슷한 배경색을 사용하지 않는다.

5 로고 색을 보완하는 색을 선택한다.

6 너무 많은 색 사용을 피한다.

7 어두운 글자에 밝은 배경이나 그 반대를 사용한다.

8 읽기 쉽도록 굵은 글씨체를 사용한다.

9 사업명, 슬로건, 로고, 전화번호, 웹사이트 주소로 내용을 제한한다.

10 법적으로 필요히디면 리이선스번호를 더한다.

11 문 패널에 사용하기 좋은 자석사인을 활용한다.

12 그래픽 창문 포장이 있어도 운전자가 밖을 볼 수 있어야 한다.

13 메시지를 짧게 해 운전하며 지나가는 사람들이 바로 읽을 수 있게 한다.

14 글자를 모두 대문자로 하지 않는다.

차량포장

차량포장은 선호되는 마케팅 방법 중 하나이다. 연구에 의하면, 차량이 광고판보다 더 효과가 있으며, 긍정적인 이미지를 만들고 대중이 문장과 이미지를 기억하게 한다. 또한 차량포장은 저가의 마케팅전략이다. 전형적인 트럭 포장비용은 $2,500정도이고, 한번만 지불하면 트럭 대여기간 동안 계속 사용할 수 있다.

광고 의상

클럽회원들을 추첨하여 타운에서 입고 돌아다닐 회사명과 로고가 인쇄된 눈에 띄는 티셔츠나 스웨터를 주려고 한다. 또한 신규고객을 추천한 고객에게 감사의 표시로 옷을 증정하고 모든 직원들에게 회사 로고가 인쇄된 셔츠를 입을 것을 부탁한다.

행사 개최

지역사회에서 알려지고 고객 추천을 촉발하기 위해 꼭 필요한 행사를 개최할 것이다. 세미나와 메이크업 시연, 오픈 하우스 행사, 모금행사와 리모트 판매행사(remote sales: 인터넷, 전화, 모바일 등

물리적인 공간이 아닌 곳에서의 판매: 역자 주), 주민센터 체육관에서 하는 바겐세일 같은 정기행사 일정을 잡을 것이다. 맞춤 서비스를 홍보하기 위해 기구/단체를 통해 세미나를 제공한다. 행사 참가 신청서와 웹사이트, 회원등록 신청서를 이용해 모든 참석자들의 이름과 이메일주소를 수집할 것이다. 이 데이터베이스는 자동 고객관계 추적 프로그램과 뉴스레터 서비스에 정보를 주는데 사용할 수 있다.

출처 www.eventbrite.com

트렁크쇼

매장점주들이 고객 리스트에 엽서나 이메일을 보내고, 신문이나 다른 매체에 광고를 내도록 장려할 것이다. 점주들에게 회사라벨의 삽화를 주어 매장 광고에 쓸 수 있도록 하고 매장에서는 어떤 화장품을 찾는지 고객들을 상대로 설문조사를 할 것이다. 지역에서 고급 패션 부티크와 함께 트렁크쇼를 열 것이다. 트렁크쇼는 화장품 라인의 브랜드 네임을 강화해줄 뿐만 아니라 소비자들에게 고급 패션 제품과 함께 화장품 디자인과 재료의 품질을 연계하여 기억될 것이다.

화장품 클럽

웹사이트나 블로그, 인쇄물, 전자 뉴스레터를 통해 회원들과 소통하고 교육 세미나, 워크숍, 설명회를 후원한다.

홈파티 계획 판매

파티에 참석하는 부수이익으로 고객에게 딱 맞는 맞춤 서비스를 제공할 예정이다.

1 주중 저녁 근무시간 후를 고른다.

2 구매자들에게 스타일 넘버와 가격을 제공하기 위한 힌트카드를 만든다.

3 계속해서 화장품을 보여주고, 위시리스트를 만들고, 힌트카드를 작성한다

4 먹기 쉬운 과일, 크래커, 치즈, 와인, 커피 등 기본 다과를 낸다

5 트렁크쇼를 실시하며, 네트워크 마케팅을 이용해 무료 스타일리스트와 메이크업 서비스를 마련한다.

6 스킨케어와 고객케어에 초점을 둔다.

판매 브로셔

판매 브로셔는 도매고객과 소매고객을 상대로 사업을 할 때 강렬한 첫 인상을 준다. 판매 브로셔는 다음의 내용을 포함하며 프레젠테이션 폴더와 다이렉트 메일 패키지의 핵심이 될 것이다:

– 연락처	– 사업 설명
– 고객증언	– 서비스/혜택 목록
– 경쟁우위	– 대표이사 이력

- 샘플 쿠폰
- 브랜드네임
- 제품 카테고리

- 매장위치 지도
- 영업시간
- 정책/조건

판매 브로셔 디자인

1 예상 니즈, 욕구, 관심에 대해 말한다.

2 특징만이 아닌 모든 건강상의 이점에 집중한다.

3 회사가 경쟁사와 다르며 더 낫다는 사실을 강화하기 위해 회사로고와 고유 판매제안을 준비한다.

4 브로셔가 매출을 만들 기회를 늘리기 위해 할인이나 무료자료, 샘플, 무료샘플 같은 특별한 혜택을 포함시킨다.

다음의 디자인 지침에 따라 브로셔를 제작한다.

1 타겟시장영역(주거지 vs 상업)에서 달성하고자 하는 마케팅 목표를 달성하는데 초점을 맞추어 브로셔를 디지인한디.

2 브로셔 디자인은 색깔, 로고, 폰트, 포맷을 다른 마케팅자료와 통일한다.

3 우리제품이 어떻게 고객들에게 좋은지 나열한다.

4 우리가 무엇을 하고 어떻게 다르게 하는지 설명한다.

5 서비스의 가치제안을 정의한다.

6 포지셔닝 전략을 나타내는 디자인 템플릿을 사용한다.

7 핵심 메시지를 찾는다(고유 판매제안).

8 경쟁우위를 나열한다.

9 고객의 니즈와 욕구에 대한 이해를 표시한다.

10 헤드라인, 부제, 중요항목, 사진, 등등을 읽기 쉽게 만든다.

11 시각적 브랜드 정체성을 위해 로고를 사용한다.

12 가장 흔한 브로셔 포맷인 A4크기로 4페이지 브로셔를 제작한다.

13 보여주고 싶은 이미지를 보여줄 수 있는 품질의 종이를 사용한다.

14 기업의 스타일을 나타내는 색을 지속적으로 사용한다.

15 녹색은 환경을 연상시키며 환경적 이미지를 향상시키는 것을 염두에 두고 색을 사용한다.

16 회사제품과 효과, 생산설비를 직접 시각화시키기 위해 일러스트레이션을 사용하는 것도 좋다.

17 1면에는 회사명과 로고, 제품이나 서비스 효능, 포지셔닝 메시지나 고유 판매제안을 넣는다.

18 뒷면에는 고객증언이나 참고자료, 연락처를 기재하는데 사용한다.

영업 프레젠테이션 폴더 내용

1. 개요	2. 사용 전후 비교 사진
3. 계약/신청서	4. FAQ
5. 판매 브로셔	6. 명함
7. 고객증언/참고자료	8. 프로그램 설명
9. 유용한 기사/글	10. 참고 프로그램
11. 회사개요	12. 영업방침
13. 논문	14. 언론보도

쿠폰

할인된 제품과 가치보장 프로그램의 가능성을 확인하기 위해 만료기한이 있는 쿠폰을 활용할 예정이다. 또한 새로운 고객관계 수립을 돕기 위해 경쟁사 쿠폰을 받아들일 수도 있다. 사람들을 웹사이트로 유도하는 $______________쿠폰 광고를 내서 새 고객들을 끌어들이고 월간 뉴스레터 배부를 위한 이메일 주소를 수집한다. 웹사이트 검색을 촉발시키고 판매를 이끌어 내는데 쿠폰을 사용하는 것이 도움이 된다는 연구결과가 있다. 고객이 구매를 할 때마다 쿠폰을 증정하거나 우편으로 보내준다.

다음의 경우에 선별적으로 쿠폰을 사용할 것이다:

1 새 제품이나 서비스를 소개하기 위해

2 경쟁사로부터 단골고객들을 끌어오기 위해

3 새 경쟁사로의 고객이탈을 예방하기 위해

4 특별 행사를 기념하기 위해

5 대량주문과 제한된 기간에 재 주문을 한 고객에 대한 감사표시를 위해

쿠폰종류:

1. 무료 쿠폰	재구매에 대한 보상
2. 크로스 마케팅 쿠폰	다른제품/서비스를 써보기 위한 인센티브
3. 친구추천 쿠폰	신규고객 추천 시 주는 인센티브

출처 www.valpak.com

구루팡, 바이위드미 같은 소셜쇼핑 사이트에 맞춤제작 ___________부터 컨설팅 서비스에 대한 할인권을 판매한다. 소셜쇼핑의 할인권은 보통 50% 또는 그 이상의 할인을 해준다. 상인들에게는

가격차별과 새 고객에게 노출, 온라인 마케팅, 소
문을 위한 기회를 제공한다. 이런 종류의 할인권
을 한계원가가 아주 낮거나 당장의 이익이 아니
라 고객의 재방문유도를 목적으로 하는 사업자에
게 효과적이다.

한국판 참조자료

| 쿠팡 | www.coupang.com | 위메프 | www.wemakeprice.com | 티몬 | www.ticketmonster.co.kr

상호촉진광고

뷰티살롱, 피트니스 클럽, 스파, 노인주간 보호센터와 같은 우리 고객의 니즈에 맞춘 지역 사업과 파
트너쉽을 맺고 유지하며 상호촉진 광고를 시행한다. 상호촉진 광고를 위해서는 파트너 사업자와 메
일링리스트를 서로 교환해야 하므로 상호간의 신뢰가 중요하다.

프리미엄 증정품

이벤트를 할 때에는 맨 처음 떠오르는 브랜드가 되도록 로고가 새겨진 프리미엄 판촉용품을 배부할
것이다(www.promoideas.org). 뒷면에 자석이 달린 명함과 전화번호가 적힌 머그잔, 재무교육 책자,
주요 날짜를 표시한 달력 등의 제품이 이에 해당한다.

http://www.promotionalproductswork.org/proven-success/campaign/geico-direct/

지역신문광고

화장품회사 개업을 발표하고 이름을 알리기 위해 지역 신문광고를 할 것이다. 일관성 있는 메시지
가 반복되도록 하며 지역별로 다른 쇼핑페이지, 영화티켓, 지역 커뮤니티 뉴스레터나 신문에 쿠폰을
넣는데 주간 혹은 월간 특별판을 이용한다.

신문광고는 다음의 디자인 팁을 활용할 것이다:

1 인구통계정보와 출판사로부터 미디어 키트를 받아 광고도달률, 광고커버 범위를 분석한다.

2 광고를 통해 회사가 시장에 전하고자 하는 이미지를 유지하기 위해 신문사가 광고를 통제하게
   하면 안 된다.

3 회사에 관해 독자에게 제공해줄 유일한 시각적 특징을 보여주는 1차 그래픽 디자인을 확실하게
   해야 한다.

4 살 수 있는 가장 큰 광고 칸을 구매하는데, 전면광고면 가장 좋다.

5 소비자는 흑백보다 컬러광고에 82% 더 집중하는 경향이 있으므로 가능하다면 컬러광고를 하는

것이 좋다.

6 타겟고객이 신문을 더 많이 보는 구체적인 날이 있는지 알아본다.

7 인기 광고가 생기면 원형이나 도어 행거로 만들어 활용도를 높인다.

8 우리가 싫증난다고 쉽게 광고를 바꾸지 않는다.

9 독자를 광고로 끌어들이기 위해 스토리텔링으로 헤드라인을 만든다.

10 우리는 "지금 바로"라는 메시지를 활용하여 독자들의 빠른 행동을 유도한다.

11 헤드라인을 사용해 독자들이 무엇을 할지 말해준다.

12 헤드라인은 무료행사를 알리기 좋은 장소이다.

13 한 사람에게 말하는 것처럼 개인적인 메시지로 헤드라인을 쓴다.

14 헤드라인에는 효과를 릴레이로 보여주거나 독자가 더 많은 정보를 원하도록 호기심을 자극하는 것이 좋다.

15 사람들이 산수하는 걸 싫어하기 때문에 퍼센트가 아닌 명확한 금액을 할인해주는 쿠폰을 사용한다.

간행물 종류	광고 크기	시기	부수	섹션	비용

지역 간행물

무역박람회 참여나 프로모션행사를 광고하기 위해 지역 간행물에 저가의 안내광고를 할 것이다. 고객의 시선을 잡고 전문성과 신뢰성 확립을 위해 PR 및 정보제공형 메시지를 제공한다. 다음 간행물들이 이에 해당한다.

1 지역 뉴스레터와 교회회보

2 지역 요식업협회 뉴스레터

3 지역 상공회의소 뉴스레터

4 부동산 잡지

5 주택 소유자 협회 뉴스레터

출처 | Hometown News | www.hometownnews.com
　　 | Pennysaver | www.pennysaverusa.com\

간행물 종류	광고 크기	시기	부수	섹션	비용

한국판 참조자료

http://jeju.icross.co.kr/index.php

http://www.sjsori.com/

http://www.tacu.co.kr/

http://www.goodyp.co.kr/

비즈니스 저널 디스플레이 광고

전문가들이 읽는 비즈니스 저널에 디스플레이광고를 넣는 것을 고려할 것이며 지역 구독자리스트를 빌려 다이렉트 메일링을 할 것이다. 메일링에는 화장품 샘플링 프로그램에 대한 설명을 포함한다. 경험적 데이터를 이용하여 본 PR 프로그램이 어떻게 실제로 회사의 돈을 절약하고 영업사원들이 더 비용효율적이 되도록 도와주는지 확인한다.

출처 | The Business Journals | http://www.bizjournals.com/

비즈니스저널은 전략적으로 타겟팅한 의사결정권자들을 위한 프리미엄 미디어 솔루션이다. 42개의 웹사이트, 62개의 간행물, 700개이상의 행사를 통하여 100만이 넘는 비즈니스 독자에게 지역뿐만 아니라 전국적으로 메시지를 전달할 수 있다.

간행물 종류	광고 크기	시기	부수	섹션	비용

아티클 출간

회사의 총 천연 화장품이 지역 슈퍼마켓에서 살 수 있는 다른 제품과 어떻게, 왜 다른지 알려주기 위해 아티클을 쓸 것이다. 화장품 생산과정과 향과 색상 첨가옵션에 대한 설명을 통해 잠재적 고객들을 교육하여 독자들이 우리 제품을 사고 싶게 할 것이다.

화장품에 대한 전문지식을 향상하고, 도달률을 높이기 위해 패션잡지, 건강잡지, 지역신문, 비즈니스잡지, 인터넷 아티클 디렉토리에 본 아티클을 게재할 것이다. 우리 웹사이트의 다른 페이지나 다른 웹사이트로 가는 하이퍼링크를 아티클 중간에 삽입한다. 이 하이퍼링크는 우리 화장품 사업에 의미 있는 단어가 될 것이다. 우리 주제에 관해 가장 많이 검색되는 단어와 매치되는 키워드가 많이 들어간 아티클을 만들 것이다. 이를 통해 뷰티 에디터와 접촉하고 우리 화장품 생산사업이 지역 간행물에 나올 수 있는 기회를 잡을 수 있다.

화장품 컨설팅의 전문지식을 반영하는 1,000자 아티클을 써서 지역신문이나 ____________신문의 일요특집 섹션에 내도록 하며, 이외에도 블로그나 이메일 뉴스레터에도 보낸다. 자체 독자를 보유하고, 화장품의 특정분야에 대해 토론하는 블로그나 모임에서 강도 높은 리서치를 실시한다. 회사를 홍보할 강력한 방법을 제공할 영향력 있는 블로거들을 찾는다. 화장품 블로거의 독자는 화장품에 관심이 많고 미용에 열정적이어서, 바로 행동으로 옮기기 때문이다. 우리의 목표는 화장품에 대한 열기가 높은 독자가 많은 블로거를 찾아 제품에 대해 긍정적인 평가를 하도록 하는 것이다. 그 다음에 이들과 장기적이고 상호간에 이익이 되는 관계를 맺을 것이다. 저자들이 자신 있고 활발하게 우리 방법과 재료를 그들의 팔로워들에게 홍보할 수 있게 친해지려고 시도하고 우리 방법론이 믿을 만하고 그들의 독자들과 관련 있다는 걸 보여줄 것이다. 다음의 접근법을 쓸 것이다:

1 블로그의 미용주제와 관련된 아이디어에 초점을 맞추고 시간이 갈수록 블로그에 가치가 더해지도록 노력할 것이다.
2 화장품 컨설팅 접근에서 나온 아이디어를 강조하는 유익한 코멘트를 남긴다.
3 원래 아티클에 블로거의 관점에서 본 콘텐츠를 추가하여 더 흥미로운 아티클로 만든다.
4 "이게 당신의 독자들에게 흥미로울 수 있다고 생각하십니까?"같은 질문을 레터표지에 제기하여 흥미를 유발한다.

아티클을 출판하는 데는 다음 출판사의 니즈에 대한 이해가 필요하다:

1. 좋은 상품에 대한 리뷰	2. 에디터 스토리 니즈
3. 아티클 게재 과정 규칙	4. 양질의 사진 포트폴리오
5. 독점게재 조건	6. 타켓시장 관심사

아티클 패키지는 다음을 포함한다:

1. 잘 쓰여진 자료	2. 좋은 그림
3. 고품질의 사진	4. 잘 정리된 개요

일반적인 출판기회 사례:

1. 오래된 문제에 대한 새로운 해결책	2. 리서치결과 출판
3. 실수/오류 예방 조언	4. 색다른 관점 제시
5. 관심주제에 대한 현지관점 소개	6. 새 대체 트렌드 공개
7. 전문 틈새시장에 대한 전문지식 공유	

구체적인 아티클 제목 예시:

1 유기농 화장품에 대해 당신이 알고 싶은 모든 것

2 고급 화장품을 평가하고 비교하는 방법

3 맞는 화장품 브랜드 선택의 중요성

4 아이섀도 고르는 방법

5 화장품의 역사

6 화장품 제조를 통제하는 연방 및 주정부 원칙 숙지

7 스킨 톤에 맞는 화장품 색 고르는 방법

8 온라인 화장품 쇼핑의 이점

9 오래 기억에 남는 웨딩파티를 위한 단 하나의 선물

10 왜 총 천연 화장품이 완벽한 선물인가

11 화장품 제품라벨 읽는 방법

12 무엇이 고급 화장품 브랜드를 만드는가

13 타 립스틱과 다른 최고의 립스틱

14 화장품 재료와 생산과정의 새 트렌드

15 자가상표 메이크업 생산회사 고르는 방법

예   시 : http://contemporarycosmetics.com/how-to-pick-the-best-private-label-makeup-manufacturer/

아티클 맨 마지막에 쓰는 저자소개

1. 저자 이름과 직위	2. 전문분야 설명
3. 특별 선물에 대한 언급	4. 구체적인 행동지침
5. 통화를 유발하는 전화번호	6. 모든 연락처
7. 유용한 링크	8. 회사 웹사이트 링크

아티클 목표:

아티클 주제	목표 독자 수	목표 날짜

아티클 트랙 양식

주제	목표독자수	효과	필요자원	목표날짜

아티클을 보낼 수 있는 잡지사:

1. Harper's Bazaar	2. Vogue
3. Glamour	4. Skin, Inc. Magazine
5. Cosmopolitan Magazine	6. Upscale Living
7. Robb Report	8. Dolce Vita
9. Marie Claire	10. Vanity Fair

출처 | Writer's Market | www.writersmarket.com
| Directory of Trade Magazines | www.techexpo.com/tech_mag.html

한국판 참조자료

| 장윤정의 화장품 이야기 | http://blog.naver.com/xhddur08

| Gracey's beauty rule | http://m.blog.naver.com/PostList.nhn?blogId=atasirasiku&categoryNo=127

| 코스매거진 | http://blog.naver.com/cosinside

| 쭉빵까페 | http://cafe.naver.com/planatic

| WeMakeBeauty | http://cafe.naver.com/wemakebeauty

| 겟잇뷰티 | http://getitbeauty.tving.com/getitbeauty

| 뷰티관련 블로그 챠트 | http://www.blogchart.co.kr/chart/theme_list?theme=K28ybiM1MC1qcC
8uXiooYixpJSwyM0MjMThkdTAgMkleLC80JDQqIzExKzMILTIpIDM%2FHitBLEQ%3D

온라인 안내광고 기회

다음의 안내광고 사이트들은 무료이며, 회사가 제품사용의 이점을 충분히 설명할 수 있게 해줄 것이다:

1. Craigslist.org	2. Ebay Classifieds
3. KIJIJI.com	4. Webclassifieds.us
5. USFreeAds.com	6. www.oodle.com
7. Classifiedads.com	8. gumtree.com
9. www.sell.com	10. Freeadvertisingforum.com
11. Classifiedsforfree.com	12. www.olx.com
13. www.isell.com	14. www.epage.com
15. Chooseyouritem.com	16. www.adpost.com
17. Kugli.com	18. www.adpost.com
19. Salespider.com	20. www.usnetads.com
21. www.freeclassifieds.com	22. www.jwiz.com
23. www.ClassifiedsGiant.com	

샘플 안내광고 #1

회사명은 ＿＿＿＿＿＿＿＿＿(주) ＿＿＿＿＿＿＿＿＿(시)에서 가장 믿을 만한 최첨단 화장품회사입니다. 화장품을 맞춤제작하고, 건강에 좋고 아름다워지는 유기농 총 천연 화장품을 생산합니다. 무료 상담과 배달이 가능합니다. 미네랄 화장품 트렌드에 대한 무료 세미나를 위해 ＿＿＿＿＿＿＿＿＿로 전화를 주거나 ＿＿＿＿＿＿＿＿＿(웹사이트)를 방문해 주십시오.

샘플 안내광고 #2

우리는 소매가격보다 싸게 양질의 총 천연 화장품을 공급합니다!! 만약 당신이 도매가격에 대량주문을 하고 싶을 때 저에게 연락 주시면 제가 특별 주문을 넣겠습니다. 우리는 많은 고객들에게 우수한 품질의 화장품을 공급합니다. 주로 ＿＿＿＿＿＿＿＿＿(브랜드) 화장품: 립스틱, 아이섀도, 블러시, 마스카라, 피그먼트, 립글로스, 등등을 전문으로 다룹니다!! **$200이상 주문은 무료 배송** 고객만족보장!! 실시간 채팅 가능!! www.＿＿＿＿＿＿＿＿＿.com에서 확인하세요

2단계 직접반응 안내광고

1단계에 고객의 동의를 받고 다음 단계에서 마케팅을 진행하는 2단계 직접반응 광고를 진행할 것이다. 이 광고의 목표는 고객의 동의 하에 편견 없는 교육용 자료를 제공하여 신뢰성 있는 관계를 구축하는 것이다. 이 방법의 광고는 다음의 이점이 있다:

1. 매출 주기 단축	2. 전화 영업 필요성 제거
3. 전문적 평판 확립	4. 정확한 결과예측
5. 영업과정 추적 용이	6. 소규모 광고 가능

2단계 안내광고 예시:

"미네랄 화장품의 스킨케어 이점"을 밝혀주는 무료보고서가 있습니다. 24 시간 녹음되는 콜센터에 전화해 이름과 주소를 남겨주십시오. 보고서를 바로 당신에게 발송해 드립니다.

주: 회사의 특정 전문분야에 관심을 가지는 응답자들에게 다른 서비스에 대한 리포트 모음을 기한이 정해진 할인쿠폰과 함께 발송할 것이다.

전화번호부 광고

전통적인 전화번호부의 사용이 줄고 있다는 조사가 있지만 새로 이사 온 사람이나 지인이 많이 없는 사람들이 사업체를 찾기 위해 보기도 한다. 단순히 전화번호부에 등재하는 것 이외에도 작은 2" x 2" 박스광고도 인지도를 생성하고 원하는 타겟고객을 끌어들일 수 있다. 우리는 다음의 디자인 컨셉트를 사용할 것이다:

1 헤드라인을 이용해 편리한 맞춤제작 서비스를 홍보한다.

2 신뢰성 향상을 보장하는 서비스를 포함시킨다.

3 반응비율을 모니터하고 쿠폰 제공과 트래킹 코드를 포함시켜 다음해에 광고크기를 늘일지 줄일지 결정한다.

4 경쟁사의 광고와 같은 광고크기를 선택하여 향후 의사결정을 위해 반응률을 평가한다.

5 모토 혹은 슬로건과 로고를 포함시킨다.

6 주요 경쟁우위를 포함시킨다.

7 경쟁사와 같은 카테고리에 게재한다.

8 광고가 두드러지게 몇몇 글씨를 굵게 사용한다.

9 온라인 광고도 함께 진행한다.

출처 www.yellowpages.com

광고 정보:

책 제목:	게지분야:	
연간 수수료:	광고 크기:	page
갱신 날짜:	연락처:	

케이블TV 광고

케이블TV는 방송 프로 편성으로 우리에게 특정 틈새시장이나 인구 통계학적 변수에 대해 더 많은 정보를 제공한다. 고객들이 어떤 케이블TV 채널을 보는지 알아내기 위해 마케팅 리서치 설문조사를 실시한다. 많은 사람들이 홈쇼핑 채널을 보고, 여윳돈이 있는 사람들은 골프 채널과 음식채널을 보는 것으로 예상된다. 이 광고의 목표는 우리가 원하는 구체적인 지역에 방송되는 케이블TV를 선택하고 우리가 원하는 시청자, 특히 바로 행동에 옮기는 시청자를 선택하는 것이다. 광고 가격책정은 네트워크가 닿는 가정 수와 특정 쇼가 얻는 시청률, 계약기간, 특정 네트워크에 대한 수요와 공급에 따라 달라진다.

출처 | Spot Runner | www.spotrunner.com

광고 정보:

광고 "부분" 길이:	초	개발 비용: $	(일회 비용)
캠페인 길이:	(#) 개월	월 방송회수: 하루에 # 번	
월 비용: $		총 캠페인 비용: $	

라디오 광고

소매산업 위주의 사업을 하는 화장품 회사에 적합한 메시지 중심의 라디오 광고를 실시할 예정이다. 지속적으로 가장 먼저 떠오르는 브랜드가 되는 것을 목표로 짧은 광고를 오랜 기간(48–52주/년) 지속할 예정이다. 이는 _____________와 같은 이벤트를 진행할 때 소비자의 관심을 끌어 가장 많이 선택하도록, 첫 번째 혹은 두 번째에 떠오르는 브랜드가 되기에 충분한 인지도를 유지하는 것을 의미한다. 하나의 광고를 매 주중(월–금, 260일/년)에 지속적으로 광고하여 비용효과적으로 주요 메시지를 소비자에게 전달할 수 있다. 광고카피는 이벤트기반이 아니라 포지셔닝 메시지 중심으로 만들어 시기에 영향을 받지 않도록 한다. 회사가 독특한 시장포지션을 차지하며 차별화하도록 일년 내내 계속할 것이다.

참고: 라디오 청취자들은 하루 평균 약 3.5시간 라디오를 듣는다.

라디오는 뉴스 토크와 클래식 록, 옛날 유행가 같은 구성 방식으로 청취자를 타게팅한다. 또한 청취자는 자기가 좋아하는 라디오 채널과 시간이 정해져 있기 때문에 라디오는 우리 메시지를 반복적으로 전달할 좋은 방법이 될 것이다.

1 라디오 광고를 이용해 우리 웹사이트로 바로 끌어들이거나 프로모션 기간을 광고하거나 정보제공 브로셔에 대한 전화를 유도한다.

2 라디오 스팟광고로 서비스를 광고하고자 한다.

3 첫 방문 고객들이 우리 제품과 서비스를 사용하도록 유도하기 위해 기간을 정해 할인행사를 할 것이다.

4 방송중인 지역 사회 게시판을 통해 지역 사회 후원 행사와 자선기부 행사를 알릴 것이다.

5 또한 라디오 방송국이 우리 총 천연 화장품에 대한 전문지식에 대해 이해하고 회사와 인터뷰를 진행하도록 한다.

6 방송국 선택은 고객 설문조사를 통해 수집한 시장조사 정보에 따라 결정한다.

7 최근에는 많은 라디오 프로그램이 인터넷으로 방송되어, 지역뿐만 아니라 전국의 청취자들이 듣고 있다는 것을 알기 때문에 인터넷 청취자들도 웹사이트를 클릭할 수 있다.

8 라디오 광고에 유머나 음향, 흥미를 돋우는 음악, 관심을 끌기 위한 독특한 목소리를 이용할 것이다.

9 우리 광고는 타겟고객들이 공감할만한 스토리를 이야기하거나 선물증정 상황을 공표할 것이다.

10 전화번호, 웹사이트 주소, 수신자부담 전화를 외우기 쉽고 회사명이나 메시지와 들어맞게 만들 것이다.

11 팔리지 않은 광고자리를 대폭 할인된 가격으로 구매하기 위해 라디오 방송국과 접촉할 것이다. 라디오에서 이는 아주 이른 아침이나 늦은 밤을 의미한다. 광고대리인과 이야기하여 그 광고자리 중 하나가 빌 때 얼마나 할인해 줄 수 있는지 볼 것이다.

출처 | Radio Advertising Bureau | www.RAB.com
| Radio Locator | www.radio-locator.com
| Radio Directory | www.radiodirectory.com

광고 정보:

광고 "부분" 길이: 초	개발 비용: $ (일회 비용)
캠페인 길이: (#) 개월	월 방송회수: 하루에 세 번
월 비용: $	총 캠페인 비용: $

블로그 토크 라디오

메이크업 응용 팁에 대해 이야기하고 블로깅하는 ____________(전문가 이름)가 출연하는 프로그램을 선택한다. 이는 회사의 미용 전문지식을 알리고 잠재적 고객과 신뢰를 쌓는데 도움을 준다. 만약 우리가 전국적으로 팔리는 토크쇼를 얻지 못해도 게스트로 출연을 시도하고 Spreaker와 같은 앱을 사용하거나 BlogTalkRadio와 같은 팟캐스팅 커뮤니티에 가입하는 것으로 팟캐스팅을 시도할 것이다.

출처 | National Public Radio | www.npr.org
| Spreaker | http://www.spreaker.com/
| Blog Talk Radio | http://www.blogtalkradio.com/

블로그 토크 라디오를 이용해 사람들은 전화와 컴퓨터로 라이브 토크 라디오 쇼를 하거나 매일 생성되는 수천 개의 새로운 쇼들을 들을 수 있다.

보도자료 개요:

시장조사 설문조사를 이용해 어떤 인구통계적 고객들을 타겟팅할 것인지 결정한다. 지역 사업의 시작에 대한 이야기나 우리가 이룬 중대한 일들을 기사화 해줄 신문을 원한다는 것을 설명하는 미디어 키트 초안을 작성할 것이다. 보도자료는 TV 방송 프로그램이나 뉴스 서비스와 다양한 웹사이트를 통해 전달될 수 있기 때문에 보도자료와 우리 웹사이트 내용을 연결하는 링크를 만들 것이다. 이 링크는 더 많은 정보나 특별 할인으로 연결되어 고객들을 판매 프로세스로 끌어들이고, 또한 사이트의 검색엔진 순위도 올려줄 것이다.

미디어 키트

다음의 아이템들로 미디어 키트를 만들 것이다:

1 회사에 대해 소개하고 기사거리가 될 만한 가치가 있다고 생각되도록 하는 피치레터 작성.

2 유용한 뉴스거리가 되는 사실 이야기를 담은 보도자료.

3 주요인사의 약력.

4 고객이 원하고 고객에게 이로운 제품과 서비스 리스트.

5 사진과 디지털 로고 그래픽.

6 기존의 언론보도 복사본.

7 FAQ.

8 고객 증언.

9 판매 브로셔.

10 미디어 연락처.

11 첨부파일이 아닌 이 온라인 문서로 연결된 URL 링크.

12 블로그 URL 주소.

보도자료

독자의 관심을 끄는 것뿐만 아니라 명확하고 간결하게 사업의 미션과 목표, 능력/역량을 알리기 위해 잘 쓰여진 보도자료를 사용할 것이다. 다음은 정기적으로 무료 보도자료를 발표하는 이유의 일부분이다:

1 오프닝 행사와 서비스 유효성 발표.

2 예정된 오픈 하우스 파티.

3 새 제품 카테고리나 서비스 소개.

4 비영리 조직이나 학교 시스템을 위한 다른 지역행사를 지원.

5 화장품 디자인 컨셉트에 대한 무료 세미나 혹은 워크숍.

6 고객 설문조사 결과를 모아서 보고.

7 화장품 산업 트렌드에 대한 아티클이나 책 출간.

8 수상 소식.

9 추가적으로 받은 교육/인증/허가.

다음의 기법을 사용해 보도자료가 신문에 나가게 할 것이다:

1 건강과 생활 이슈를 주로 다루는 적합한 에디터를 찾는다.

2 타겟 출판사의 방식과, 특징, 스타일을 알고, 출판사의 독자처럼 생각하는 법을 배워 보도자료를 작성한다.

3 출간물 마감기한을 확인한다.

4 편집일정 복사본을 요청한다 - 보도자료나 아티클 내용에 가장 적합한 이슈를 알기 위해 월별 혹은 발행날짜로 나뉜 타겟 아티클이나 주제 리스트를 확인한다.

5 다양한 섹션과 기사를 읽고 목표한 출판사의 지난 호 몇 권을 읽어, 해당 출간물의 보도자료가 많은 사람들에게 어필하는지 확인한다.

6 잡지의 특정 스타일에 맞추기 위해 PR 스토리를 커스터마이즈한다.

7 광고나 자기홍보처럼 보이는 자료를 만들지 않는다.

8 자료에 적절하고 정확한 모든 정보가 포함되어 있고 기자가 아티클을 쓰고 "누가, 무엇을, 언제, 왜, 어디서"에 대해 정확히 대답할 수 있는지 확인한다.

9 기자가 더 많은 정보를 위해 전화할 연락처 이름과 전화번호를 포함시킨다.

PR 배포 체크리스트

다음의 기업과 관련자들에게 보도자료 복사본을 보낼 것이다:

1 회사의 업적을 보여주기 위해 고객에게 보낸다.

2 어떤 회사인지 무엇을 하는지 알리기 위해 투자자에게 보낸다.

3 관계를 강화하고 기업간 추천을 늘이기 위해 벤더에게 보낸다.

4 우리 회사에 대한 책임과 지원을 강화하고 향상시키기 위해 전략적 파트너에게 보낸다.

5 선순환을 위해 직원들에게 보낸다.

6 회사손새의 노출을 증가시키기 위해 직원들의 연줄에게 보닌다.

7 유권자들에게 방향을 제시해주는 선출 공무원에게 보낸다.

8 최대한의 노출을 위해 무역 협회에 보낸다.

9 로비와 대합실에 카피를 붙인다.

10 방문자들이 우리가 누구이고 무엇을 하는지 알 수 있게 더 많은 정보로 연결되는 적절한 링크와 같이 우리 웹사이트에 올린다.

11 검색엔진 노출을 증가시키기 위해 웹페이지를 검색엔진에 등록한다.

12 회사에 대한 배경정보 제공을 위해 기자회견 자료에 넣는다.

13 회사활동의 세부사항에 쉽게 접근할 수 있게 뉴스레터에 포함시킨다.

14 독자가 자문이 필요할 때 회사에 연락할 수 있도록 브로셔에 포함시킨다.

15 참석자들과 뉴스를 공유하고 신뢰성 확립을 위해 무역박람회와 채용박람회에서 배부한다.

미디어 목록

저널리스트	관심분야	단체/기구	연락처

한국판 참조자료

| 한국방송광고진흥공사 | www.kobaco.co.kr/

우편엽서

1 투자자와 고객들과 연락을 유지하기 위해 매달 화장품 사용 팁이 담긴 뉴스레터 스타일의 우편엽서를 보낸다.

2 우편엽서는 다른 대부분의 광고 방법처럼 반복이 필요하지만 비용이 저렴하게 유지할 수 있으면 관심을 끄는 그래픽도 제공 가능하다.

3 일상적인 통신/소통을 위해 오픈 하우스 행사와 세미나 등록, 직접반응광고 등등으로부터 잠재적 고객 내부목록을 만든다.

4 웹사이트 방문과 특별할인 이용을 장려하기 위해 우편엽서를 활용한다.

5 몇 단어로 된 하나의 통일된 메시지로 관심을 끌고 소통한다.

6 우편의 시각적 요소(색, 사진, 기호)는 관심을 끌만큼 강력하고 메시지를 직접적으로 지원해 줄 수 있어야 한다.

7 암기가 쉬운 전화번호와 웹사이트 주소를 사용하여 바로 전화하거나 사이트를 방문할 수 있게 한다.

8 명확한 마감시한, 유통기한, 재고현황, 무활동 시 후속조치 등, 즉각적으로 커뮤니케이션하여 고객반응을 이끌어 낸다.

출처 www.Postcardmania.com

전단지

1 지역 사업과 커뮤니티 센터, 어린이집, 지역 대학 게시판에 전단게시 허가를 얻는다

2 또한 다이렉트 메일링에 전단을 넣는다.

3 오픈 하우스 행사에서 유인물 패키지의 한 부분으로 전단지를 사용한다.

4 전단지에는 맞춤제작 제품/서비스 이점에 대한 설명과 함께 제품 카테고리 목록을 포함시킨다.

5 판매 중인 상품과 곧 있을 행사 홍보를 위해 전단지를 사용한다.

6 독자의 관심을 끌기 위해 컬러인쇄를 한다.

7 새로 발견한, 독점적, 오직 하나, 유해제품 불포함, 최종적, 놀라운 사용법, 유기농, 총 천연 등의 흥미롭고 기억에 남으며, 증명된 언어로 헤드라인을 만든다.

8 전단 레이아웃의 위쪽 1/3부분에 눈길을 끄는 가장 인기 있는 화장품 사진을 더한다.

9 줄마다 많은 여백을 두어 읽기 쉽게 한다.

10 내용은 특징이 아닌 독자들이 받는 혜택에 집중하며, 화장품이 그들에게 무엇을 해줄 수 있고 제품을 구매하는 것이 얼마나 현명한 선택인지 알려주는데 초점을 맞춘다.

11 독자들에게 정확히 무엇을 하기 원하는지 알려준다. 예를 들어:

" ___________(요일, 날짜)에 ___________축제에 특별한 총 천연 화장품을 보러 오십시오."

" ___________(#)번 부스를 찾으십시오." , " 오늘 ___________로 전화하십시오."

12 절취 할인쿠폰에 연락처를 넣어둔다.

고객추천 프로그램

다음의 특징을 가진 고객추천 네트워크 형성의 중요성을 알고 있다:

1 단순히 신청서 혹은 고객 만족도 조사에 추천자 이름을 적어낸 사람들에게 프리미엄 보상을 할 것이다.

2 로열고객으로부터 받은 고객 추천편지를 추천 받은 고객에게 보낸다.

3 직접 반응장치로써 별도의 고객 추천 양식을 만든다.

4 양식에 각각의 추천고객에게 보낼 추천장을 만들 때 긍정적인 코멘트를 위한 공간을 제공한다.

5 고객추천 인센티브 보상과 조건을 분명히 명시한다.

6 고객들과 연락을 유지하기 위해 뉴스레터를 배포하고 고객추천 프로그램 성공스토리에 대한 아티클을 넣는다.

7 주간회의에서 직원들이 그들의 개인적인 연줄에서 추천고객을 찾도록 장려한다.

고객추천 출처

1 소매업자들, 특히 다른 틈새시장 전문가들로부터 얻는 추천고객.

2 시장이 특히 작은 틈새시장의 전문가에게 고객추천 프로그램 독려.

3 체계적인 고객추천 프로그램.

4 뉴스레터 쿠폰.

방법:

1 무엇을 하고 누굴 위해 하는지 설명하기 위한, 30초 엘리베이터 스피치를 항상 준비해둔다.

2 추천고객들에게 명성을 유지하기 위해 뉴스레터를 사용한다.

3 친구를 추천해주는 고객의 업무나 사업 또한 생각하고 있음을 반복적으로 알려준다.

4 정기적으로 고객을 추천해 주는 대상에게 그들의 사업에 영향을 줄 수도 있는 독특하지만 중요한 주제에 대한 아티클을 보내준다.

5 고객에게 관심을 보낼 시간을 일정에 기록해둔다.

6 고객이 추천해준 대상에게 직접 고객추천을 부탁한다.

7 고객을 추천해주는 대상이 고객 추천활동을 열심히 하지 않아도 감사를 표한다.

8 고객을 추천해주는 대상을 기억하여 후한 선물바구니와 상품권을 준다.

9 동창들과 새 지인들과 정기적인 점심식사를 가진다.

고객추천 쿠폰을 사용할 만한 멤버가 있는 모든 단체에 $______________의 추가지원을 제안한다. 할인쿠폰은 단체의 뉴스레터에 인쇄하여 멤버가 사용할 수 있게 해준다.

고객추천 트래킹 양식

추천자 이름	현재 고객추천		추천고객수	예상수익	활동내역	목표날짜
	예	아니오				

고객추천 프로그램 예시

이미 확보한 고객들과 비즈니스 네트워크 파트너들이 고객을 추천해준 것에 대해 감사표시를 하고자 한다. ______________(회사명)은 새 고객추천 프로그램을 시행하여 ______________프로그램을 지지해준 소중하고 충성스러운 고객들에게 보상하고자 한다. 회사 직원들의 가족과 친구들도 다음 ______________(제품/서비스) 구매 때 할인을 받기 위해 고객추천 카드를 요청할 수도 있다. 고객을 추천할 때마다 한 명당 $______________를 해당 고객의 계정에 입금할 뿐만 아니라 그 고객들도 첫 방문에 10%할인을 해준다. 고객들은 첫 방문 때, 매장에 도착해서 카드를 보여주면 자동으로 바로 친구 추천 계정을 만들어준다.

고객추천 세부사항은 다음과 같다:

1 ______________(제품/서비스)에 대해 추천한 각 고객들은 $______________를 받을 것이다. 그들이 처음 방문 때 친구추천 계정으로 보내질 것이다.

2 축적되는 보상금액과 계정에서 사용 가능 금액을 언제든지 확인할 수 있다.

3 ______________(회사명)에 방문할 때마다 그 날 지불할 돈의 최대 50%를 추천계정 금액으로 낼 수 있다.

4 추천계정 금액은 ______________제품 구매에 사용할 수 없다.

5 모든 고객추천 보상은 ______________제품을 위한 것이며 ______________서비스에는 사용할 수 없다.

회사명	
주소	
전화번호	웹사이트

첫 주문에 이 쿠폰을 인쇄해 보여주시면 당신을 추천한 기존 고객님은 ____________의 돈을 받게 됩니다.

기존고객	추천고객
이름	이름
주소	주소
전화	전화
이메일	이메일
추천 날짜	

업무처리용

계정번호:

계정 만든 날짜:

계정 작성자:

친구초대

공격적인 친구초대 프로그램을 만들 예정이다. 새 회원이나 뉴스레터 구독자들이 초기 등록할 때 이메일 주소록에 있는 친구 연락처에 초대장을 업로드하고 보내도록 독려하기 위해 무료 ____________같은 추가 인센티브를 제공한다.

고객 보상 프로그램

구전으로 사업을 구축하는 수단으로써 다시 찾는 고객이 되길 장려하고 보상할 것이다. 단골고객 카드에 가입하고 최근 ____________(#)개월 동안 $____________이상의 제품과 서비스를 구매한 고객들에게 할인된 ____________(제품종류)을 제공할 것이다.

단골고객 프로그램 종류:

1 펀치 카드 구매 후 무료로 무언가 받는다.

2 사용금액에 따른 포인트 지급하며 무료제품을 받을 수 있도록 한다.

3 구매금액의 일정 % 적립하며 향후 구매때 사용하도록 한다.

로열티 프로그램

고객과 환경 모두 혜택을 받는 로열티 프로그램을 제공한다. 이 프로그램은 제품용기 6개를 돌려주는 고객에게 무료 립스틱, 립글로스, 혹은 아이섀도를 보내준다. 이 친환경 전략은 화장품 분야에서의 차별화 요인이 될 수 있다.

이메일 마케팅

메일링리스트 데이터베이스를 구축하고, 의사소통을 향상시키고, 고객로열티를 촉진하며, 새 거래와 지속적인 거래를 끌어들이기 위해 다음의 이메일 마케팅 팁을 사용한다:

1 가장 효율적인 이메일 전략은 교육적인 내용이나 홍보 형식으로 구독자들에게 가치를 제공하는 전략이라는 것을 목표로 한다. 홍보 캠페인이 매출을 이끌어내기 위한 가장 좋은 포맷이다. 브랜드 인식과 강화를 위해, 교육적 뉴스레터를 활용할 것이다.

2 양질의 동의 기반 이메일 리스트는 이메일 마케팅 캠페인에 없어서는 안될 요소이다. 모든 접점이나 가입 신청서에서 고객과 투자자에게 이메일 마케팅이나 고객정보 이용에 대한 동의를 구한다.

3 고객들의 선호도, 관심, 만족도에 대한 자세한 질문을 위해 사용이 쉬운 온라인 설문조사를 사용하여 고객에게 귀 기울인다.

4 오직 관련 있는 타겟고객에게게만 이메일을 보낸다.

5 이메일의 앞 라인에 인지도 높은 브랜드, 회사이름, 로고, 일관된 디자인과 컬러스킴을 사용하여 브랜드 인지도를 높이기 위해 노력한다.

_____________(e.g. 5)주에서 _____________(e.g. 6)주마다 웹사이트에 혹은 행사에서 등록하고 동의한 고객 리스트에 그래픽이 풍부한 개인화된 이메일 마케팅 메시지를 보낼 예정이다. 프로모션뿐만 아니라 다른 지역행사를 반경 _____________(e.g. 50)마일 안의 고개들에게 알리고 회사가 후원하는 것을 보여주기 위해 단체 이메일 보내는 사이트를 통하여 메일을 보낸다.

이메일에는 홍보행사나 쇼 참가에 대해 발표하고 짧은 판매 메시지를 담을 것이다. 수신자가 이벤트에 대한 더 많은 정보를 확인하기 위해 웹사이트 링크를 클릭하고 페이지를 인쇄해 행사에 가지고 오도록 할 것이다.

이 회사들이 제공한 소프트웨어는 각 이메일마다 자동으로 고객이름으로 바꾸어서 각 메시지의 성공을 평가할 수 있게 해주는 자세한 사용자 클릭 행동 보고서를 제공한다. 때문에 다이렉트 메일을 보내는데 필요한 비용을 엄청나게 절감시켜준다.

고객은 본인이 선호하는 주제를 선택할 수 있고 회사는 선택한 주제에 대한 홍보 이메일을 보낼 것이다. 과거 구매패턴과 이전 뉴스레터에 클릭한 링크와 설문조사에 표시한 내용을 바탕으로 세분시장을 통지해주고, 이에 맞춘 특별한 서비스나 혜택을 제공할 것이다.

이 이메일 마케팅의 목표는 적절한 고객의 니즈를 적합한 시점에 합당한 주제제목과 컨텐츠를 제공하는 것이다. e-뉴스레터는 대부분의 고객들에게 어필되겠지만, 다양한 고객영역에 접근하는 타겟팅 메일링은 고객과 더 깊은 관계를 형성하고 더 높은 매출을 이끌어 낼 것이다.

출처 | Vertical Response |
www.verticalresponse.com/email-marketing
http://www.verticalresponse.com/blog/
| Lyris | http://lyris.com/us-en/services

MySpace 광고

MySpace.com을 통하여 타겟고객에게 마케팅 메시지를 전할 수 있는 그래픽 "디스플레이" 광고 셀프서비스를 제공하고자 한다. 새 MySpace 서비스를 이용하면 화장품 회사 광고를 올리거나 온라인 툴을 사용해 광고를 쉽게 제작하고 $25에서 $10,000의 캠페인을 위한 예산을 짤 수 있다. 목표로 할 구체적인 성별과 연령대, 지리적 지역을 선택하여 누군가 우리 광고를 클릭할 때마다 MySpace에 돈을 준다. 광고는 다른 MySpace 페이지 혹은 외부 웹사이트와 링크되어 있다. MyAds는 우리 광고를 MySpace 사용자 프로파일과 블로그, 코멘트에 관련용어를 사용하는 구체적인 사람들을 타게팅 할 수 있게 해준다. 즉, 회사가 마케팅 조사 설문을 통해 밝힌 기존 고객층과 비슷한 관심사를 가진 잠재적 고객들을 목표로 할 수 있게 해준다. 또한 MySpace의 게시판 기능을 통해 회사의 마일스톤 달성과 곧 있을 행사에 대해 알려줄 수 있다. 또한 화장품 평가에 대한 비디오를 홈페이지에 올리고 다른 MySpace 사용자들과 공유하길 장려할 것이다.

LinkedIn.com

Linkedin은 구글 같은 검색엔진에 상세한 프로파일을 색인에 올리게 해주는 옵션을 제공한다. 이 옵션을 이용하여 우리 회사가 웹에서 더 많이 노출될 수 있게 할 것이다. 위젯을 사용해 다른 도구 즉, 블로그 항목이나 트위터 스트림을 우리 프로파일에 불러와 통합하고, 간단한 설문조사로 시장에 대한 지식도 얻을 것이다. 우리의 전문지식을 보여주기 위해 질의응답 코너에서 질문에 답하고, 고객과 투자자가 무엇을 원하거나 생각하는지 파악하기 위해 질의응답 코너에 질문할 것이다. 우리 LinkedIn URL을 명함과 이메일 사인, 뉴스레터, 웹사이트 같은 모든 마케팅 자료에 게재할 것이다. 네트워크를 키우기 위해 산업과 사업에 관련된 멤버십에 가입할 것이다. 최근 성공사례를 업데이트하고 다른 소셜미디어 계정을 링크하고 업데이트할 것이다. 브랜드 혹은 사업의 그룹이나 팬 페이지를 시작하고 관리할 것이다. 고객들에게 화장하는 방법 같은 유용한 아티클을 공유하고, 기꺼이 고객증언을 제공할 고객들로부터 LinkedIn 추천을 요청한다.

프레젠테이션 앱을 사용해 회사 프로파일에 관한 프레젠테이션을 올릴 것이다. 우리회사의 첫 단계 연락처에 있는 사람들에게 주변사람들을 추천해 줄 것을 요청하고 다른 소셜미디어 사이트에서 우리회사를 보지 못한 사람들에게 접근하기 위해 정기적으로 LinkedIn과 교류할 것이다. 우리회사의 가치요약을 포함하는 아티클을 게재하여 링크를 공유하고 뉴스레터 정보와 기타정보도 등재한다.

제품할인과 패키지 딜을 올리고, 타겟시장이 볼 수 있는 직접광고도 구매할 것이다. LinkedIn의 연락처를 통하여 벤더와 계약자도 찾을 수 있다.

페이스북(Facebook.com)

급변하는 세상에서 사업을 발전시키고 고객들과 연결을 유지하기 위해 페이스북을 이용할 것이다. 페이스북 컨텐츠를 통해 고객들과 커뮤니케이션하고 그들에게 정보를 제공하고자 한다. 정보와, 사용 전후 비교 사진, 상호작용 질의응답, 현재 유행, 이벤트, 산업자료, 교육, 홍보, 특별상품, 유머, 재미 등 풍부한 컨텐츠를 제공할 수 있다. 우리는 단계별로 페이스북에서 고객을 모을 것이다:

1 페이스북에서 무료 페이스북 계정을 만든다.

2 페이스북 친구를 추가하는 것으로 시작한다. 가장 빠른 방법은 페이스북에서 이메일 주소들을 자동으로 불러와 모든 고객들을 초대하는 것이다.

3 페이스북 페이지에 "화장품 사용과 스킨케어 목표 통합 방법"이란 제목의 비디오를 올려 고객들이 볼 수 있게 한다. 비디오를 처음에 유튜브에 업로드 하고, 페이스북 페이지에 공유할 것이다. 비디오는 사람들이 페이스북 페이지에서 활동적으로 관계할 수 있는 좋은 방법이다.

4 회사 페이스북 페이지로 연결되는 링크와 함께 새 비디오를 보고 우리 페이스북 페이지에 피드백을 올리도록 장려하는 이메일을 고객층에 보낸다.

5 고객의 피드백에 빠르게 반응하고, 피드백에 대한 미니조사를 하는 링크를 추가한다.

6 회사의 페이스북 계정이 유용한 마케팅도구가 되어, 믿을만한 전문가가 될 수 있도록 페이스북 페이지를 최적화한다.

7 매주 모든 페이스북 팬들에게 특별할인과 함께 메시지를 보낸다.

8 고객들은 회사의 의사결정에 영향을 미치는 것을 좋아하기 때문에 페이스북과 인스타그램에서 팬들에게 선호하는 제품 투표를 요청하려고 한다.

출처 http://www.facebook.com/advertising/
http://www.socialmediaexaminer.com/how-to-set-up-a-facebook-page-for-business/

> 예   시 : www.facebook.com/ManufacturerDirectCosmetics

페이스북 프로필은 개별 사용자 한 사람을 나타낸다. 각 프로필은 한 사람만 관리할 수 있으며 각 회원은 자신만의 홈과 정보 탭, 좋아하는 것, 관심사, 사진, 비디오, 이벤트가 있다.

페이스북 그룹은 팬 페이지와 비슷하지만 보통 비슷한 관심사를 가진 사람들끼리 개별적으로 토의하기를 원할 때 그룹을 만들어 사용한다. 보통 회원들은 사업보다는 관심 있는 주제에 관해 토의하길 원한다.

페이스북 팬 페이지는 회원이 가질 수 있는 세 가지 옵션 중에서 구전효과를 가장 많이 만들 수 있는 옵션이다. 누군가 팬 페이지의 회원이 되거나 회사의 포스팅에 대해 코멘트를 달면 팬 페이지 회원의 친구들 모두에게 전파되기 때문이다. 이 방법으로 회사 정보를 많은 사람에게 신속하게 내 보낼 수 있다. 게다가 이 페이지의 가장 큰 장점은 신제품에 대한 업데이트나 컨텐츠를 팬들에게 보내서 브랜드를 더 많이 노출할 기회도 잡을 수 있다는 것이다.

페이스북 라이브는 사람들이나 일반 대중에게 생중계 비디오를 공유할 수 있게 해준다.

소셜미디어 마케팅 실행방법

1 매일 페이스북에 들어가서 대화를 이어갈 수 있도록 직원을 지정한다.

2 얼마나 자주 컨텐츠를 포스트하고 고객의 코멘트에 얼마나 빨리 대답해야 하는지(보통 두어시간 이내) 정한다.

3 회사 제품이나 전문분야에 대해 진정한 관심을 보이는 팔로워를 팔로우하거나 좋아요를 눌러준다.

4 자신의 담벼락 뿐만 아니라 가장 활발하고 영향력 있는 사람의 담벼락에도 함께 게시한다.

5 팔로워에게 좋아요를 클릭해달라고 정기적으로 요청한다.

6 남벼락의 포스트를 모니터하고 입무일에는 매 2시간마다 빈응을 보인다.

페이스북 내에서 화장품 회사를 광고하기 위해 다음의 방법들을 사용할 것이다:

1 페이스북 페이지에서 블로그 포스트를 홍보한다.

2 서비스 직원들이 일하는 모습을 비디오로 게시한다.

3 불경기에는 긴급 할인행사를 한다.

4 쿠폰과 홍보용 증정품을 위한 랜딩 페이지(키워드 혹은 배너광고 등으로 유입된 인터넷 이용자가 다다르게 되는 마케팅 페이지: 역자 주)를 만든다.

5 대표이사의 메시지를 보여주는 환영 비디오를 만든다.

출처 │ Pagemodo │

6 지역 자선단체 웹사이트 링크를 올려 그들을 지원한다.

7 고객들에게 감사를 표하는 동시에 그들의 사업을 홍보한다.

8 마일스톤 결과를 설명하고 고객들의 역할에 감사를 표한다.

9 기업고객들에게 별도의 감사표시를 한다.

10 ____________사건에 대해 고객들에게 스토리를 만들어 줄 것을 요청한다.

12 피드백을 얻기 위해 페이스북 페이지 내 투표 앱을 사용한다.

13 페이스북 리뷰를 사용하여 긍정적 코멘트는 강조하고 부정적 코멘트에 대답한다.

14 제품요약과 비디오 프로파일과 함께 직원들에게 고객들을 소개시킨다.

15 우리 전문지식을 보여주기 위해 색다른____________사진 갤러리를 만든다.

우리는 또한 다음의 위치기반 플랫폼의 이용을 검토할 것이다:

- FourSquare — GoWalla
- Facebook Places — Google Latitude

지역사회에 서비스를 제공하는 화장품회사이기 때문에 지역기반 플랫폼의 잠재력을 인식하고 있다. 위치기반 앱에는 정확히 우리가 끌어들이려는 소비잠재력이 높은 고객이 많고 그들의 영향력이 점점 더 커지고 있다. 사람들은 주로 지역에서 일어나는 일에 대해 알기 위해 위치기반 앱에 연결한다.

Foursquare.com

사용자들은 웹페이지와 모바일 앱에 들어가 위치를 포스트하고 친구들과 연결할 수 있다. 사용자들의 체크인을 촉진하기 위해 체크인할 때마다 포인트를 제공한다. 사용자들은 체크인하면 트위터나 페이스북에 체크인 했다고 포스트할 수도 있다. 1.3버전 아이폰부터는 "Pings"라 불리는 기능으로 친구에게 업데이트를 자동으로 보낼 수 있다. 사용자가 체크인 횟수, 체크인하는 특정시간과 같은 태그를 가지고 어떤 장소에서 체크인하면 배지를 얻을 수도 있다.

출처 https://foursquare.com/business/

인스타그램

인스타그램은 사용자들이 사진 및 비디오를 찍고 거기에 디지털 필터를 입히고, 페이스북, 트위터, 텀블러, 플리커 같은 소셜 네트워킹 서비스에 공유할 수 있게 해주는 사진 및 비디오 공유 소셜 네트워킹 서비스다. 독특한 특징은 코닥 인스터매틱과 폴라로이드 이미지와 비슷하며, 핸드폰 카메라에 전형적으로 쓰이는 16:9 비율과는 다르게 사진을 정사각형으로 제한한다. 최대 15초짜리 짧은 비디오를 찍고 공유할 수 있다.

브랜드 스토리를 더 자세하게 이야기하고, 그 컨텐츠를 고객들이 이용하고, 전용 매장 혹은 사이트에 방문하도록 다음의 방법으로 인스타그램을 사용할 것이다:

1 고객들과 팬들이 제품효과를 구체적으로 알게 한다.

2 인지도를 위해 트렌드, 이벤트 혹은 휴가시즌에 집중적으로 이용한다.

3 우리가 영업 중이며 화려한 제품라인이 있다는 걸 사람들에게 알린다.

4 고객층을 활성화하고 노출을 증가시키기 위해 달마다 콘테스트를 열어 해시태그된 사진을 뽑는다.

5 고객의 사용 전후 비교 사진을 게시하도록 권장한다.

주:트윗에 흔히 보이는 해시태그는 우물정자(#)로 시작하는 단어 혹은 연결된 구(띄어쓰기 없음)이다. 이는 매우 인기 있어서 요즘에는 페이스북, 인스타그램, 구글+같은 소셜 미디어에서도 지원한다. 클릭하면 같은 해시태그를 사용하는 피드(리스트)만 따로 보여주는 단어 혹은 구가 된다. 예를 들어, #__________를 클릭하거나 검색창에 치면 __________에 대한 모든 트윗 리스트를 볼 수 있다.

팟캐스팅

처음에 오디오 팟캐스팅을 할 것인지 비디오 팟캐스팅을 할 것인지 정할 것이다. 그리고 나서 어떤 플랫폼을 사용해 그 팟캐스트를 퍼뜨릴지 결정할 것이다. 웹에서 우리 팟캐스트를 제출할 팟캐스트 디렉토리 리스트를 찾을 수 있다. 가장 유명한 것은 iTunes다. 제품유통에 대해 잘 알려진 팟캐스트 디렉토리 중에 하나는 podcast alley다. 팟캐스팅은 사람들이 컨텐츠를 블로그에서 바로 읽고 들을 수 있고 그만큼 많은 트래픽을 만들 수 있다. 팟캐스팅의 타겟은 직접판매, 홈파티 계획, 재택사업과 관련된 25-50세의 여성이 될 것이다. 팟캐스트는 스토리 공유와 인터뷰, 팁, 마케팅 수업, 요령, 교육적 수업에 초점을 맞출 것이다. 서론, 본문, 결론을 포함한 팟캐스트 개요를 쓰고, 이에 맞추어 개발한다. 맥 컴퓨터에는 소프트웨어 개러지밴드가 내재되어 나오는데, 이를 통해 쉽게 우리 mp3 팟캐스트를 녹화하고 전환할 수 있다. 팟캐스트를 만들기 위한 주요 구성요소는 다음과 같다:

1. 맥의 개러지밴드	2. Audacity for PC's
3. 마이크	4. 편집
5. 도입부 & 엔딩 음악	6. 사진
7. RSS 피드 크리에이터!	8. 팟캐스터 예. iTunes
9. 인터넷 연결	

팟캐스트는 정보와 광고를 제공하고 고객들을 끌어올 수 있게 해준다. 우리 월간 팟캐스트는 __________명의 최종 청취자가 들을 것이다. 팟캐스트는 이제 iPod같은 모바일 디바이스에서도 다운 받을 수 있어 회사에 정보를 제공할 새로운 방법과 광고를 위한 추가적인 방법이 될 것이다. 중요한 주제와 예정된 행사 진행상황, 할인에 민감한 고객이 관심 있을만한 것들을 전하기 위해 이 매체를 사용할 것이다. 프로그램 길이는 10분 정도이며 iTunes에서 다운 받을 수 있다. 매스 미디어가 되는 것이 목표가 아니라, 평균이상의 학력과 매우 특별한 관심사를 가진 틈새시장을 노리는 것이다. 우리회사 제품판매를 위해 적절한 정보와 함께 타겟 청취자에게 접근할 매우 직접적이고 저렴한 방법이다.

블로깅

고객과 잠재고객에게 새 화장품 디자인과 쇼 행사 참가, 회사와 관련된 추가 서비스에 대해 계속해서 알려주기 위해 블로그를 이용할 것이다. 블로그는 독자들에게 그들이 기대할 만한 전문 화장품 정보의 좋은 출처라는 것을 보여줄 것이다. 회사가 디자이너 라인이나 콘테스트 개최, 특가 상품 입점을 소개할 때마다 고객에게 계속해서 알려줄 것이다. 고객증언과 성공스토리를 공유하며 사진을 많이 사용하려고 한다. 사진은 즐거워하는 고객들의 얼굴을 보여줄 것이다. 블로그 게시물은 또한 우리가 화장품을 어떻게 만드는지, 무엇이 우리 독창성에 영감을 주는지 설명할 것이다. 방문자들은 우리 RSS피드를 구독할 수 있으며, 스팸필터 없이 바로 업데이트될 것이다. 또한 마케팅 제안과 차후 제품 카테고리 추가제안을 얻기 위해 블로그를 이용할 것이다. 추가적으로 블로그는 무료이고 지속적으로 간편한 업데이트가 가능하다.

블로그는 우리 회사에 다음의 이점을 줄 것이다:

1 비용합리적 마케팅 도구.

2 확장된 네트워크.

3 새 맞춤제작 서비스를 위한 홍보 플랫폼.

4 비슷한 관심을 가진 사람들에게 소개.

5 신뢰성과 전문성 구축.

다음의 목적으로 블로그를 사용할 것이다:

1 고객증언과 경험, 의미 있는 성공스토리 공유.

2 회사가 새 서비스를 낼 때마다 고객에 통보.

3 새로운 사용법에 대한 조언.

4 연구결과 토론.

5 유용한 컨텐츠 발표.

6 다양한 포맷의 피드백.

7 트위터 같은 다른 소셜 네트워킹 사이트 연결.

8 구글 순위 향상.

9 자동 RSS피드 활용.

다음의 블로그 작성지침을 따를 것이다:

1 흥미를 유발하기 위해 일주일에 최소 두세 번 블로깅할 것이다.

2 블로그를 웹사이트 디자인과 통합할 것이다.

3 블로그는 유용한 정보를 전달하기 위해 사용하고 광고목적으로는 사용하지 않는다.

4 컨텐츠는 이해하기 쉽게 만든다.

5 타겟고객의 니즈에 맞는 컨텐츠만 만든다.

블로그는 정기적으로 다음 컨텐츠를 작성하여 업로드 한다:

1 유용한 아티클과 평가 쿠폰.

2 이메일 주소와 교환으로 유용한 무료 보고서.

3 전문 참고소스뿐만 아니라 고객, 온라인 및 오프라인 커뮤니티 회원을 위한 유익한 정보.

4 고객을 교육하고, 보다 많은 정보와 무료 리포트를 찾으러 회사 블로그를 방문하도록 소셜미디어를 전초기지로 활용한다.

블로그 방문자를 늘이기 위해 회사가 보유한 연락처에 다음 활동을 취한다:

1 연락처 양식을 헤더 아래, 블로그의 왼쪽 위에 넣는다.

2 헤더 안에 모든 연락처를 넣는다.

3 블로그에 독자들이 가입 다음 단계를 위한 페이지를 추가하고 "저희 고객이 되세요"라는 제목을
   붙인다.

4 매 블로그 포스트 끝마다, 독자들이 다음에 무엇을 할지 말해준다; 우리 RSS피드를 신청하세요,
   혹은 뉴스레터 메일링 리스트에 가입하세요.

출처 | U.S. census Bureau Statistics | www.census.gov
      www.blogger.com / www.blogspot.com / www.wordpress.com

예   시 : www.naturalsoltercosmetics.com/blog/blog-de-natural-solter-fabricantes-de-
           cosmetica-natural-y-ecologica/

트위터

기존 고객으로부터 새 사업을 만들고 온라인에서 장래의 고객을 만들 방법으로 트위터를 이용할 것이다. 트위터는 사용자가 140자까지 텍스트 메시지를 보낼 수 있고 다른 사용자의 업데이트(다른 말로는 트윗한다고 함)를 보내고 읽을 수 있는 무료 소셜 네트워킹 및 마이크로 블로깅 서비스다. 업데이트는 사용자의 프로파일 페이지에 보이며 업데이트를 보도록 등록한 다른 유저들에게 전달된다. 메시지를 보내는 사람은 메시지를 팔로워나 친구에게만 보낼 것인지 모든 사람에게 보낼 것인지 정할 수 있다. 사용자들은 트위터 웹사이트나 SMS, RSS피드, 이메일을 통해 업데이트를 받을 수 있다. 우리는 트위터 계정을 이용해 질문에 직접 대답하고, 뉴스를 배부하고, 문제를 해결하고, 업데이트를 게시하고, 화장품 라인과 맞춤 블렌드 서비스 특별할인을 제공할 것이다.

트위터에서 ___________(회사명)의 "팔로워"로 등록하는데 대한 다음의 설명을 제공할 것이다:

1 트위터 계정에서 오른쪽 위에 있는 "친구찾기"를 클릭하여 연락처에 있는 친구를 찾을 수 있는
   새 페이지로 넘어간다.

2 '트위터 검색하기'라는 문구가 있는 검색박스를 통하여 찾을 수 있다. .

3 ___________(회사명)/___________(대표이사)를 치고 '검색'을 클릭하면 검색결과가 나올 것
   이다.

4 파란색 '___________' 이름을 클릭해 자기소개를 확인하고 '팔로우' 버튼을 선택한다.

예   시 : www.twitter.com/oatcosmetics

회사 로고

로고는 우리가 누구이고 무엇을 하는지 자세하게 나타내며, 전문적인 브랜드 이미지를 전달하는데 도움을 줄 것이다. 로고는 회사의 이미지와 우리가 전달하려 하는 메시지를 나타내며 회사의 철학과 목표를 반영할 것이다. 회사 로고는 다음의 디자인 지침을 포함할 것이다:

1 화장품산업이나 회사이름, 회사의 결정적인 특징, 우리가 제공하는 경쟁우위와 관련된 이미지를 사용한다.

2 로고는 단순하며 빠르게 알아볼 수 있어야 한다.

3 눈에 띄는 강렬한 선과 글자를 포함한다.

4 추가설명 없이 예상치 못한 독특한 무언가를 나타내도록 한다.

5 흑백과 잘 어울린다(단색 인쇄).

6 크기 변화가 가능하고 작은 것과 큰 것 모두 만족스러워야 한다.

7 미술적으로 안정되고 색과 선, 밀도, 모양을 효율적으로 사용한다.

8 경쟁사와 비교하여 독특하여야 한다.

9 전문적으로 개발된 오리지널 디자인을 사용한다.

10 다른 미디어나 자료에 사용할 때 원래 품질을 유지해야 한다.

11 타겟 고객에게 어필할 수 있어야 한다.

12 옥외 광고에 사용할 때는 멀리서도 쉽게 인식할 수 있어야 한다.

출처 www.freelogoservices.com/, www.hatchwise.com
ww.logosnap.com, www.99designs.com
www.fiverr.com, www.freelancer.com

로고 디자인 가이드:

www.bestfreewebresources.com/logo-design-professional-guide

www.creativeblog.com/graphic-design/pro-guide-logo-design-21221

모금행사

암환자를 위한 모금행사 같은 팀을 후원하는 것은 관계를 맺고, 인지도를 얻고, 좋은 일에 쓰일 돈을 모을 좋은 방법이 될 것이다. 자선기금모금을 포함한 지역사회 봉사활동 프로그램과 지역 학교 시스템에 관심을 보여주는 것은 지역사회에서 "좋은 기업시민"이 되는 것과 동시에 화장품 회사 트래픽 증가를 도와줄 것이다. 다음의 지침에 따라 회사를 위한 성공적인 모금 행사 프로그램을 실행하고 지역사회에서 좋은 이미지를 구축한다:

1 지역적인 기업이 된다

모든 주민들의 지지를 받기 위해 지역 내에서 가치 있는 일을 찾는다.

2 미리 계획한다

모금행사를 계획하기 전에, 잘 준비되었는지 달성하고 싶은 모든 것을 정리했는지 확실히 한다.

3 현지 매체와 접촉한다

행사에 대해 이야기하기 위해 교외신문사와 접촉하고 지역 TV와 라디오 방송국에 보도자료를 보

낸다.

4 지역 사업가에게 연락한다

행사를 홍보하기 위해 다른 사업가에 연락하여 매장에 포스터를 붙이고 전단을 나누어 주게 한다.

5 행사주관자의 도움을 받는다

모금행사의 대상 단체가 기꺼이 행사에 참여하고, 행사를 위해 우리 매장에 사람들을 초대하고,

전단배포를 도와주고, 다른 기업 매장에 포스터를 붙이게 할 것이다.

6 보상쿠폰을 제공한다

고객의 다음 구매 때 할인을 받을 수 있고, 금액에 따라 회사가 추가 기부를 해주는 "보상" 쿠폰

을 증정할 것이다(행사와 연계하기 위해 2주간의 기한을 준다).

7 행사를 위해 충분한 제품과 인력을 준비한다.

모금행사 시행계획 체크리스트:

1 모금행사를 위한 지역 자선단체를 고른다.

2 일반적으로 매출의 일정 퍼센트를 기부금으로 계산한다.

3 자선그룹에 행사 홍보와 지원을 요구한다.

4 행사 전과 후의 노출을 위해 지역 미디어에 연락한다.

5 지역의 다른 회사에 전단을 붙이는 것과 자료의 인쇄 기증을 요청한다.

6 새 고객들이 돌아오게 하기 위해 보상쿠폰을 사용한다.

7 충분한 인력과 제품으로 준비한다.

보이스메일 광고

보이스메일 메시지를 통해 24시간 광고를 할 계획이다. 회사가 제공하는 모든 서비스와 현재 진행

하는 프로모션, 영업시간을 설명하는 전화메시지나 보이스메일을 사용한다. 사람들이 영업이 끝난

시간이나 바쁜 시간에 전화할 때, 그들에게 할인된 제품과 특별 선물증정 서비스에 대한 정보를

제공 한다.

부가가치 마케팅

이 마케팅 접근법은 다른 지역 기업과의 쿠폰을 공유하는 것을 뜻한다. 예를 들어, 매장에서 일정금

액 이상을 구매하면 고객에게 지역 레스토랑의 할인쿠폰을 제공한다. 지역 레스토랑은 회사의 할인

쿠폰을 잠재적인 고객에게 나눠주는 조건으로 레스토랑의 할인쿠폰을 회사에게 무료로 제공해준다. 이런 거래는 반대의 경우도 마찬가지이다. 이런 협력관계에서는 쿠폰을 제품사용 시도를 장려하는 도구로 사용하여 고객에게 부가가치 혜택을 줄 수 있다.

빌보드

회사의 브랜드 인지도와 상표인지를 높이기 위해 빌보드광고를 이용할 것이다. 눈길을 끌고 유익한 광고판을 디자인하는데 사업명과 위치, 그래픽, 8자 이하의 카피를 쓴다. 사람들의 눈이 광고판의 왼쪽 위에서부터 오른쪽 아래로 움직이는 사실을 고려하여 디자인한다. 하늘과 다른 환경과 대조를 이루기 위한 색과 사진을 사용할 것이며 레이아웃을 깔끔하게, 메시지는 간단하게 직접적인 행동지침을 포함시킬 것이다. 광고판의 크기에 따라, 매달 $1,000에서 $5,000로 비용이 달라질 것이다. 장기계약 할인도 협상한다.

출처 | Outdoor Advertising Association of America | www.oaaa.org
| EMC Outdoor, Inc. | www.emcoutdoor.com

극장광고

극장광고는 극장 내 촉진을 통해 회사의 총 천연 화장품회사를 홍보하는 방법이다. 극장광고의 목표는 극장 내에서 여러 방법으로 광고 메시지를 관객들에게 노출시키는 것이다. 채널을 바꿀 수 없고 조용한 곳에서 집중하고, 기분이 좋은 수용적인 상태의 관객에게 지역적으로 타겟한 40 피트 화면에 음악과 음성이 포함된 풀컬러 상호작용 광고를 내볼 수 있다.

출처 | Velocity Cinema Advertising | http://velocityad.com/
| NCM | www.nationalcinemedia.com/intheatreadvertising/

한국판 참조자료

| 한국옥외광고협회 | http://www.koaa.or.kr/
| 한국옥외광고미디어협회 | http://www.akoam.or.kr/
| 한국옥외광고센터 | www.ooh.or.kr
| 경기도옥외광고협회 | www.goaa.or.kr
| 한국광고총연합회 | www.kfaa.org

모바일 마케팅

고객들은 문자 내용에 "___________"를 적어 ___________(#)로 보내면 모바일 쿠폰을 받을 수 있다. 메시지의 두 번째 부분은 고객에게 ___________(회사명)으로부터 매주 연락을 받기 위해 이메일 주소를 등록할 것인지 물어볼 것이다. 첫 번째 쿠폰으로 ___________(회사명)에서 구매하는 제품과 서비스에서 $ ____________를 할인해준다. 고객들에게 휴가선물 상품 특별할인을 포함한 추가 할인을 계속해서 제공할 수 있고 캠페인뿐만 아니라 고객과 지속적으로 커뮤니케이션할 수 있다.

출처 www.mobilemarketing.com
| Mobile Marketing Association | www.mmaglobal.com

인포모셜(Informercial, 직접반응 TV)

인포모셜 광고는 상업적 TV 프로그램이나 고객들에게 스폰서의 제품이나 서비스에 관련된 정보를 주는 비교적 긴 광고물을 의미한다. 인포모셜은 사업에 통합될 수 있는 강력한 판매도구로서, 특히 직접판매에 효과적이다. 모든 인포모셜에는 6개의 판매 기법이 있다.

1. 제품지식	2. 반복
3. 고객증언	4. 판매보조
5. 긴급할인	6. 고객들을 흥분시키는 요소

정서적 욕구를 창출하기 위한 인포모셜 시스템을 마케팅 전략에 통합시켜 고객들이 할인된 제품에 대한 욕구가 커져 구매로 이어지게 할 것이다:

1 제품 지식 : 고객들이 왜 우리 제품이나 서비스가 필요한지 알 수 있게 제품이나 서비스의 이점에 대해 교육하여 고객이 제품/서비스를 통해 어떻게 그들의 삶이 향상되는지 알려주는 것을 목표로 한다.

2 반복 : 회사가 많은 시간을 쏟아 제품의 가치제안 또한 상승될 것이다.

3 고객증언 : 고객의 제품사용 효과에 대한 증언을 모아 사람들이 듣게 하고, 신뢰할 만한 외부 전문가의 의견을 인용한다.

4 판매보조 : 전시나 이벤트에서 얘기하기 좋아하는 판매보조원을 써서 고객들에게 질문을 받고 관심을 끌도록 한다.

5 긴급할인 : 월간 및 유통기한이 다가오는 제품을 시간제한을 두어 긴급할인 한다.

6 고객흥미 유발요소 : 사람들은 품질과 서비스에 흥분하고, 흥겨워하며, 감명받을 때 브랜드에 정서적으로 연대된다.

출처 http://directresponsetvproduction.com/commercials/

구글맵

우리 사업을 검색할 때 구글맵에 우리 사업이 리스트 되어있는지 확인한다. 만약 우리회사가 리스트에 없다면, 구글맵에 회사위치를 추가한다. 구글맵에 우리회사가 있다 하더라도 지역 사업 센터 계정을 만들어 관련정보와 대표이사 프로파일을 추가하는 등 구글맵정보를 관리한다. 소비자들은 보통, "운전 경로"와 "회사 검색" 두 가지 이유로 구글맵을 사용한다.

출처 http://maps.google.com/

애플 맵

애플에서 개발했으며 애플폰이나 맥 컴퓨터, 애플왓치에 자동으로 들어가는 지도 서비스이다. 자동차, 대중교통, 걷기로 가는 길과 예상 도착 시간을 알려준다.

<추천 : http://www.apple.com/ios/maps/, https://en.wikipedia.org/wiki/Apple_Maps>

구글 플레이스

구글 플레이스는 사람들이 어떤 총 천연 화장품 아울렛으로 갈지에 대해 더 현명한 결정을 하게 도와준다. 플레이스 페이지는 웹 전체에서 가장 좋은 소스와 사진, 리뷰, 필수정보로 사람들과 정보를 연결한다. 온라인 노출을 증가시키기 위해 구글플레이스의 리스트가 최신임을 확인해야 한다. 구글 플레이스는 구글맵 리스트와 연결되어 있으며, 사람들이 우리 지역에서 총 천연 화장품회사를 검색할 때 구글 검색결과 첫 페이지에 올라가도록 한다.

출처 www.google.com/places

Yelp.com

사람들이 우리 지역 사업을 찾는데 도움을 주기 위해 Yelp.com를 사용한다. Yelp의 방문자들은 85%이상이 사업에 별 3개 혹은 그 이상을 주는 리뷰를 작성하고, 리뷰 이외에 방문자들은 행사와 특별할인, 리스트를 찾고 다른 Yelpers와 이야기하기 위해 Yelp를 사용할 수 있다. 사업주로서, 할인과 사진을 올리고 고객들에게 메시지를 보내기 위한 무료 계정을 만들고 "스폰서 광고"라고 명확히 분류된 광고를 진행할 예정이다. 또한 최근 개업과 다른 일에 대한 뉴스를 전하기 위해 42개 시내판에서 볼 수 있는 Weekly Yelp를 사용할 것이다.

> 예   시 : www.yelp.com/search?find_desc=Cosmetic+Company+Outlet&find_loc=Napa%2C+CA

Manta.com

Manta.com는 6400만개이상의 사업과 단체의 프로파일을 가진 소기업정보를 제공하는 가장 큰 무료 소스다. 사업주와 영업 전문가들은 쉽게 잠재고객들과 연결하고, 그들의 서비스를 홍보해주는 Manta의 방대한 데이터베이스와 맞춤검색 능력으로 잠재고객과 연결하며, 촉진하는데 사용한다. Manta.com은 오하이오 콜럼버스에서 2005년에 설립되었다.

클릭당 지불 광고(Pay-Per_Click Advertising)

구글 애드워즈와 야후! 검색 마케팅, MS애드센터는 3개의 가장 큰 전송망 사업자들이고, 모두 입찰기반 모델로 운영한다. 클릭당 광고료 지불(CPC : Cost Per Click)은 검색엔진과 특정 키워드에 대한 경쟁수준에 따라 바뀐다. 구글 애드워즈는 구글 검색결과 옆에 나오는 작은 텍스트 광고인데 NYTimes.com(뉴욕타임즈)와 Business.com, Weather.com, About.com외 다수의 파트너 웹사이트에도 나온다. 구글의 텍스트 광고는 짧게, 제목 한 줄, 내용 두 줄이다. 이미지 광고는 Interactive Advertising Bureau(IAB)에서 정한 몇 가지 표준크기에 따른다.

구글 애드워즈의 클릭당 지불 광고 프로그램을 통하여 구체적인 검색단어에 대한 광고를 뜨게 할 계획이다. 이 PPC 광고 캠페인은 누군가 우리 사업이나 단체, 주제와 연관된 키워드를 검색할 때 우리 광고가 나오게 해준다. 더 중요한 건, 잠재적 고객이 우리 웹사이트를 방문하기 위해 광고를 클릭할 때만 돈을 지불하면 된다. 예를 들어, 우리는 ___________(주) ___________(시)에서 화장품 회사를 운영하고 있기 때문에 "___________(주) ___________(시)에 있는 화장품회사, 천연 화장품, 에센셜 오일, 유기농 화장품, 총 천연 화장품, 화장품 공장, 미네랄 화장품, 스킨케어 제품" 같은 검색단어를 사용하는 사람에 초점을 맞출 것이다. 효율적인 PPC(Pay-Per_Click의 약자로, 검색결과를 클릭한 횟수에 따라 광고비를 지불하는 방식 : 역자 주) 캠페인으로 우리 광고는 사용자가 앞의 키워드 중 하나를 검색했을 때만 보일 것이다. 한마디로, PPC 광고는 우리 화장품 생산사업을 위한 가장 비용효율적이고 중요한 광고 방식이다(이러한 방식의 광고는 네이버나 다음과 같은 국내 포털사이트에도 가능하며 매달 원하는 금액만큼만 보이도록 클릭수를 조정할 수 있다: 역자 주).

출처 http://adwords.google.com/support/aw/?hl=en / www.wordtracker.com

온라인 디렉토리 리스트

다음의 디렉토리 리스트는 자체사유기술을 사용하여 특정 지역에서 고객과 산업 전문가를 연결시켜준다. 구체적인 틈새시장에 대한 지역 검색능력은 고객에게 매우 유용하다. 이 디렉토리에서 클릭이 판매로 이어지고, 고객관계의 가치를 최대화하도록 회원 사업과 잠재 구매고객과 연결되게 도와준다. 온라인과 오프라인 디렉토리 커뮤니티는 고객들이 빠르게 화장품 회사를 찾을 수 있는 빠르고 쉬운 저가 혹은 무료 솔루션을 제공한다. 우리는 모든 무료 디렉토리와 계약하고, 요금을 받는 디렉토리는 효과를 평가하여 가입여부를 결정한다.

1 Wholesale Central   : www.wholesalecentral.com/Cosmetics-Health-Beauty.html
2 http://www.cosmoprofdirectory.com/cosmetics-manufacturers/
3 www.thomasnet.com/products/contract-manufacturing-cosmetics-17872656-1.html
4 Amazon : www.amazon.com
5 Sundance : www.sundance.com
6 Cosmetic Industry : www.cosmeticindustry.com/
7 http://www.cosmeticsbusiness.com/Company/list_main

다른 일반 디렉토리:

Switchboard Super Pages	YellowPages.com
MerchantCircle.com	Local.com
Yelp.com	BrownBook.com
InfoUSA.com	iBegin.com
Bestoftheweb.com	YellowBot.com
HotFrog.com	InsiderPages.com
CitySearch.com	YellowUSA.com
Profiles.google.com/me	Whitepages.com
LinkedIn.com	Judysbook.com
PowerProfiles.com	Google.com
Company.com	Yahoo.com
Get Listed : http://getlisted.org/enhanced-business-listings.aspx	
Universal Business Listing : https://www.ubl.org/index.aspx	

Universal Business Listing(UBL)는 온라인 사업정보를 수집하고 유통하는 중앙센터 역할을 하는 지역산업 검색 서비스이다. UBL은 완전하고, 정확하며, 상세한 기업정보를 광범위하게 제공하는 원스톱 리스팅으로서 사업주, 마케팅 담당자 정보를 함께 제공한다.

세미나

세미나는 다음의 마케팅 및 네트워킹 기회를 제시한다:

1 프레젠팅 스폰서로서 사이니지(Signage) 설치 및 브랜딩 기회.

2 로고가 박힌 인쇄물을 제공할 기회.

3 광고와 홍보를 통한 미디어 노출.

4 고객그룹의 니즈 이해와 제품추천 솔루션을 보여주는 1대1 소통 기회.

5 데이터베이스 구축을 위해 이름과 이메일주소 수집을 위한 회원가입 신청서 사용.

세미나 자금 소스:

1 유인물과 다과 비용 충당을 위한 소액의 가입비.

2 파트너/네트워킹 단체로부터 받는 후원 자금.

3 프로그램 가이드나 유인물에 후원 안내광고.

다음의 주제에 관한 무료 세미나 제공으로 전문지식과 신뢰성을 확립할 것이다:

1 새 화장품회사 코드와 고객보호를 위한 규정

2 화장품회사의 스마트 고객이 되는 방법

3 총 천연 화장품구매 비법

4 총 천연 화장품회사에 대한 10가지 미신

세미나 타겟집단:

1. 태닝 살롱	2. 트렌드세터
3. 선물가게 주인	4. 시민/종교 단체
5. 스파주인	6. 퇴직자
7. 화장품 가게	8. 미용용품 가게
9. 뷰티 살롱	10. 데이스파

세미나 마케팅 섭근법:

1 웹사이트에 게시하고 온라인 등록을 가능하게 한다.

2 이메일 마케팅사이트를 이용한 이메일 알림.

3 뉴스레터에 세미나 일정 포함.

4 크레이그 리스트(판매를 위한 개인광고, 구인, 아파트, 지역 커뮤니티 등을 위한 안내광고사이트: 역자 주)을 이용한 안내광고.

세미나 목표:

세미나 주제	타겟 청중	유인물	목표날짜

독립 영업사원

____________(회사명)은 소매시장에 침투하기 위해 독립 영업사원을 이용할 것이다. 전국에 걸친 영업사원 중개인 네트워크를 통하여, 우리제품을 취급하는 소매상들과의 관계를 구축한다. 경영진은 영업사원들의 서비스가 전문적이고 시의적절하며, 도매가격 리스트와 고객증언이 포함된 판

매 프레젠테이션 폴더를 공급받고 있는지 지속적으로 확인한다. 독립 영업사원들은 가격관리 및 높은 이윤을 유지하기 위해 가장 좋은 유통방식을 찾을 것이다. 독립 영업사원은 총수익에 근거하여 일정한 커미션을 받는다. 영업사원들은 총수익의 ____________(e.g. 15)%의 커미션을 받을 것이다. 영업사원들은 자기 영업구역 내에서 일년에 평균 약 $____________의 매출을 일으키며 ____________개의 고객을 관리한다. 회사의 수제 화장품을 팔 준비가 되어있는 ____________개 도시에서 활동할 ____________명의 영업사원을 확보할 것으로 예상한다. 영업사원들은 소매상에게 대응할 뿐만 아니라 모든 무역 박람회에서 제품라인을 전시한다. 다음의 기법으로 유능한 영업사원들을 고용하여 배치할 것이다:

1 업계잡지 포스팅

2 제조업체 영업사원 협회

3 선물박람회 방문(George Little Management Co.)

4 쇼룸마트

5 다른 화장품회사 추천

6 공급업체 추천

애드버토리얼(Advertorial)

애드버토리얼은 객관적인 기사형식으로 인쇄물에 나오는 광고이다. 보통 적당하고 독립된 뉴스처럼 보이게 쓰여진다. 기사 전체에서 특정 주장을 뒷받침하기 위해 인용문을 증거로써 사용하고, 자료를 독자가 읽기 편하게 간략한 문장을 사용하며, 24시간 보이스메일 번호, 할인쿠폰, 연락처를 기재한다. 우리 회사의 총 천연 화장품을 사용한 고객경험을 포함한 짧은 서론, 인용문과 사실, 통계치도 보여준다. 애드버토리얼은 아로마 테라피의 이점에 대한 유익한 정보를 보여줄 것이다.

제휴 마케팅

고객도달률을 넓히기 위해 제휴 마케팅 프로그램을 만들 것이다. 계열사에서 우리 사업을 홍보할 이유를 가지도록 커미션 프로그램을 만들 예정이다. 얼마가 되건 계열사에서 만든 매출의 ____________(e.g. 10)%를 그들에게 줄 것이다. 해당 키워드에 대한 트래픽이 많은 디자이너 블로거나 웹마스터를 찾아 회사의 총 천연 화장품을 홍보해서 그들이 만든 매출에 대해 커미션을 주도록 한다. 이 프로그램에 대한 기술적 측면을 다루기 위해 다음의 서비스를 이용할 것이다:

Commission Junction : https://members.cj.com	
ShareASale : http://www.shareasale.com/	
Share Results	LinkShare

예   시 : https://www.esalon.com/affiliate-program

무료선물

무료선물은 고객이 일정 금액 이상을 구매하면 무료로 제공하는 상품이다. GWP(Gift With Purchase) 혹은 무료선물은 교육책자, 회사 상품권, 선물세트, 상품 샘플 등이 될 수 있다. 선물에 회사 마케팅 로고와 명함을 붙이고 고객들에게 회사제품을 애용하는 것에 대한 감사를 표한다. 예상치 못한 보너스 상품은 매우 고맙게 여겨지고 기억되기 때문에 구매 시 깜짝 선물의 극적인 효과를 노릴 수 있다.

HotFrog.com

HotFrog는 빠르게 성장중인 660만개 이상의 미국 사업을 리스팅하는 무료 온라인 비즈니스 디렉토리로써 전세계 34개국에 로컬 버전을 가지고 있다. 누구라도 HotFrog에 연락처와 제품 및 서비스와 함께 자신의 사업을 무료로 올릴 수 있다. HotFrog에 리스팅하는 것은 판매나 질의를 유도할 수 있다. 회사들은 그들의 리스트에 제품과 서비스에 대한 어떤 최신뉴스와 정보라도 추가할 수 있다. HotFrog는 구글과 다른 검색엔진의 색인에 올려지는데, 이는 구글 또는 야후나 다른 검색엔진을 사용할 때 고객들이 HotFrog 리스트를 찾을 수 있다는 뜻이다.

출처 http://www.hotfrog.com/AddYourBusiness.aspx

Local.com

Local.com은 미국에서 주요 지역검색 사이트와 네트워크를 소유하고 운영한다. Local.com의 미션은 지역기반 회사와 소비자가 서로를 찾고 연결해주는 서비스의 선두주자가 되는 것이다. 이를 위해, 회사는 매달 2,000만명이상의 소비자들에게 Local.com에 있는 지역기반 회사 및 제품과 서비스에 관한 검색결과와 1,000개이상의 파트너 사이트를 제공하기 위해 특허기술 및 사유기술을 사용한다. Local.com는 10만개이상의 지역 웹사이트를 관리한다. 수많은 소기업들이 다양한 구독과 실적, 광고 및 웹사이트 제품 디스플레이를 이용해 소비자에게 접근하기 위해 Local.com 제품과 서비스를 사용한다.

출처 http://www.local.com

Meet-up 사이트에서 그룹 만들기

사람들이 우리 워크숍 프로그램에 참여하도록 장려하기 위해 meet-up 그룹을 만들 것이다.

출처 http://www.meetup.com/create/

마케팅 협회/그룹

우리는 상호보완 사업들로 구성된 마케팅 협회를 만들고자 한다. 상호보완 사업 그룹의 멤버로서 선물바구니 생산회사와, 이벤트 플래너, 미용제품숍 등과 공동마케팅한다. 이벤트 서비스를 하는 회사도 그룹의 멤버가 될 수 있다. 그룹은 공동으로 광고하고, 공동 홍보자료를 배포하고, 메일링 리스트를 교환하고, 그룹 웹사이트를 개발할 것이다. 확실한 이점은 우리 범위를 확장시킴으로 마케팅 효율을 증가시킬 수 있다는 것이다.

BBB(Better Business Bureau)인증

우리는 고객의 신뢰도를 높이기 위해 BBB인증을 신청할 것이다. BBB는 소비자 불평사항을 해결하기 위해 성실하게 노력하는지를 비롯한 BBB인증 기준을 충족하는지 평가할 것이다. BBB인증은 승인을 위해 모니터링하고 결과를 대중에게 알리는 서비스를 제공하는 대가로 서비스료를 받는다. BBB가 승인했다고 해서 회사제품이나 서비스를 직접 평가했거나 품질을 보증하는 것은 아니다. 모든 광고에 BBB승인 로고를 넣을 것이다.

> 예   시 : www.bbb.org/dallas/accredited-business-directory/cosmetics-wholesale-and-manufacturers

자동응답 메일

자동응답 메일은 자동으로 메일링 리스트를 관리하고, 미리 설정된 간격으로 고객들에게 메일을 보내는 온라인 도구다. 잠재적 화장품 구매자에게 유익한 아티클을 자동응답 메일에 로딩할 계획이다. 뉴스그룹과 포럼, 소셜 네트워킹 사이트 등에도 게시하여 사람들이 이 아티클의 유용성에 대해 알게 할 것이다. 게시물 끝에 자동응답 메일 주소를 적어, 아티클을 한번 클릭으로 메일링 리스트에 추가하는 것을 동의하는 빈 메일을 보내고 이후 메일로 아티클을 받아볼 수 있다. 그리고 나서 정해진 간격을 두고 그들에게 특별할인 메일을 보낼 것이다. 자동응답 메일에 메시지를 로딩하고 메일로 보내질 메시지의 시간 간격을 정할 것이다.

출처 **www.aweber.com**

데이터베이스 마케팅(DB마케팅)

DB마케팅은 마케팅 목적으로, 제품 또는 서비스 홍보를 목적으로 개인화된 의사소통을 위해 고객 혹은 잠재고객 데이터베이스를 사용하는 직접마케팅 방식이다. 일반적인 직접마케팅처럼, 다룰 수 있는 어떤 수단도 의사소통 방법이 될 수 있다. DB마케팅 도구로, 문제를 찾는 과정과 문제해결을 위해 사용 가능한 옵션 학습, 정확한 솔루션 선택, 구매결정을 위한 고객의 니즈를 충족하는 정확한 정보를 사용하여, 알맞은 시간에 각 고객 혹은 잠재고객과 소통하기 위해 고객 관리를 시행할 것이다. 고객에 대해 더 알고, 구체적인 캠페인을 위한 타겟시장을 선택하고, 고객 세분화를 통해 고객의 가치를 비교하고, 거래내역과, 인구조사파일, 니즈와 욕구 조사에 근거해 고객에게 특별한 서비스를 제공하기 위해 데이터베이스를 사용할 것이다. 이 데이터베이스는 정기 홍보메일 자동화와, 텔레마케팅 프로세스의 반자동화, 관심사, 타이밍, 주목할 만한 다른 기타요소의 우선순위를 정할 수 있게 한다. 이를 통해 회사는 정보소개, 진상조사, 니즈평가 이벤트를 언제 어떻게 할 것인지 정할 수 있다.

고객들로부터 다음의 정보를 수집하기 위해 참가 신청서, 쿠폰, 설문조사, 뉴스레터를 이용할 것이다:

1 이름 _________________________   *2* 전화번호 _________________________

3 이메일주소 _______________________   *4* 주소 _________________________

5 생년월일 _______________________   *6* 알러지 _________________________

7 피부 상태 _______________________   *8* 선호하는 색 _________________________

우리는 재구매와 고객추천을 위해 고객과 지속적으로 소통하고 매출을 일으킬 수 있도록 다음의 고객관리 소프트웨어를 활용할 것이다:

1 Act : www.act.com

2 Front Range Solutions : www.frontrange.com

3 The Turning Point : www.turningpoint.com

4 Acxiom : http://www.acxiom.com/data-solutions/

우리는 다음을 트랙하기 위해 ACT와 Goldmine같은 고객관리 소프트웨어를 활용할 것이다:

1 후속조치 날짜

2 잠재고객의 관심사, 이의 또는 코멘트 문서화

3 고객추천 소스

4 이전에 보낸 마케팅 자료

5 연락날짜 및 연락방법 기록

6 고객성향

대의마케팅

대의마케팅 또는 대의명분 마케팅은 상호이익을 위해 영리사업과 비영리단체의 공동노력을 포함하는 마케팅 종류를 나타낸다. 대의마케팅으로 회사는 긍정적인 대민 관계와 고객 관계개선, 추가적인 마케팅 기회와 같은 이점이 있다. 고객들과 직원들, 주주들은 사회책임적 회사와 관련되는 것을 선호하는 것 때문에 미국기업에 의한 대의마케팅 후원이 급격이 증가하고 있다. 우리회사의 대의마케팅 목표는 ____________(비영리단체명)와 함께 비용효율적인 대민 관계를 형성하고, ____________(대의 종류)에 초점을 두는 마케팅 캠페인 출시를 언론 보도하는 것이다.

출처 **http://engageforgood.com / www.cancer.org**

의례광고

비영리단체 자선 프로그램과, 행사 브로셔 등에 광고를 하는 의례광고를 할 것이다. 이 방법으로 고객에게 노출되고, 비영리단체는 광고수익을 기부로 여긴다. 다음의 비영리 프로그램과 뉴스레터, 게시판, 행사 브로셔에 따로 광고를 낼 것이다:

고객증언 마케팅

마케팅 캠페인을 완료하고 나면 즉시 고객에게 증언을 요청하거나, 분기에 한번 고객에게 연락하여 의견을 구한다. 이때 회사에서 제공하는 서비스나 광고 메시지에서 고객이 언급하면 좋을 만한 것들을 미리 준비해 둔다. 고객들의 편의를 위해, 고객이 단순 수정하거나 사인만해도 좋을 몇 가지 종류의 증언을 미리 만들어 둔다. 고객증언은 오디오나 비디오 형식으로 웹사이트에 올라가거나 잠재적 고객들에게 DVD나 오디오 CD 형태로 보내질 수 있다. 고객증언에 사진을 포함시키는 것도 좋다. 잡지광고나 정보시트, 브로셔, 웹사이트에 고객증언을 직접 올리거나, 판매 프레젠테이션 폴더에 넣어 사용할 수 있다.

다음의 방법들로 고객증언을 수집할 수 있다:

1 웹사이트 – 고객증언 전용 페이지(글 및/또는 비디오).
2 소셜 미디어 계정 – 페이스북 팬 페이지에서 고객증언을 받고 보여주기 쉬운 리뷰 탭 제공.
3 구글+ 또한 구글+ Local로 비슷한 기능 제공.
4 지역검색 디렉토리 – 고객들에게 Yelp와 Yahoo Local에 더 많은 리뷰 게시 요청.
5 고객 만족도 조사 양식.

고객들이 사용경험을 얘기할 때 틀을 잡을 수 있도록 다음의 질문들을 던질 것이다:

1 당신이 이 제품을 살 수 없게 만드는 장애물이 무엇입니까?
2 이 제품을 구매할 때 가장 걱정한 것이 무엇입니까?
3 이 제품을 사용하고 어떤 결과를 기대했습니까?
4 이 제품에서 구체적으로 어떤 기능이 가장 마음에 드십니까?
5 이 외에 다른 이점 3가지만 말씀해 주십시오.
6 이 제품을 추천하십니까? 그렇다면 이유가 무엇입니까?
7 더 추가할 것이 있습니까?

연예인 홍보

특별행사와 레드카펫에서 화장품라인을 자랑하도록 샘플을 보낼 연예인 에이전트를 알아보고 연락할 예정이다. 특별한 스타일과 개성, 독특한 성격으로 잘 알려진 연예인과 함께 획기적인 공동브랜

딩 기회로 활용할 것이다. 신디 로퍼와 레이디 가가 같은 유명 연예인과 함께하고, 이목을 끌며, 유
행을 선도하는 이미지로 공동 브랜딩 준비를 할 것이다. 많은 여성들이 그들이 좋아하는 스타와 닮
기 원하기 때문에 연예인 홍보의 효과를 기대한다.

이달의 화장품 클럽

고객들이 매달 제품 샘플을 대폭 할인된 가격에 받을 수 있는 "이달의 화장품 클럽"에 가입하길 장
려할 것이다.

자동 리필 프로그램

우리는 고객들이 '자동 리필 프로그램'에 등록하고 매월 구체적인 제품을 받기 위해 가입하면
______________% 할인을 제공할 것이다.

Patch.com

개인과 지역, 커뮤니티에 대한 포괄적이고 신뢰할 만한 뉴스와 정보를 제공하는 플랫폼이다. Patch
는 뉴스와 행사에 대해 알고, 타운에 있는 사진과 비디오를 보고, 지역 사업에 대해 알아가고, 토론
에 참여하고, 발표문 및 사진, 리뷰를 제출하기 좋은 사이트이다.

MerchantCircle.com

지역 상인들이 새 고객을 끌어들일 수 있도록 맞춤형 웹 리스팅과 소셜 네트워킹 기능이 결합된 가
장 큰 온라인 네트워크이다. 지역 사업가와 그들의 고객들이 현실적인 관계를 형성할 수 있도록 온
라인에서 주민과 상인들을 연결해주는 회사로써 지금까지 160만이상의 지역 기업이 간단하고 저렴
하게 인터넷에서 사업을 노출시키기 위해 MerchantCircle에 가입했다.

모바일 앱

소비자에게 접근하기 위해 모바일 광고를 구매할 필요 없이 소비자와 직접 접촉할 수 있도록 아이
폰 앱스토어 같은 새로운 유통도구를 사용할 것이다. 애플의 아이폰과 앱스토어(안드로이드 폰과 플
레이 스토어) 덕분에 우리는 배너광고만큼의 선호도와 구매의도를 일으킬 수 있는 모바일 앱을 만
들 예정이다. 개인 정보단말기나 기업 정보단말기, 핸드폰 같은 작은 저출력 핸드헬드형 장치를 위
한 앱소프트웨어를 개발을 고려하고 있다. 이 앱들은 핸드폰생산 시 핸드폰에 미리 설치하거나, 고
객이 여러 모바일 소프트웨어 배포 플랫폼에서 다운로드 해도 된다. 모바일 앱은 좋은 마케팅도구
가 된다. 잠재적 고객들이 쉽게 회사 연락처와 사업정보에 접근할 수 있고, 바로 구매에까지 이르게
하는 확실한 도구가 되기 때문이다. 회사 앱은 직원 디렉토리와 관련이슈에 대한 출판물, 회사위치,
비디오 등으로 구성할 것이다.

우리는 다음을 달성할 수 있는 앱 개발에 특별히 집중할 것이다:

1 모바일 예약 : 고객들은 내부 캘린더에 직접 연결되는 모바일 예약에 접속하기 위해 이 앱을 사용할 수 있다. 바쁜 와중에도 빈 자리를 보고 쉽게 예약할 수 있다.

2 약속 알람 : 고객당 연간 수익을 늘리기 위해 모바일 앱을 통해 기존 고객들에게 정기적으로 혹은 특별한 약속이 있을 때 알람을 보낼 수 있다.

3 스타일 라이브러리 : 고객이 ___________스타일을 고를 수 있게 앱에서 스타일 라이브러리를 제공한다. 간단한 사진 갤러리를 사용하여 여러 스타일의 사진을 수집하고, 고객들이 구체적인 ___________를 둘러볼 수 있게 한다.

4 고객사진 : 고객이 사진을 찍고 보낼 수 있는 기능을 앱에 추가할 수 있다. 고객증언이나 광고, 고객증언을 위한 고객사진 데이터베이스를 만들기에 매우 편리하다.

5 특별할인 : 특별 프로모션과 딜, 이벤트, 할인이 있을 때 푸시 알림을 사용하면 좋다. 할인기간 중에 수익을 내고 싶다면, 푸시 알림이 쉽고 미리 소비자의 관심을 일으킬 수 있다.

6 로열티 프로그램 : 모바일 앱으로 로열티 프로그램을 제공할 수 있다 (10개 구매 시 하나 무료 등). 카드를 인쇄하거나 구매횟수를 셀 필요 없이 사용자의 모바일 장치에 구매이력이 저장 되어 자동 관리할 수 있다.

7 고객추천 : 모바일 앱은 고객추천을 쉽게 만든다. 사용자는 페이스북이나 트위터의 소셜 미디어 계정에서 클릭 한번으로 우리 제품에 대한 경험을 게시할 수 있다. 이는 기존 고객의 네트워크를 통해 새로운 고객이 찾아오는 기회가 된다.

8 제품 판매 : ___________제품을 모바일 앱을 통해 판매할 수 있다. 고객들은 쉽게 ___________제품을 보고, 주문하고, 결제하여, 새로운 매출원을 여는데 도움을 줄 수 있다.

출처 http://iphoneapplicationlist.com/apps/business/

소프트웨어 개발 : http://www.mutualmobile.com/, http://www.biznessapps.com/

출처 http://www.appolicious.com/pages/services

참고 : 모바일 앱 "화해"가 최근 화장품과 민감성, 아토피, 탈모 등 피부관리에 대해 궁금해하는 소비자들에게 필수 앱이 되었다. 화해는 화장품 해석의 줄인 말로 화장품 성분에 대한 성분과 이들이 피부에 안전한지에 대한 정보를 제공해 준다.

QR코드

QR코드는 스마트폰으로 읽도록 디자인된 매트릭스 바코드 타입(혹은 이차원 코드)이다. 코드는 흰 바탕에 사각패턴의 검은 모듈로 이루어져 있다. 부호화된 정보는 텍스트 혹은 URL, 다른 데이터로 연결된다. 많은 안드로이드, 노키아, 블랙베리의 핸드폰은 QR코드리더가 설치되어 나온다. QR리더 소프트웨어는 대부분의 모바일 플랫폼에서 사용 가능하다. 주소나 URL정보가 담긴 QR코드는 잡지나, 표지판, 버스, 명함, 사용자가 정보를 필요로 하는 어떤 물건에도 표시할 수 있다. QR코드 리더가 장착된 카메라폰 사용자는 텍스트 및 연락처를 보거나, 무선 네트워크에 연결하거나, 핸드폰 브라우저에서 웹페이지를 열기 위해 QR코드 이미지를 스캔할 수 있다. 광고에서 나타나는 QR코드를 스캐닝하는 방법을 아직은 대중들이 알아가는 단계이므로 QR코드를 스캔하는 간단한 방법이나 스캔을 독려하는 메시지를 함께 게시하는 것도 고려해야 한다. QR코드는 많은 정보를 작은 공간에 저장하여 소비자를 웹페이지, 지도, 전화번호, 이메일 등과 연결하게 해준다. 바코드는 스마트폰 코드리더가 사용자와 웹사이트 페이지나 지도, 주소록, 이메일, 기타 정보와 연결할 수 있도록 적은 용량으로 많은 내용을 디지털 방식으로 저장한다. 마케팅과 광고에서 QR코드의 사용이 가장 효과적일 때는 소비자가 제품에 대해 관심이 많고 행동을 하려는 순간에 일어난다. 많은 경우 모바일 앱의 목표는 독자들이 바로 행동 할 수 있도록 쉬운 방법을 제공하는 것이다. comScore 설문조사에 따르면, QR코드 사용자들은 대부분 18세에서 34세(53.4%) 사이의 남성(60.5%)이며, $100,000이상의 가계소득(36.1%)을 가진 사람들이다. 잡지와 신문이 QR코드를 스캔하는데 가장 선호하는 수단(49.4%)이며, 그 다음으로는 제품 패키지(34.3%)다.

교통광고

Metropolitan Transportation Authority에 따르면, 지하철과 버스, 철도는 1년에 수억 번 운행한다. 우리 회사를 지하철 안과 지하철역 벽에서 광고하는 것은 지하철을 오가는 많은 사람들에게 광고하기 위한 아주 좋은 방법이다.

화장실 게시판 광고(화장실 광고)

사람통행이 많은 장소를 엄선하여 화장실 게시판 광고를 할 예정이다. 몇몇 연구에 따르면, 화장실 문 혹은 소변기 위의 단순한 프레임 광고는 최소한 1분간 사람들의 주목을 받는다. 화장실 문 광고는 대기시간이 짧은 소규모 사업에 맞는 선택이며, 대형 대자보는 사람들이 입구나 출구 근처에 서서 기다리는 경우가 많은 공항이나 극장에 잘 어울린다. 화장실 광고를 전문으로 하는 새로운 화장실 기반 광고 에이전시들이 많이 있다.

출처 http://www.indooradvertising.org/, http://www.stallmall.com/
http://www.zoommedia.com/

Tumblr.com

텀블러는 별 노력 없이 어떤 것이던 공유할 수 있게 해준다. 브라우저, 핸드폰, 데스크톱, 이메일에서 혹은 우리가 어디에 있던 텍스트, 사진, 인용문, 링크, 음악, 비디오를 올릴 수 있다. 색깔부터 우리 테마의 HTML까지 모든 것을 커스터마이즈할 수 있다.

상품권/기프트카드

웹사이트를 통해 상품권을 팔 것이다. 새 고객에게 회사와 제품을 소개할 수 있는 훌륭한 방법을 제공하고, 현금 유동 상태를 개선해줄 것이다. 소기업을 위한 전자상거래 플랫폼인 BoomTime 같은 사이트는 금융서비스정보 혹은 결제정보 같은 특정정보를 전송할 때 256비트 SSL 암호로 정보를 보호한다. SSL 거래 중에 대부분의 브라우저 창에 자물쇠 모양의 아이콘이 나타난다. 이는 주소가 "http://"가 아닌 https://로 시작하는 것을 보고도 알 수 있다. 제공하는 정보는 BoomTime 서버에 안전하게 저장된다. BoomTime은 카드 소지자 데이터를 저장하고, 처리하고, 전송하는 상인과 서비스 제공자를 위한 보안절차 기준을 준수한다.

출처 | Gift Card Café | www.TheGiftCardCafe.com

위 회사의 고객회사는 회사만의 특별거래와 할인서비스를 만들고, 그들의 고객 데이터베이스에 있는 연락처에만 정보를 보내게 해준다.

thumbtack.com

무료로 소비자들이 믿을 만한 지역 서비스를 찾고 예약하기 위한 디렉토리이다.

출처 www.thumbtack.com

Citysearch.com

Citysearch.com은 선택된 도시에서 더 크게, 더 잘, 더 현명하게 살기 위한 지역 가이드이다. Citysearch.com는 전국적으로 75,000개 이상의 장소에 대해 정통한 편집자 추천과 솔직한 사용자의 의견, 지역 회사의 전문적인 조언을 게재한다. Citysearch.com은 사용자들이 어디 있건 가장 유명한 장소와 알려지지 않은 장소를 연결해 준다.

e-북 출판

e-북은 인터넷 웹사이트나 FTP 사이트에서 다운로드 받을 수 있는 전자 책이다. e-북은 특별한 소
프트웨어를 사용해 만들어지는데, HTML, 그래픽, 플래시 애니메이션, 비디오 같은 많은 종류의 미
디어를 포함한다. 화장품에 대한 전문지식을 고취하고 회사제품과 서비스를 더 잘 사용하는 방법에
대한 e-북을 찾는 사람들을 위해 e-북을 출판할 것이다. 웹사이트나 제품, 제휴프로그램으로 연결
되는 링크를 e-북에 포함시킨다. e-북은 한번 다운받으면 계속 사용할 수 있기 때문에, 계속 사용
하면서 사이트로 연결되는 링크나 배너를 지속적으로 보게 될 것이다. e-북 마케팅의 진정한 힘은
구전효과와 웹사이트로 트래픽을 유도할 수 있다는 점이다.
〈e-북 디렉토리: www.e-booksdirectory.com/, www.ebookfreeway.com/p-ebook-directory-list.
html, quantumseolabs.com/blog/seolinkbuilding/top-5-free-ebook-directories-subscribers/ 〉
출처 www.free-ebooks.net/

e-북은 다음 사이트들에서 구할 수 있다:

Amazon.com	Createspace.com
Lulu.com	Kobobooks.com
BarnesandNoble.com	Scribd.com
AuthorHouse.com	

한국판 참조사이트

| 리디북스 | https://ridibooks.com/?ctnakey=02-1131-49-224798&genre=general

| 반디앤루니스 | www.bni.co.kr

| 인터파크 e-북 | http://book.interpark.com/

| 예스24 | www.yes24.com

| 교보문고 | www.kyobobook.co.kr

명함 교환

상공회의소 또는 지역 소매상 협회에 가입하고 자진해서 친목회나 명함 교환을 주최할 것이다. 소
셜 및 비즈니스 그룹을 회사에 초대하여 와인시음회를 열고, 지역 사업에 소개할 기회를 잡을 것이
다. 또한 모든 참석자의 명함을 모아 이메일 데이터베이스를 구축할 것이다.

Hubpages.com

HubPages는 사용이 쉬운 출판도구와 활기찬 작가 커뮤니티, 근본적인 수입극대화 인프라를 가지

고 있다. Hubbers(HubPages 작가)는 그들이 알고 좋아하는 주제에 대한 Hubs(내용이 풍부한 인터넷 페이지)를 발행하는 것으로 돈을 벌고, 커뮤니티 전체의 HubScore 순위 시스템을 통해 동료 Hubbers 사이에서 인지도를 얻는다. HubPages 생태계는 구글이나 야후 같은 검색엔진에서 쉽게 검색될 수 있는 인프라를 제공하며, Hubbers는 구글 애드센스, 이베이, 아마존 제휴프로그램 같은 산업표준 광고수단을 통해서도 수익을 얻을 수 있다. 이 모든 것은 공개 온라인 커뮤니티에서 Hubbers에게 무료로 제공된다.

출처 http://hubpages.com/learningcenter/contents

Trivok.com

미국 비즈니스에 대한 정보를 제공하고, 사용자들이 최고의 회사를 찾는데 도움을 주는 것을 목표로 하는 완전 무료 온라인 디렉토리이다.

Pinterest.com

이 웹사이트의 목표는 그들이 관심 있어하는 '것'을 통해 세계의 모든 사람들을 연결하는 것이다. Pinterest는 좋아하는 책, 장난감 혹은 레시피가 두 사람 사이의 공통관심사를 드러내 줄 것이라 생각한다. 매주 추가되는 수백만 개의 핀으로, Pinterest는 취향과 관심을 공유하고 싶어하는 전 세계 사람들을 연결해준다. Pinterest가 특별한 점은 보드가 모두 시각적이라는 것인데, 이는 매우 중요한 마케팅 이점이다. 사용자가 URL을 입력하면, 사이트에서 사진을 선택해 그들의 보드에 나열해서 보여주고 이를 "핀(pin)"이라 한다. 사람들은 몇 시간씩 그들의 콘텐츠를 핀하고, 다른 사람의 보드에서 콘텐츠를 찾아 자신의 보드에 "리핀(re—pin)"한다. Pinterest를 이용해 원격으로 개인과 쇼핑약속을 할 예정이다. 구체적인 니즈를 가진 고객이 있을 때, 우리는 그들이 니즈를 충족시킬 상품에 대한 보드를 만들고 고객을 초대해 Pinterest에서 보드를 확인하게 하고, 오직 그들을 위해 보드를 만들었다는 것을 알려준다.

출처 http://innocosevents.com/2012/05/10/what-can-cosmetics-and-personal-care-brands-do-to-use-
  pinterest-more-effectively/

예　시 : https://www.pinterest.com/lorealparisfr/

Pinterest 사용법 추천:

1 잠재제품의 사진을 보여주거나 테스트 론칭, 고객층의 피드백을 목적으로 시장조사를 한다.

2 브랜드를 차별화하고 새롭고 흥미롭게 만드는 이미지로 신제품과 기존 제품을 강조한다.

3 회사 웹스토어에 Pinterest 사진 링크를 추가하고, 각각 사진에 가격배너를 넣어, 사용자가 바로 제품을 구매할 수 있는 링크를 제공한다.

4 고화질 사진이나 제품 이미지를 공유하고 우리 블로그/웹사이트로 들어오는 링크를 넣는다.

5 사용 전후 비교 사진으로 보드를 흥미롭게 만든다.

6 홈페이지의 멋진 모델 사진을 게재하고 우리 웹사이트나 블로그로 돌아오는 링크를 더한다.

7 팔로워들을 교육하는데 집중하고, 패션 디자인회사나 ___________웹사이트의 이미지 같은, 회원들이 좋아할 만한 것들을 공유한다.

8 만족한 고객들에게 그들의 사진을 새 ___________에 핀할 것을 요청한다.

9 비디오를 만들고 설명에 행동지침을 추가하거나 "유튜브 아티클을 확인하세요," "핀 비디오 시청자를 위해, Pinterest에서 우리 핀을 팔로우하세요" 같은 주석을 사용할 것이다.

10 '좋아요', ___________질문, 의견, 리핀은 우리 핀의 신뢰도와 가시성을 높여주기 때문에 팔로워들의 행동과 참여를 장려한다.

11 원하는 만큼 해시태그를 추가할 수 있기 때문에, Pinterest를 볼 때 사람들이 찾아볼 만한 키워드로 설명을 최적화한다.

12 정기적인 핀으로 일관성을 유지한다.

13 블로그 및 웹사이트에 "핀"과 "필로우" 버튼을 더해 우리가 Pinterest를 사용한다는 것을 방문자에게 알린다.

출처 www.copyblogger.com/pinterest-marketing/
www.shopify.com/infographics/pinterest
www.pinterest.com/entmagazine/retail-business/
www.pinterest.com/brettcarneiro/ecommerce/
www.pinterest.com/denniswortham/infographics-retail-online-shopping/
www.cio.com/article/3018852/e-commerce/how-to-use-pinterest-to-grow-your-business.html

Topix.com

Topix는 세계에서 가장 큰 커뮤니티 뉴스사이트이다. 사용자들은 36만이상의 뉴스 페이지에서 뉴스를 읽고, 뉴스에 대해 얘기하고, 뉴스를 편집할 수 있다. Topix는 또한 사용자들이 그들의 뉴스 스토리를 게시하고, Topix사이트에서 본 이야기에 대한 의견을 말할 수 있는 장소가 된다. 모든 이야기, 모든 Topix 페이지가 토론과 대화를 할 수 있는 장이 된다.

설문 마케팅

계획중인 사업에 대한 의견을 듣기 위해 타겟지역에서 호별 방문조사를 할 것이다. 이는 귀중한 피드백을 주고, 미래의 고객을 모으고, 실제 영업시작 전에 우리 회사를 소개할 수 있다.

'그린' 마케팅/친환경 마케팅

새 고객에게 사업에 대해 소개하고 친환경적이 되는 것에 대한 말을 퍼트리는데 도움이 되도록 환경 친화적인 고객을 목표로 잡을 것이다. 고객과 심리적인 유대감 형성을 위해 다음의 '그린' 마케팅 전략을 사용할 것이다:

1 "재생용지"라고 명확히 쓰인 영수증과 지속 가능한 보관용기를 사용할 것이다.

2 친환경 무독성 청소용품을 사용할 것이다.

3 친환경적인 조명 및 난방 시스템을 설치할 것이다.

4 지면광고 대신 웹 기반의 이메일과 소셜미디어를 사용할 것이다.

5 지역 공급업체를 이용함으로써 배달로 생기는 탄소발자국을 최소화할 것이다.

6 유기농 재료와 물품으로 만든 제품을 사용할 것이다.

7 판매 브로셔와 웹사이트에 '그린'프로그램에 대해 알린다.

8 에너지절약 인증을 받는다.

9 LED 전구로 창고조명, 유도등, 비상구등을 설치할 것이다.

10 트래픽이 적은 지역의 창고 안과 밖에 동작탐지기를 설치할 것이다.

11 에너지 소비를 줄이기 위해 공조시스템과 압축기에 최신 전력조절기를 적용할 것이다.

12 엄격히 관리하고 평판 좋은 재활용 캠페인을 시작할 것이다.

13 폐기물을 지속 가능한 에너지원으로 바꾸기 위한 프로그램을 시작할 것이다.

14 전사적 문서파쇄 프로그램을 시작할 것이다.

15 휘발성 유기화합물량을 거의 0으로 줄이기 위해 마무리 공정에서 수성 페인트를 사용할 것이다.

16 단지 안의 비중요 구역과 시설을 위해 태양전지판을 사용한다.

17 하이브리드 또는 전기 자동차만 사용한다.

출처 ww.cosmeticsdesign.com/Market-Trends/How-to-get-your-green-marketing-strategy-bang-on

스티커마케팅

저가의 스티커, 라벨, 데칼코마니 마케팅은 정보전달과 아이덴티티 구축, 독특하고 영향력 있는 방법으로 회사홍보를 하기 위한 비용효율적인 방법을 제공한다. 스티커는 거의 모든 표면에 부착할 수 있어서, 다른 마케팅 자료와 달리 부착상태를 유지할 수 있어 타겟 고객에게 접근할 수 있는 수많은 길을 열어 준다. 스티커는 단순한 디자인으로, 쿠폰과 같은 유용한 정보를 빠르고 명확한 인상을 전달한다. 스티커를 무역박람회와 특별행사에서 나눠주고, 우편으로 보내고, 제품과 함께 포장하고, 메일링 패키지의 일부로 넣을 수도 있다. 연구에 따르면, 보통 16 제곱인치 이하의 크기로 흰 비닐 위에 인쇄된 다이컷 스티커가 가장 효과적이라고 한다. 회사와 관련된 강력한 디자인, 다용도 사이즈, 눈길을 끄는 모양으로 홍보스티커의 지각가치를 증가시킨다.

다음과 같이 스티커 디자인 팁을 고수할 것이다:

1. 스티커에 로고를 넣고, 회사 색과 폰트 사용으로 브랜드를 강화한다.
2. 고객의 행동을 유도하기 위해 로고와 함께 전화번호, 주소, 웹사이트를 포함시킨다.
3. 정서적 반응을 얻어내는 흥미로운 카피를 쓴다.
4. 사업에 대한 관심을 끌어내는데 도움을 주기 위해 특이하고 사업과 관련된 모양을 사용한 다이컷 스티커를 사용한다.
5. 크기가 중요하다고 여기며, 어디에 붙일 것인지 고객이 인지하기 위해, 어느 정도의 가시성을 확보해야 하는지에 따라 크기를 결정한다.
6. 디자인에서 잠재고객의 눈길을 잡거나 행동을 끌어내기 위해 대비효과가 필요하다면 색깔을 사용한다.
7. 고객들이 스티커를 그들의 전화기 가까운 곳, 전화번호부 표지 위, 행사초대장, 메모장 위, 책 표지, 선물박스, 제품포장 등에 붙이도록 독려한다.
8. 판매하는 모든 제품에 스티커를 붙인다.

미국우정공사 광고편지 프로그램

미국우정공사의 광고편지 프로그램은 예산이 허용하는 범위에서 주소가 있는 모든 집에 편지를 보내는 프로그램이다. ___________우편번호 안에 있는 모든 사업과 주민들은 개업 일주일 전에 특대 우편엽서와 ___________(회사명) 개업발표 쿠폰을 받을 것이다.

출처 https://eddm.usps.com/eddm/customer/routeSearch.action

생활 및 패션 블로그

생활 및 패션 블로그 저자들이 우리 회사에 대한 이야기를 다루거나 글을 쓰도록 독려할 것이다.

Bytes of Style : www.bytesofstyle.com
Daily Candy : www.dailycandy.com

구글 캘린더

모바일 화장품 세미나 일정조정과 친구들과 이벤트를 공유하기 위해 구글 캘린더를 사용할 것이다.

www.google.com/calendar

열혈 팬 콘테스트

___________(회사명)을 좋아합니까? ___________(회사명)의 팀이 당신의 목표달성을 도와준 경험이 있습니까? 그럼 ___________(회사명)은 그 이야기를 듣고 싶습니다! ___________(회사명)은 ___________월 초에 페이스북 페이지에서 "열혈 팬 콘테스트"를 열고 현재와 예

전 고객들을 초대해, 그들이 왜 ____________(회사명)의 "열혈 팬"인지 공유합니다. 참가자들은 여러 개의 상품을 받을 수 있습니다: ____________. 참가를 위해서, www.facebook.com/____________(회사명)에 방문해 "좋아요"를 누르고, 오른쪽에 "열혈 팬 콘테스트"를 클릭해 주십시오. 그리고 나서 참가자들은 짧은 스토리를 쓰거나 왜 ____________(회사명)을 좋아하는지 공유하는 사진을 업로드하도록 요청 받을 것입니다. "만약 당신에게 얘기하고 싶은 이야기나 공유하고 싶은 사진이 있다면, 오늘 가입하십시오. 콘테스트는 ____________(날짜)에 끝납니다. 더 자세한 사항은 콘테스트 탭을 봐주십시오." 이런 메시지도 함께 첨부한다.

Merchantpages.com

Merchant Pages는 쇼퍼와 상인을 연결하기 위한 가장 큰 비즈니스 웹사이트다. 사용자들은 리뷰와, 평점, 거래조건, 메뉴, 영업시간, 웹사이트, 미국에 있는 모든 상인과 관련된 거의 모든 것을 찾을 수 있다.

https://connect.data.com/

수백만 B2B 결정권자들과 연결된 다이나믹 커뮤니티로서, 맞는 사람을 찾기 위해, 다시는 잘못된 사람을 뒤쫓는데 시간을 낭비하지 않게 해주는 가장 빠른 방법이다.

BusinessVibes

세계무역 종사자들을 위한 B2B 네트워킹 플랫폼이며 국제적 파트너회사를 찾고 사업과 연결해주기 위해 소셜 네트워킹 모델을 사용한다. 100개이상의 주요 산업과 175개국에 걸친, 5000개이상의 무역협회와 2000만개의 회사, 25,000개이상의 비즈니스 행사로, BusinessVibes는 국제적 사업 파트너를 - 그들이 고객이든, 공급업체이든, JV 파트너이든, 다른 어떤 사업관계이던 - 찾는 회사를 위한 결정적인 소스가 된다.
www.businessvibes.com/about-businessvibes

ExploreB2B.com

이 사이트의 미션은 특정 주제에 대한 저자의 전문지식을 확립하는데 도움을 주는 글을 게시함으로써 B2B 커뮤니케이션을 바꾸고 크게 향상시키는 것이다.

구글+

이미 구글의 랭킹 알고리즘에서 중요한 역할을 하고 있는 구글+에 특히 주목한다. 구글+에 비즈니스 페이지를 만들어 검색이 더 잘 될 수 있게 하려고 한다. 구글+는 검색엔진 최적화를 통하여 검색 순위를 올리는 가장 좋은 방법이다.
출처 **https://www.google.com/appserve/fb/forms/plusweekly/**
　　　https://plus.google.com/+GoogleBusiness/posts

샘플 프로그램

샘플 프로그램의 목적은 고객이 우리제품을 테스트하도록 하는 것이다.

"키스하는 날"이라는 이름의 휴가 이벤트 홍보를 하고, 여성들을 초대해 키스에 대비하도록 다른 브랜드의 립스틱도 새 것으로 바꿔주어, 밝은 새 립스틱을 써서 키스를 하도록 유도하는 것이다.

또한 샘플 프레젠테이션 키트로 블로거와 트렌드세터, 연예인들을 직접적으로 타게팅할 것이다. 패션잡지의 뷰티 에디터에게 제품 샘플을 보내는데 가장 잘 팔리는 제품과 새 제품, 숨겨진 보석제품을 교대로 샘플을 만들 것이다. 알려지지 않은 새 제품을 구매하는 소비자들의 지각된 위험을 줄이기 위해 엄선된 소매점을 통해 대중시장에 샘플을 제공할 것이다. 소셜 네트워킹 사이트에서 매우 활발하게 활동하는 대학생에게도 샘플을 제공할 것이다. 무료샘플을 받을 수 있는 홍보쿠폰을 인쇄할 수 있게 하면, 잠재고객을 우리 웹사이트에서 끌어들일 수 있다. 고객의 생년월일을 포함한 고객 데이터베이스를 만들고, 생일에는 특별 제품소개의 일환으로 제품샘플과 할인구폰을 보낼 것이디.

출처 | Smackages | 온라인에서 여성에게 무료 메이크업 샘플 제공.
| Birchbox.com | 고객들은 매달 그들을 위한 맞춤 고급 뷰티, 그루밍, 라이프스타일 샘플을 받는다.

또한 간단한 시장조사 설문 작성을 한 대가로 총 천연 화장품을 무료로 줄 것이다. 이를 통해 귀중한 시장데이터를 수집할 수 있으며, 잠재고객들은 총 천연 화장품의 효과를 실제로 경험할 수 있다. 각 샘플에 두 개의 명함을 넣을 것이다. 추첨 상품으로 사용하도록 자선단체에도 샘플을 제공한다.

전략적 제휴

____________(회사명)은 전략적 제휴를 통해 안정된 공급처를 확보했다. ____________(위치)에 있는 실험실과의 협약은 수준 높은 생산과정과 최신기술 연구개발 리소스를 제공한다. 제휴를 통해 대기업들만이 가질 수 있었던 중요자산을 우리도 가질 수 있게 되었다. 주요도시의 메이크업 아티스트나 관련 강사들과 추가적인 제휴를 맺을 것이다.

전략적 제휴를 맺는 이유는 다음과 같다:

1 마케팅비용을 나누기 위해.
2 대량 구매력을 통해 비용을 절감하려고.
3 물물교환 협정을 하기 위해.

4 업계 전문가와 협력하기 위해.

5 상호추천 관계를 맺기 위해.

다음의 서비스제공자들의 사무실에 임의로 소개전화를 하여, 전략적 제휴를 맺는다:

1. 파티용품점	2. 양로원
3. 선물가게	4. 양품점
5. 웨딩 플래너	6. 뷰티/네일 살롱
7. 대학가 가게	8. 비영리단체
9. 웨딩센터	10. 박물관 기념품가게
11. 병원 선물가게	12. 중고품 위탁 판매점
13. 미술관	14. 선물바구니 회사
15. 뉴에이지 서점	16. 꽃가게
17. 건강식품점	18. 보석상
19. 스파	20. 미용용품점
21. 태닝살롱	

판매 브로셔, 명함, 고객고객증언 DVD 프레젠테이션을 조합하여, 판매 프레젠테이션 패키지를 발표할 것이다. 여기에는 할인이나 다른 종류의 거래를 제공하는 쿠폰도 포함시킨다. 고객들이 한 장씩 가져갈 수 있게 접객 카운터에 브로셔를 세팅한다.

고객추천하는 사업가들에게는 다음 중 하나 이상의 보상옵션을 제공한다:

1 소개료

2 무료 서비스

3 상호추천

제휴의 상호이익을 평가하기 위해 추천소스를 모니터하고, 추천교환 프로그램을 시작하기에 앞서 추천 인센티브를 명확히 정의하고, 확실히 기록할 것이다.

마케팅 결과 모니터링

_____________(회사명)이 얼마나 잘하고 있는지 모니터하기 위해, 고객 설문조사를 하여 광고 캠페인효과를 측정할 것이다. 우리가 알고 싶은 것은 고객들이 '우리에 대해 어떤 말을 들었고, 회사의 수제 제품과 서비스에 대해 어떤 것이 좋았고 어떤 것이 싫었는가'이다. 설문조사에 대한 응답을 얻기 위해, 보상으로 제품을 할인을 해줄 것이다.

응답 트래킹 방법

쿠폰 : 쉽게 트랙 가능한 특정광고 쿠폰

랜딩페이지 : 각 광고에 대한 고유한 웹 랜딩페이지

수신자부담전화 : 광고마다 다른 수신자부담전화

이메일 서비스제공자 : 이메일 열어서 보거나 클릭 즉시 트랙 반응여부를 확인하기 위한 코드삽입

재무제표는 모든 판매단계를 트랙하기 위한 훌륭한 데이터를 제공할 것이다. 재무제표는 매일 검토하여 투자된 마케팅비용에 대한 수익을 평가하고, 제한된 마케팅비용을 어디에 집중시켜야 큰 수익이 돌아오는지 결정하기 위해 판촉 목표와 광고를 상호 검토하고 주어진 예산 내에서 효과적인 마케팅활동을 하도록 한다.

주요 마케팅 메트릭스

다음의 두 마케팅 메트릭스를 사용해 마케팅 캠페인의 비용효율을 평가할 것이다:

1 새 고객을 확보하는데 드는 비용: 새 고객 한 명을 얻는데 투자하는 평균 금액. 예: 만약 우리가 한 달에 $3,000를 마케팅에 투자해서 월말에 10명의 새 고객을 확보했다면 고객획득 비용은 새 고객 한 명당 $300이 된다.

2 활동적인 고객의 평균 평생가치: 고객이 평생 동안 회사제품을 구매하는 금액을 의미한다. 정해진 기간 동안 이 메트릭스를 계산하기 위해, 그 기간에 생성된 총 수익을 총 고객 수로 나누어 계산한다.

3 사업의 진전이 있는지 알기 위해 매주 다음의 통계를 트랙할 것이다:

    A. 총 추천 수.

    B. 총 추천 증가율(기준선 이상).

    C. 새 추천소스 수.

    D. 새 고객 수/월.

    E. 리드 수.

    F. 매출

주요 마케팅 메트릭스 표

주요 메트릭스가 다음의 표에 나열되어있다. 이 표를 통하여 각종 예상치들이 충족되었는지 주시해야 한다. 너무 많은 카테고리에서 숫자가 줄어들면, 적절한 분석 후에 마케팅 노력에 실질적인 변화를 주어야 한다.

주요 마케팅 메트릭스

	2017	2018	2019
수익			
리드			
전환된 리드			
고객당 평균 거래			
고객당 평균 금액			
고객추천 수			
PR 방송 횟수			
고객증언 수			
새 클럽 회원 수			
반품 횟수			
BBB 불평 횟수			
완료된 설문조사 수			
블로그 독자 수			
트위터 팔로워 수			
페이스북 팬 수			

메트릭스 정의

1 리드: 구매를 생각하고 매장에 들어오는 사람.

2 전환된 리드: 실제로 물건을 구매하는 사람 비율.

3 고객당 거래 수: 월 고객당 구매 수. 고객들이 더 많은 ___________상품을 위해 매달 다시오면 크게 증가할 것으로 예상.

4 객단가: 각 거래의 평균 금액. 평균 거래와 함께 증가할 것으로 예상.

5 고객추천: 고객 및 기업추천 포함.

6 PR 방송: 광고비를 지불하지 않았는데 온라인 또는 인쇄매체에 노출된 경우. 처음 개업 시 노출이 증가했다가 일정수준이 될 때까지 증강반복.

7 고객증언: 가장 충성심 높은 고객에게 부탁하며 매달 ___________개의 고객증언을 얻고, 웹사이트에 추가하는 것이 목표이며 가능하다면 동영상으로 고객증언을 얻도록 한다.

8 새 로열티클럽 회원: 반복적인 방문과 클럽 멤버십의 혜택으로 더 많은 고객들이 가입하도록 유도.

9 반품/불평 횟수: 목표는 0 회.

10 완료된 설문조사 수: 고객 만족도 설문조사를 완료하는 고객에게 인센티브 제공.

구전 마케팅

다음의 기법의 활용하여 구전광고를 촉진할 계획이다:

1 반복적인 이미지 광고.

2 특별한 고객서비스를 제공.

3 미끼상품을 효과적으로 활용.

4 시연 또는 특별행사 같은 매장 내 활동 일정 스케줄링.

5 쿠폰이나 론칭할인으로 쉽게 구매할 수 있게 한.

6 웹 및 잡지에 아티클 게재.

7 샘플 프로그램 활용.

8 웹사이트에 이메일 전달 기능 추가.

9 적절하고 믿을 만한 고객증언 공유.

10 직원 약력 공개.

11 제품/서비스 업그레이드 발표.

12 콘테스트나 행운권추첨 주최.

13 커뮤니티 행사에 참여.

14 건의함 설치 및 우수 건의내용 포상.

15 월간 뉴스레터 배부.

16 개인화된 마케팅 커뮤니케이션 실시.

17 고객추천 프로그램 구축.

18 커뮤니티 내 공통점 공유.

19 관심사를 공유하는 커뮤니티에 가입하도록 초대.

20 검열하지 않은 고객 리뷰 공개.

21 정보교환 포럼 운영.

22 의미 있는 경쟁사와 비교.

23 제품효과를 확실히 명시.

24 엄격한 품질보증제도 실시.

25 탁월한 판매 후 지원책 수립.

26 판매 전 결정 과정에서 지원 제공.

27 무료 정보제공 세미나 혹은 워크숍 주최.

28 지역사업단체와 관계 개선.

29 자선 참여 언론보도.

30 시연/전시회/대회 주최.

고객 만족도 설문조사

화장품 고객들의 "만족 지수"를 측정할 수 있게 고객 만족도 설문조사를 실시할 것이다. 기존 고객층에 대해 상세히 알게 되면, 재구매와 추천, 신규고객을 더 많이 창출하여 회사의 수익성을 향상시킬 수 있다.

고객 만족도 설문조사는 다음의 기본사항을 포함한다:

1 고객들은 우리 회사를 어떻게 평가하는가?

2 고객들은 우리 경쟁사를 어떻게 평가하는가?

3 고객들은 우리 제품이나 서비스의 가치를 어떻게 평가하는가?

4 새로 생겨나는 고객의 니즈와 트렌드가 무엇인가?

5 고객의 충성도는 어느 정도인가?

6 고객 로열티와 재구매를 개선할 수 있는 방법은 무엇인가?

7 고객들은 우리 회사를 얼마나 강력히 추천하는가?

8 우리 회사를 광고하기 위한 최고의 방법은 무엇인가?

9 경쟁사와 우리회사를 차별화하는 부가가치 서비스는 무엇인가?

10 친구추천을 더 많이 하게 하려면 무엇이 필요한가?

11 어떻게 가격전략을 개선할 수 있나?

고객 만족도 설문조사는 위의 질문 외에 많은 것에 답할 수 있게 해준다. 끊임없는 새 제품과 서비스의 필요성부터 개선된 고객서비스까지, 고객 만족도 설문조사는 문제가 있고 실적이 안 좋은 분야를 빠르게 알아내서, 전체적인 고객 만족도를 향상시킬 수 있게 한다.

예   시 : http://smallbiztrends.com/2007/06/the-small-biz-7-survey.html

출처 https://www.survata.com/
https://www.google.com/insights/consumersurveys/use_cases
www.surveymonkey.com

http://www.smetoolkit.org/smetoolkit/en/content/en/6708/Customer-Satisfaction-Survey-Template-
http://smallbusiness.chron.com/common-questions-customer-service-survey-1121.html

우리는 또한 고객 설문조사에서 다음의 각종정보를 수집할 것이다:

1 인구조사 파일
     – 나이   – 성별
     – 수입   – 생활방식
     – 가계구매력   – 학력
     – 인종   – 우편번호
     – 직업

2 구매 의사 결정 기준

3 구매 빈도

4 구매 패턴

5 관련제품 구매

6 계획 구매 혹은 충동 구매

7 기존에 본적 있는 프로모션 자료

8 브랜드 로열티

9 브랜드 전환 패턴

10 구매자 전환 패턴

11 선호하는 원산지

12 선호하는 ___________종류

13 선호하는 색

14 선호하는 종류의 다양성

15 선호하는 가격폭

16 브랜드 선호도

17 이 제품이나 서비스를 구매하는 장소

18 소비자가 이 제품이나 서비스를 구매하는 방법 및 시간(때)

19 고객충성도 요인

20 ___________하는 방법에 관한 습득

21 그들이 알고 싶어하는 정도

22 구매 의사 영향(력)

마케팅 연수 프로그램

마케팅 연수 프로그램에 대한 초기 오리엔테이션과 교육뿐만 아니라, 지속적으로 계속되는 수업까지 포함한다. 초기 오리엔테이션은 인사매니저가 고용될 때까지 대표이사가 맡는다. 일주일 동안, 하루의 반은 교육을 받고, 나머지 반은 운영매니저를 따라 다닌다.

교육은 다음을 포함한다:
- 판매되는 모든 제품과 서비스를 배운다.
- 미션 선언문, 가치제안, 대차대조표, 고유판매제안을 배운다.
- 경쟁우위를 인식한다.
- 핵심 메시지와 브랜딩 어프로치를 이해한다.
- 반품 과정, 불만 처리 등의 매장정책을 학습한다.
- 표준 고객서비스를 실제 배운다.
- 고객 및 비즈니스 추천 프로그램에 대해 배운다.
- 멤버십 클럽 절차, 규칙, 혜택을 배운다.
- 회사 웹사이트와 온라인 주문 옵션에 익숙해진다.
- 직원의 역할에 따른 독특한 서비스 절차를 익힌다.
- 현재 진행중인 워크숍내용은 고객의 피드백과 직원훈련을 더 잘 시키기 위해 미스터리 쇼퍼가 찾아낸 문제점을 기초로 만든다. 이 워크숍은 한 달에 ___________(e.g. 한)번 ___________(e.g. 3) 시간동안 진행한다.

5) 판매전략 (Sales Strategy)

소매 판매전략은 두 부분으로 되어있다. 첫 번째, ___________(회사명)의 이미지와 라이프스타일에 맞는 사람들을 고용하고 교육하는 것이다. 교육 프로그램에서 직원에게 고객의 니즈를 제공하고, 판매를 하는데 필요한 제품지식을 갖게 해준다. 두 번째, 커미션 및 복리후생 프로그램으로 직원의 실적을 인정하고 보상할 수 있게 해준다. 영업사원들은 고객에게 후속조치하고 재구매를 창출했을 때 더 높은 커미션을 받게 된다. 이는 영업사원의 실적을 모니터하고 있다는 것을 의미한다. 최우수 직원은 표창을 위해 주목 받고, 실적이 안 좋은 직원은 추가 교육을 받게 되거나 그들의 능력에 맞는 업무를 찾도록 도와준다.

도매 판매 프로그램은 회사가 성장하면서 다음 두 단계를 통해 발전할 것이다. 첫 단계에서, 영업매니저들이 전국적으로 다양한 소매상을 대상으로 영업한다. 그들은 총 매출의 ___________(e.g. 15)%를 커미션으로 받고, 다른 소매상과 계약을 위해 노력한다. 커미션 비율은 소기업 평균보다 3포인트 높고, 대기업 평균보다 5포인트 높다. 다른 회사들 보다 높은 비율의 커미션은 영업사원들에게 ___________(회사명) 제품을 홍보하고, 공격적으로 재주문할 수 있도록 동기를 부여한다. 또한 주문과 고객서비스를 더 잘 관리하게 한다. 계속 고객을 관리하고 확실히 만족시키기 위해 커미션은 제품 출하할 때 ___________(e.g. 50)%, 결제가 이루어진 날에 ___________(e.g. 50)%를 지불한다. 두 번째 단계는 외부 도매상을 통하여 $___________의 매출을 달성한 이후에 내부 판매 인력과 고객만족 팀을 만드는 것이다. 내부 영업사원에게는 매출의 ___________(e.g. 6)%를 지불할 것이며 고객만족 팀은 배달, 불만 처리, 수집 등 모든 판매 후 활동을 관리하고 월급과 지원금으로 매출의 ___________(e.g. 8)%가량을 지급 받는다.

회사의 판매전략은 고객의 니즈를 더 잘 이해하는 것에서 비롯한다. 이를 달성하기 위해서 다음의 조사 방법을 추구할 것이다:

1 타겟고객이 속한 단체에 가입한다.

2 회원들의 니즈와 도전, 관심사를 알기 위해 멤버십 디렉터와 접촉하고 관계를 맺는다.

3 고객에게 영업을 하는 비경쟁적 공급업체들을 찾아 그들이 직면한 어려움을 이해하고 방안을 논의한다.

4 고객에게 직접 그들의 니즈가 무엇인지 물어보고 우리 회사가 제공할 수 있는 솔루션이 무엇인지 파악한다.

매일 매출목표와 변화의 원인을 파악하는데 회사운영을 집중한다. 가장 가치 있는 제품으로 고객이 현명한 구매를 할 수 있도록 도와주고 고객의 편의에 맞춰 선물을 배달할 것이다. 배달상황도 모니터한다.

영업 피드백을 통하여 아이디어를 자극하고, 성공스토리를 얘기하며, 새 기술/기법을 가르치고, 뉴스를 공유하고, 적용할 수 있다. 영업사원이 네트워킹이나 주변 일을 통해 주요고객을 영입하고 나면, 임원진들이 언제든 고객을 방문하여 영업을 지원한다.

또한 전문가와 커뮤니티 대표들과 함께 확고한 명성을 쌓으며 커뮤니티에서 활발하게 활동할 것이다. 친구들의 구전추천을 통해 초기고객을 확보하고, 단골고객 프로그램과 인기 클럽의 멤버십 프로그램을 사람들에게 소개하기 위해 회원가입 할인을 광고할 것이다. 고품질의 제품, 특별할인 구매 조건, 혁신적인 서비스, 편리한 환불, 우수한 가치가 합쳐져서 추천 받은 소비자가 만족한 고객이 될 것이다.

회사의 판매전략은 다음의 요소에 근거할 것이다:

– 지역판 쇼핑잡지에 주제별 광고를 낸다.

– 친구추천 구전 – 지역 커뮤니티에서 친구추천을 통해 판매리드 생성.

기본적인 판매전략:

– ___________(날짜)까지 리드생성을 위한 웹사이트를 개발한다.

– 특별한 고객서비스를 제공한다.

– 모든 주요 신용카드, 현금, 페이팔, 수표를 받는다.

– 고객들이 추가되었으면 하는 제품과 서비스에 대한 설문조사를 실시한다.

– 자선행사와 커뮤니티행사를 후원한다.

– 고객들의 안목을 높이고 신뢰관계를 형성할 수 있도록 공장투어를 제공한다.

– 수익과 고객만족도에 근거한 성과급을 고정급 보수에 포함해 직원들에게 동기 부여를 한다.

– 고객의 이익을 최우선으로 하여, 장기적인 고객관계를 형성한다.

– 같은 타겟시장에서 비경쟁 제품과 서비스를 제공하는 지역사업과 상호이익 관계를 확립한다.

– 분기마다 ___________(#)개의 새 제품을 개발하고 소개한다.

– 분기마다 ___________(#)개의 잠재적 도매고객과 접촉한다.

– 매달 ___________(#)개의 박람회, 축제 혹은 다른 무역행사에 참여한다.

– 분기마다 홈파티 판매행사를 위해 ___________(#)명의 새 주최자를 배치한다.

판매 프로그램

1 ___________(회사명) 판매 교육 프로그램 개발: ___________년 ___________분기에 완료 예정.

2 ___________(회사명) 커미션 프로그램 개발: ___________년 ___________분기에 완료 예정.

3 주요 도매 쇼룸 발견 및 계약: ___________가 ___________년 ___________분기에 완료 예정.

4 수출을 할 경우 적절한 관세사를 채용하여 효율적인 재고흐름과 정확한 제품분류가 가능하도록 한다. ___________년 ___________월에 완료 예정.

고객 유지 전략

고객 유지율을 높이고, 친구추천을 조장하고, 사업의 수익성을 향상시키기 위해 다음과 같이 구매 후 조치를 취한다:

1 판매점은 청결하고 잘 정리되어 있어야 한다.

2 잘 훈련된 영업사원만을 활용한다.

3 고객 피드백을 적극적으로 요청하고 조언을 적극 반영한다.

4 고객들에게 회사를 대표하여 감사를 표한다.

5 단골고객들은 이름을 알고 불러준다.

6 감사장을 보낸다.

7 신규제품 샘플을 제공한다.

8 정기적으로 디스플레이와 판매대를 바꾼다.

9 전화 응대 방안과 예절을 연습한다.

10 불평사항에 즉각적으로 대응한다.

11 친구추천에 대한 보상을 한다.

12 수신자가 명시한 정보선호 유형에 따라 고객별로 다른 내용이 담긴 맞춤형 월간 뉴스레터를 발행한다.

13 FAQ 리스트를 만들고 발행한다.

14 우수고객 멤버십카드를 발행한다.

15 정보제공 세미나 및 워크숍을 주최한다.

16 긴급 식통 선화번호를 제공한나..

17 윤리강령과 서비스 보증내용을 공시한다.

18 고객들이 경쟁사 비교를 정확히 할 수 있도록 도와준다.

19 지속적인 연락 유지(드립 마케팅; 마케팅 대상에게 장기간에 걸쳐 단계적으로 마케팅하는 것; 역
자 주)를 위해 커뮤니케이션 달력을 만든다.

20 경쟁우위에 초점을 맞춘 마케팅 커뮤니케이션을 유지한다.

21 반복 사용자에게 할인과 인센티브를 제공한다

22 고객을 지지하고 격려하지만, 판단하지 않는다.

23 고객 유지율을 측정하고 반복구매 매출 추이와 고객 설문조사를 실시한다.

24 지식공유를 위해 전문가를 위한 웹사이트 포럼이나 토론 그룹을 제안하여 공통 관심사를 가진
커뮤니티를 만든다.

25 경쟁사들보다 더 많은 혜택을 제공한다.

26 리마인더 이메일과 홀리데이 기프트카드를 발행한다.

추가적으로 다음의 고객 유지 프로그램도 고려할 수 있다:

프로그램 종류	고객 보상
구매빈도에 따른 로열티 프로그램	특별할인
	무료 제품 또는 서비스
'최우수 고객' 프로그램	특별 포상/대우/할인

공통관심사 프로그램	공통관심사 공유
	신용카드 포인트 누적
고객 커뮤니티 프로그램	특별행사 참석
추천 자동화 프로그램	거래기록에 근거한 추천상품
프로파일 구축 프로그램	명시된 고객 프로파일 정보에 근거한 추천

판매예측

_______________(회사명)의 소매점 매출을 _____________년부터 _____________년까지 _____________(#)의 %로 성장하는 것으로 계획하였다. 이 성장률은 처음 5년간 성장률치고는 놀라운 숫자이며, 두 가지 요소로 구성된다. 첫 번째는 5년간 비슷한 다른 매장 성장률의 평균만큼 성장하는 것이다. 두 번째는 5년차말에 _____________가 되는 신규매장 오픈에서 기인한 성장이다. 평균 매장크기는 _____________평방미터이며 평방미터당 평균 매출액은 새 매장에서 $_____________, 안정된 성숙매장에서는 $_____________로 예상하고 있다.

웹사이트 내 카탈로그를 통한 판매를 도입하여 _____________년까지 소매매출의 증가를 견인할 것이다. 도매업 역시 _____________년까지 기하급수적으로 성장하도록 예산을 책정하였다. 우리는 다음의 이유로 이 성장이 가능하다고 믿는다:

1 _____________년, 도매고객이 없는 상태에서 도매사업을 개시하므로, 도매고객을 추가하는 것으로 성장을 시작한다. 계좌를 추가할 때마다 각 계좌에서 매출이 발생하며, 도매고객 계좌의 크기에 따라 기하급수적으로 성장할 것이다.

2 _____________년 초까지 제품 제공범위를 대략 _____________(#)배까지 늘일 수 있도록 제품 출시일정을 잡는다.

3 _____________년에는 미디어 비용이 $_____________/년으로 광고를 집행하여 소비자와 소매상에게 브랜드 인지도를 증가시킬 계획이다.

아울렛 판매는 도매업과 별도로 계획을 잡았다.

다음 상황에 근거하여 매출을 예상한다:

1 지역 경쟁사의 실제 판매량

2 화장품회사 대표이사와 경영자 인터뷰

3 경쟁사 시설에서 화장품회사 매출과 트래픽 관찰

4 정부와 화장품산업 무역 통계

5 개체군 인구통계와 변화예측

채택한 마케팅전략과, 경제상황, 새 제품 개발 계획, 경쟁환경 예상을 근거로, 향후 3년간 기대매출을 예측하였다.

단골고객층이 확립될 때까지 첫 1년동안은 매출이 평균보다 낮을 것으로 예상된다. 보통의 화장품 회사는 의미 있는 고객층을 확립하는 데에 최소 2년이 걸리는 것으로 추산된다. 일단 고객층이 만들어지면, 구전추천 효과와 지속적인 네트워킹 노력으로 매출성장에 가속도가 붙을 것이다. 마케팅 캠페인과 직원 교육 프로그램, 고객관리 시스템을 실행하면서 매출이 꾸준히 오를 것으로 예상한다. 특히, 장기적인 마케팅과정의 촉매제로써 초기 할인쿠폰과 광고를 통하여 초기에 더 많은 고객을 끌어들일 계획이다.

사업 첫 해, 수익을 낼 때까지 매출은 점진적으로 성장할 것이다. 2년차에는 보수적으로 ____________(e.g. 20)%, 3년차에는 ____________(e.g. 25)%의 성장률을 반영한다. ____________(날짜)에 사업을 개시하여 빈틈없고 공격적인 마케팅 전략과 함께 독특한 제품 및 서비스와 가치제안에 비하여, 판매예측이 실제로는 보수적인 측면이 있다.

판매예측

	2017	2018	2019
매출			
소매점			
도매계좌			
인터넷 판매			
총 판매액			
판매 직접경비			
소매점			
도매계좌			
인터넷 판매			
소계 판매 직접경비			

6) 머천다이징 전략 (Merchandising Strategy)

머천다이징은 화장품회사에서 판매를 위한 상품을 선택, 가격책정, 디스플레이, 광고하는 가장 효율적인 방법을 찾아내어 제품판매를 촉진하는 마케팅 전략의 한 부분이다. 적절한 제품배치, 면적배분, 매장 내 촉진을 통해 판매공간을 극대화한다.

회사의 수제 천연 화장품의 성장에 크게 기여하도록 머천다이징 전략을 수립한다. 다채롭고 소박한 진열장과 투명하고 큰 통 안에, 포장되지 않은 화장품을 진열하여 구매를 유도한다. 구매자들은 진열장에 다가가, 화장품을 집어 향기를 맡고, 가지각색의 내용물에 감탄하며 제품을 구매할 것이다. 연구에 따르면 진열장에 있는 포장되지 않은 화장품이 멋진 포장에 담긴 같은 화장품보다 4배에서 5배 빠르게 팔린다고 한다. 이런 디스플레이는 천연 화장품이 빨리 팔리게 하는 것뿐만 아니라, 실질적으로 포장 없는 제품 판매도 가능하게 한다.

머천다이징 진열장에는 각 화장품이 어떤 피부에 맞는지 알려주는 디자인 차트를 붙여 고객교육 효과를 노릴 수 있다. 포장되지 않은 천연 화장품을 파는 것은 친환경적이며 생산자의 단가를 낮춰주고, 이렇게 절약한 비용은 소매상과 소비자에게 돌려줄 수 있다.

샘플 및 테스트 전략 또한 총 천연 화장품 판매를 북돋는다. 고객들이 매장 안에서 사용해볼 수 있게 소형 제품샘플을 소매상에게 제공한다. 또한 무료 메이크업 화장품들을 제공하고 매장 내 시연행사를 할 수 있도록 지원한다. 이런 머천다이징 기법들은 천연제품 시장 특유의 쇼핑경험을 고객들에게 제공한다.

사업의 성공을 위해, 팩토리 아울렛 매장은 충분한 공간에 훌륭한 제품라인과 멋진 진열장을 배치하여, 인상적이며 시각적으로 눈길을 끌어야 한다. 매장오픈 초기에 사이니지와 윈도 디스플레이를 사용하여, 신규고객의 관심을 끄는 것 또한 매우 중요하다.

다음의 디자인 원칙을 통해 머천다이징 전략을 개발할 것이다:

1 경쟁사에 없는 독특한 머천다이징을 위해 노력할 것이다.
2 적절하고 유익한 사이니지를 사용하여 고객들을 교육하고 보다 많은 제품을 판매하는데 도움이 되게 한다.
3 최고의 시각적 어필을 위해 비슷한 종류의 제품들을 모아 놓는다.
4 제품진열은 전 구역에서 고객들을 리드할 수 있도록 디자인한다.
5 신제품 소개를 위해 매장 내 특정장소를 지정한다.
6 고객편의를 증가시키기 위해 잡동사니를 줄일 것이다.
7 매장의 코너에는 고급커피나 다양한 음료수와 같은 대상 카테고리 제품들을 진열한다.
8 특별한 시기에 대한 기회를 관리하기 위해 특별행사와 함께 특별 디스플레이를 셋업한다.

9 각 칸의 깊이를 바꾸고, 조명을 더 많이 받을 수 있도록 선반을 조절 가능하게 만든다.

머천다이징 구역의 실내장식은 매출에 매우 중요하다. 기본적이지만 부서 파티션, 사이니지 (TV · PC · 모바일에 이은 제4의 스크린으로 불리며 공공장소나 상업공간에 설치되는 디스플레이를 말한다; 역자 주), 간접조명, 가구 마무리, 벽의 색 및 표면, 창문장식, 카펫, 배경음악, 탈취제사용, 디스플레이 액세서리, 계산대 등 디스플레이 장치는 모두 중요한 지원역할을 한다.

어떤 제품이 수요가 많고 재고가 풍부한지, 판매속도가 느린 제품은 단계적으로 폐기되고 있는지 확인하기 위해 매출액과 매출자료를 모니터한다.

포장

연구에 따르면 화장품은 감성구매제품이기 때문에 고객의 50%이상이 단지 포장에 끌려서 특정 브랜드를 구매하는 것으로 알려졌다.

독특한 포장을 위해 다음의 단계를 밟을 것이다:

1 용기를 대량으로 구매하기 전에, 먼저 다양한 크기, 디자인, 재질의 용기를 몇 개 구입해, 어떤 용기가 우리 이미지와 타겟시장의 니즈에 맞는지 결정한다.

2 전문 그래픽 디자이너의 도움으로 눈에 띄는 라벨을 디자인한다.

3 식약처 라벨 규정을 확인한다.

4 다음 종류의 라벨 중에서 선택한다:

   A. 용기에 인쇄된 라벨을 붙인다

   출처 www.eflypackaging.com, www.sklabel.com, www.lightninglabels.com

   B. 용기에 텍스트를 직접 인쇄한다(실크 스크린 인쇄 혹은 열스탬핑).

   출처 www.freeportscreen.com

7) 가격책정 전략 (Pricing Strategy)

일반적으로 화장품회사는 화장품성분, 수백만 달러의 연구개발비, 화장품 계산대에 있는 작은 화장품, 매장 내 경험과 같은 몇 가지 요소 덕택에 고급제품의 비싼 가격을 유지할 수 있다. 소비자들은 대부분 화장품 내용물을 직접 평가할 기술적 지식이 부족하기 때문에 화장품 가격과 마케팅 메시지를 보고 화장품 품질을 평가하는 경향이 있다. 그래서 제품에 대한 확신을 얻기 위해 가격이나 포장에 있는 실마리에 의존한다.

소매분야에서 가격전략은 탁월한 가치제공자로써 ___________(회사명)가 차지하는 가격대비 효과에 비례하여 가격을 매기는 것이다. 도매상에게는 50%의 마진을 제공하며 거래가 활발한 거래처는 제품교환 프로그램을 실시한다. 고객에게 충분한 가치를 줄 수 있게 소매가격을 결정한 다음, 소매상이 적절한 ___________(e.g. 50)%의 마진을 가질 수 있도록 도매가격을 결정한다.

가격을 책정할 때 다음 요소들을 고려할 것이다:

1 직접비용: 노동, 시간, 물자

2 간접비: 임대, 수도·전기, 세금, 비용

3 수요: 경제상황, 인구통계, 소비자행동, 등

4 마케팅 프로모션

5 경쟁수준

6 포지셔닝 이미지

7 목표: 수익목표, 투자수익률, 성장목표

제품가격책정은 주로 다음 사항의 영향을 받는다.

	내용	가격이 미치는 영향
생산비용		
타겟고객		
유통채널		
경쟁사 제품		
간접비		

화장품라인에 대한 가격책정 전략은 고품질제품과 브랜드의 중간 이하 선반가격으로 포지셔닝하는 것이다. 신중하게 시장을 비교하고 포장크기를 조정하여 가격을 책정할 것이다.

지역의 다른 천연 화장품회사와 비슷한 수준에서 가격을 책정하는 경쟁등위(competitive parity; 경쟁기업과 동일한 수준의 경제적 가치를 생성하는 전략; 역자 주) 가이드라인에 따라 가격을 책정할 예정이다. 회사가 바로 조사할 수 있는 주변 혹은 경쟁사의 가격을 지속적으로 모니터한다. 가격할인은 이벤트 테마에 맞추어 다양하게 전개할 수 있다.

다음 운영관련 요소 또한 고려하여 가격을 책정 할 것이다:

1 전기, 수도, 전화, 인터넷 비용과 광고 및 마케팅 비용 같은 월 사업 간접비용의 일정 퍼센트.
2 감가상각 되는 기계의 최초 설치 비용.
3 총 천연 화장품의 파운드당 비용의 퍼센트에 근거한 재료비용.
4 화장품 디자인에 든 시간, 원자재 소싱 및 구입, 화장품 마케팅 및 판매, 이동시간, 화장품 제조에 든 실제시간을 포함한 인건비.
5 각 제품의 포장비용.

수익을 위해 고객을 유지하는데 가격책정 전략이 중요한 역할을 하기 때문에 지기 주도기업이 되는 데 관심이 없다. 직원들에게 주는 월급이 회사가 얻는 수익과 맞아 떨어져야 하기 때문에 수익구조는 반드시 원가구조를 뒷받침해야 한다.

____________(회사명)은 기준 소매가격의 다양한 제품라인을 판매할 것이다. 소매가격이 다양한 만큼 다른 가치를 알 수 있도록 고객들을 교육할 것이다. 이 전략의 목적은 계속해서 바뀌는 고객의 우선순위로부터 회사를 보호하고 고객의 니즈를 충족하기 위함이다.

회사가 선택한 제품 카테고리 안에서 지속적으로 셀렉션을 확장하려 노력할 것이다. 친밀감과 제품지식, 탁월한 가치, 번거롭지 않은 반품, 편리한 매장위치 제공으로 사람들이 계속해서 우리 제품을 찾게 할 것이다.

가격리스트 비교

경쟁사	서비스/제품	본사 가격	경쟁사 가격	경쟁사 대비 장단점

다음의 가격책정 지침을 따를 것이다:

1 합리적 가격과 서비스의 조합이 탁월한 가치제안으로 인식되도록 보증해야 한다.

2 가격 경쟁은 자제하되, 항상 가격 경쟁력이 있어야 한다.

3 부가가치 서비스를 개발하고, 제품과 함께 제공하여, 가격만으로 단순비교가 어렵게 한다.

4 경쟁우위에 주의를 집중해야 한다.

5 대중시장에서의 가치리더십 혹은 틈새시장에서 프리미엄 가치와 같은 포지셔닝 전략에 따라 가
  격전략을 개발한다.

6 가격정책의 목표(이익증가, 시장점유율 확대를 위한 매출 최대화, 혹은 생산단가 절감 등)에 따라
  전략이 달라질 수 있다.

7 시장정보를 사용하여 경쟁사의 가격책정에서 통찰력을 얻는다.

8 설문조사 및 인터뷰를 이용하여 고객들로부터 가격책정에 대한 피드백을 구할 것이다.

9 틈새시장에 침투하기 위해 시간제한 가격할인행사를 진행한다.

10 수요가격 탄력성을 정하기 위해 현재보다 높은 가격과 낮은 가격으로 실험을 할 것이다(비탄력
   성 수요 혹은 가격인상에도 수요가 줄지 않으면 가격인상을 할 수 있다는 것을 뜻한다).

11 시장정보에 기초하여 제품과 가격을 이해하기 쉽고 경쟁력 있게 유지한다.

12 특정상품에 대해서는 물량할인을 적용할 것이다. 그러나 불경기 때 비용 때문에 가격인상하는
   일이 없도록 물량대비 가격할인 효과와 비용을 연구하여 할인율을 적용한다.

서비스사업 비용을 정하는 것은 비용을 부담하고 수익을 얻는 데에 가장 중요한 부분이므로 다음
식에 따라 계산한다.

$$제품원가 + 자재 + 간접비 + 인건비 + 이익 + 법인세 = 가격$$

자재는 서비스를 제공하는데 소모되는 물품들이다.

간접비는 사업을 계속하기 위해 반드시 지불되어야 하는 변동 및 고정비용이다. 변동비용은 차량비
용, 임대비용, 전기/수도요금, 원자재비와 같이 사용량에 따라 달라지는 비용이다. 장비구매, 서비스
용품, 마케팅, 광고, 보험료는 고정비용에 속한다. 총 간접비를 정한 다음, 총 간접비를 예상 판매개
수로 나눈 것이 개당 간접비용이 된다.

인건비는 서비스수행 비용을 포함한다. 사회보장세, 휴가, 은퇴, 건강 또는 생명보험 같은 다른 혜택
또한 포함한다. 시간당 인건비를 정하기 위해 시간기록을 보관하고 기술 및 평판, 비슷한 기술의 직
원이 받는 임금, 매장 위치와 같은 요소들을 고려한다. 이외에도 이미지, 인플레이션, 수요와 공급,
경쟁이 인건비에 영향을 미친다.

이익은 총비용에 원하는 수준의 이익%를 곱해서 결정한다. 각 서비스에 더할 이익의 일정 퍼센트를
결정할 필요가 있다. 사업을 계속할 수 있게 모든 비용을 지불하고 이익을 남기는 것은 사업에 매우

중요한 부분이므로 이런 의사결정을 도와줄 재무자료를 정리할 수 있는 컴퓨터 소프트웨어를 사용한다. 고객과 긴밀한 관계를 유지하여 수요의 변화에 민감하게 반응하도록 한다.

특히 인플레이션일 때, 고객이 지불할 가치가 있다고 인지하면서도 회사에 이익을 가져다 줄 수 있게 가격전략을 수립한다. 확실히 성공하기 위해, 주기적으로 가격책정 전략을 평가하고 경쟁사 및 고객조사를 실시하여 6개월마다 이익을 검토할 예정이다.

8) 차별화 전략 (Differentiation Stratergy)

다양한 고객 세그먼트를 위한 특별한 제품을 개발하고 판매하기 위해 차별화 전략을 개발할 예정이다. 경쟁사와 차별화하기 위해, 우리에게만 있고 경쟁사에는 없는 자산과 창의적인 아이디어와 역량에 집중할 것이다. 차별화 전략의 목표는 특별한 제품과 서비스에 프리미엄 가격을 매기고 고객충성도를 구축하여 고객유지율을 높이는 것이다.

고급 화장품을 제조하여, 차별화하고 수익을 내도록 노력한다. 틈새시장을 겨냥하여 고급재료로 고품질과 럭셔리 제품을 만들어 부가가치를 창출할 것이다.

다음 종류의 방법으로 화장품 제조 사업에서의 차별화를 달성할 것이다:

차별화 요소	설명
제품 특성	
보완 서비스	
디자인으로 통합된 기술	
위치	
서비스 혁신	
우수한 서비스	
창의적인 광고	
우호적인 공급자 관계	

출처 http://scholarship.sha.cornell.edu/cgi/viewcontent.cgi?article=1295&context=articles

차별화는 경쟁사와 달리 완벽한 타겟시장이 누구인지 정의하고, 그들의 니즈와 욕구, 관심사를 충족시키는 것을 의미한다. 설문조사를 통하여 타겟시장에 가장 중요한 것이 무엇인지 알고, 그것을 지속적으로 제공하는 것으로 "모든 것을 모든 사람에게" 제공하는 것이 아니라 "선택된 타겟그룹에게 완벽한 것을" 제공하는 것을 의미한다.

차별화 전략에서 차이를 정의하기 위해 다음 방식을 이용할 것이다:

1 타겟고객 세그멘트
2 고객의 특징
3 고객 인구통계
4 고객의 행동
5 지리적 주안점
6 영업 방식
7 서비스 전달 접근방법
8 고객이 생각하는 문제점/고충
9 고객문제의 복잡성
10 서비스 범위

표준화된 제품과 서비스가 아니라 경쟁사와 차별화된 제품/서비스를 제공하기 위해 다음의 접근방 법들을 사용할 것이다:

1 우수한 품질
2 특이하거나 독특한 제품 특성
3 빠르고 책임감 있는 고객서비스
4 신속한 제품/서비스 혁신
5 최신기술 접목
6 공학적 디자인 혹은 스타일링
7 추가적인 제품 특성
8 일류/고급 이미지

구체적인 차별화 요소:

1 특정분야에서 전문가가 된다
2 첨단/특이한 기술을 활용한다
3 폭넓은 경험을 보유한다
4 우수한 시설에서 생산한다
5 꾸준히 우수한 성과를 달성한다
6 배려하고 이해심 있는 성격을 가진다
7 고객들에게 고객환영 패키지를 포함한 멋진 경험을 제공한다

8 24/7 온라인 접속이 가능하게 한다

9 고객의 요청에 관심을 표한다

10 약속일정을 지킨다

11 가족처럼 고객의 이름과 세부사항을 기억한다

12 제품사용에 대한 고객의 두려움이 무엇인지 확인한다

13 커뮤니티에서 확실한 평판과 인지도를 구축한다

14 특별자격 증명 또는 전문 멤버십을 취득한다.

15 택시 서비스, 영업시간 연장, 무이자 할부, 구매 후 서비스 같은 부가가치 서비스를 제공한다

차별화 전략에는 다음과 같은 보증 정책과 서비스가 포함된다:

반품 및 교환 정책

고객이 구매한 제품에 만족하지 못할 때 구매일로부터 60일이내에 반품 및 교환이 가능하다. 맞춤화장품은 반품이 불가능하다.

다른 차별화 전략.

1 고객의 거래내역, 선호도 프로파일, 고객이 관심 있어하는 모든 위시리스트 제품 등 고객 구매정보에 접근하여 고객의 각 구매경험을 개인화할 수 있게 해주는 소프트웨어 시스템을 활용할 것이다.

2 제품과 서비스를 온라인과 팩스로 주문할 수 있게 할 것이다.

3 제품 태그를 직접 디자인하고, 개인화된 쇼핑백과 티슈를 사용하고, 고객들을 위해 웹사이트에 위시리스트 기능을 개발할 것이다.

4 제품구색을 맞추기 위해 PB 브랜드와 유명 디자이너 제품 및 서비스를 인수한다.

5 모바일 판매 행사일정을 잡는다.

6 고객의 라이프스타일, 선호 스타일, 주요 행사일정에 대한 정보를 수집하기 위해 상세한 프로파일을 만든다.

7 고객이 친구를 쉽게 추천할 수 있도록 추천 프로그램을 개발한다.

8 주기적인 고객만족도 조사를 통하여 피드백과 개선 아이디어, 친구추천, 고객증언을 수집한다.

9 재활용 프로그램 구축, 재활용 재료가 사용된 사무용품, 책임감 있는 유해폐기물 처리와 같은 "그린" 활동을 홍보할 것이다.

10 고객충성도나 매출증가를 위해 언어, 문화적 영향, 관습, 관심사, 지역시장 선호도에 따라 개인화된 제품/서비스를 제공한다.

11 타겟시장 세그먼트의 니즈를 충족하기 위해 특별한 맞춤 지원과 부가가치 서비스의 전문성을 발휘할 것이다.

12 회사와 제품에 반영된 회사의 철학, 광고나 웹사이트에 게재된 제품의 의미를 독특한 디자인으로 표현하도록 한다.

13 특정 틈새시장의 니즈에 적용할 자체 포장디자인을 개발한다.

14 가치중심 차별화를 위해 1+1, 무료 추가제품 제공, 용량증가를 통한 특별할인, 즉시사용 쿠폰 같은 프로모션을 사용할 것이다.

15 모든 제품에 회사로고와 함께 회사 아트카드를 붙여 브랜드 차별화를 할 것이다.

16 지역에서 잘 자라는 허브를 사용하여 시그니처 스킨케어크림을 만든다.

17 제품라인에 유기농 총 천연 저자극 화장품을 첨가한다.

18 형형색색의 멋지게 디자인된 포장을 특징으로 삼을 것이다.

19 우유베이스의 화장품라인과 순 올리브오일 화장품을 개발한다.

20 특산품으로 고형샴푸를 개발한다.

21 제품사용목적을 고려하여 풀 패키지 화장품라인, 액상 화장품라인, 입욕제라인 등을 조합하여 다양한 라인을 만들 수 있다. 예를 들어, 액상 화장품과 입욕제를 조합하여 소포장 여행용부터 대용량 포장의 라벤더민트 화장품라인을 만들 수 있다.

22 자체 로션브랜드를 만드는 것과 동시에 에센셜오일 조합을 달리하여 맞춤 블렌드를 만들 것이다.

23 총 천연 화장품의 스킨케어 효과를 강조할 것이다.

9) 마일스톤 (Milestone)　　　　　　　　　　　　(필요항목 선택)

마일스톤 차트는 회사의 발전과 성장을 가이드할 타임라인이다. 회사가 생존하기 위해 반드시 해야 할 다양한 주요 활동과 사건을 연대순으로 나열한다.

____________(회사명)은 회사의 목표가 될 구체적인 마일스톤을 규정하였다. 마일스톤은 달성해야 할 타겟과 목표달성과정을 추적할 수 있는 메커니즘을 보여준다. 마일스톤에는 실제 수행날짜와 수행에 필요한 시간을 표시하고, 회사의 성공에 중요한 마일스톤은 정해진 기간 내에 완성할 수 있도록 해야 한다. 다음 표는 각 마일스톤의 일정을 보여준다.

마일스톤	시작날짜	종료날짜	예산	책임자
사업계획서 완성				
허가/라이선스 획득				
장소 선정과 확보				
보험가입				

추가자금 확보				
창업에 필요한 물품 견적				
주정부 면허 획득				
사무용품 구매				
생산시설 보수				
마케팅 프로그램 확정				
설비/진열대 설치				
IT 시스템				
붙박이 거래부스 디자인				
제품개발 완료				
마케팅 비디오 완성				
식약처 규정 적용				
포장 및 라벨 디자인				
스파 직원과 서비스 선정				
통관업자 선정				
리스협상 완료				
거래부스 완성				
제품 브로셔				
쇼룸계약 협상				
회사명 및 로고 등록				
재무이사 선정				
판매교육 프로그램 개발				
1호점 완공				
1호점 직원 선정/교육				
광고 패키지 론칭				
PR 패키지 론칭				
웹사이트 디자인 계획				
도매영업직원 배치				
회계시스템 세팅				
회사정책 개발				

절차매뉴얼 개발				
지원 서비스 제공자 배치				
미디어 기획 마무리				
페이스북 브랜드 페이지 생성				
트위터 계정 세팅				
블로거 지원 프로그램 가동				
인사기획				
마케팅 기획 시행				
웹사이트 운영시작				
검색엔진 최적화 실시				
전략적 제휴 체결				
초기 운영/생산을 위한 물품/원재료 구매				
언론 발표				
개업 광고				
광고 프로그램 개시				
지역단체/네트워크 가입				
만족도조사 수행				
계획 평가/수정				
성장전략 고안				
소셜 미디어 네트워크 모니터				
리뷰에 응답				
마케팅 비용대비 수익측정				
초과 수익 $___________				
달성 수익률				
합계				

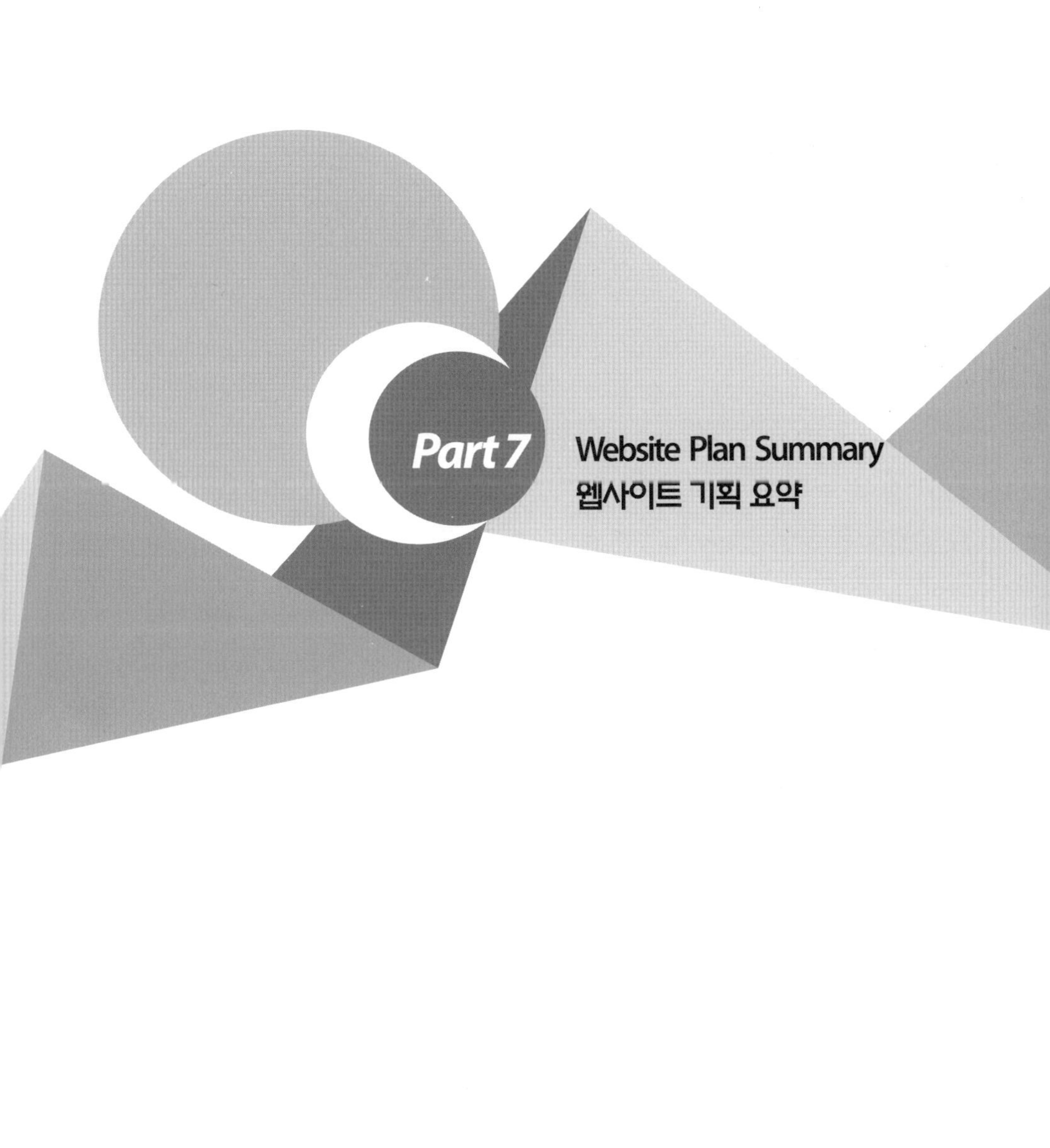

Part 7
Website Plan Summary
웹사이트 기획 요약

Website Plan Summary
웹사이트 기획 요약

이 장을 읽기 전에

화장품 회사의 웹사이트는 눈에 보이지 않는 화장품 품질을 가늠하게 하고 화장품이 제공하는 이점 소개와 같은 이성적인 소구 뿐만 아니라 아름다움을 추구하는 감정적인 접근을 동시에 가능하게 하는 중요한 도구이다.

이 장은 마케팅 전략을 웹사이트 개발에 어떻게 연계시켜야 할 지를 설명하고 웹사이트에 들어갈 내용과 웹사이트 개발에 필요한 요소들을 보여준다. 또한 웹사이트를 알리고 방문을 늘이기 위해 필요한 활동을 상세히 알려준다.

원저에 소개한 구글 외에 네이버나 다음에서도 비슷한 광고 프로그램을 판매하여 참조 사이트에 소개하였다.

이 장에서 소개하는 웹사이트 개발사는 미국 회사들이므로 한국에 있는 웹 에이전시를 직접 찾아 제안서를 받아 보는 것이 좋은데 전략적으로 필요한 기능들을 웹 에이전시의 도움 없이 관리자 모드에서 사내 직원들이 사이트를 관리하고 운영할 수 있도록 하는 것이 유지관리 비용을 절약함과 동시에 고객 요구나 간단한 사이트 문제를 즉각 해결할 수 있는 좋은 방법이다.

마지막으로 사이트 실적 요약은 웹 에이전시에서 사이트 개발시 관리자 모드에서 볼 수 있도록 기능을 넣어두기도 하지만 해당 실적을 엑셀 파일로 다운 받을 수 있는 기능을 추가하여 다양한 방법으로 통계치를 볼 수 있도록 하면 더욱 좋다.

__________(회사명)은 URL주소 www.(회사명).com의 웹사이트를 개발 중이다. 주로 유익한 아티클을 게시하고, 곧 있을 행사에 대한 정보를 퍼뜨리고, 온라인 제품주문을 활성화하기 위해 웹사이트를 디자인하고 개발한다. 메이크업 아티스트를 고용해 우리 제품을 사용한 모델을 메이크업하고 사진을 웹사이트에 올려 방문자들이 볼 수 있게 한다. 웹사이트에서 이런 정보를 제공할 때와 안 할 때 새 고객유치에 큰 차이가 난다.

웹사이트에서 고객들이 제품을 주문을 할 수 있도록 한다. 웹사이트를 디자인하는 데에 무엇보다 중요한 것은 쉬운 사용법이다. 주문과정을 가능한 쉽고 빠르게 만들어 결과적으로 매출이 증가하길 기대한다. 고객이 같은 제품을 재구매하기 쉽게 마이페이지 같은 기능을 포함시키며 매번 고객이 원하는 제품이나 정보를 찾아가지 않아도 되도록 사이트가 자동으로 고객이 정기적으로 주문하는 상품을 찾아내 주문이 쉽고 빠르게 진행되도록 만든다. 빠르고 쉬운 사용법으로 고객은 사이트에 점점 더 익숙해지고 주문이 편리해져서 궁극적으로 매출 증가에 도움이 될 것이다.

웹사이트에서 고객이 뉴스레터 및 세일안내를 신청하게 한다. 다양한 인센티브를 제공하며, 이는 자동 고객관리 시스템에 추가할 이메일 데이터베이스를 만드는데 도움이 된다. 고객 및 잠재고객과 지속적으로 소통하기 위해 개인화 드립 마케팅 캠페인을 만들 것이다.

고객의 지식적 니즈를 제공하고 리드를 생성한다는 목표와 함께, 화장품에 대한 지식과 정보를 찾는 웹 방문자들을 위한 자료제공 소스가 될 수 있도록 웹사이트를 개발할 것이다. 홈페이지는 회사가 제공하는 서비스를 보여주고, 방문자들이 찾는 정보에 쉽게 접속 가능한 링크를 제공하는 "환영 페이지"로 디자인하여 고객들이 직면한 문제와 회사가 제공하는 솔루션을 연결해주기 위한 방법으로 사용한다.

웹사이트 방문 히스토리를 측정하여, 투자 수익률을 예측하기 위해 무료로 제공하는 구글 애널리틱스(http://www.google.com/analytics)를 사용할 것이다. 구글 애널리틱스는 사용자가 단일 웹사이트의 트래픽을 모니터할 수 있게 하여 사이트에 대한 통찰력을 제공하는 무료 도구이다. 구글 애널리틱스 코드를 회사 웹사이트에 추가하면, 구글은 방문자 수와 반복 트래픽, 페이지 조회수 등이 포함된 대시보드를 제공하여 비효율적인 마케팅에 낭비하는 비용을 막는 데에 도움을 준다. 분석 프로그램 사용은 정확히 어떤 리드가 성과가 있고, 성과가 없는지 보여준다. 이를 통하여 어떤 것이 사이트에 가장 많은 트래픽을 일으키는지 찾아내고, 또 그것을 향상시킬 방법이 무엇인지 찾을 것이다.

본 웹사이트에는 다음 사항들을 보여줄 목적으로 사용한다:

회사소개	회사 철학/업무 방식
연락처	고객서비스 연락처
제품정보 요청	회원가입
제품 재고 리스트	온라인 주문/장바구니
월별 판매 상품	
신제품	
서비스	맞춤 제작 서비스
사진 갤러리	메이크업 모델
메이크업 설명 비디오	다양한 스타일 연출 방법
수상 내역	제품 개발/용기 디자인
	100% 유기농 포뮬라
	우수 화장품상/동물 케어/친환경 운영
특가 상품	인쇄가능 쿠폰
	평생 품질보증
선물과 액세서리	
상품권	주문양식
위시리스트	상품권 등록
피부 타입 가이드	추천 화장품 종류
화장품 성분 가이드	
마이페이지	등록/신용카드 신청/지불
경영철학	반품/예약구매/할인
자주 묻는 질문	FAQ
클럽 멤버십	가입/혜택
위시리스트 신청	제품 매칭 시스템
뉴스레터 신청	메일링 리스트 가입
뉴스레터 보관소	아티클
다가오는 행사	컨벤션 일정
무역 박람회 일정	
고객 증언	고객 편지(사진 첨부)

고객추천 프로그램	세부 사항
쇼룸 약도	매장 위치
고객 만족도 조사	피드백
반품 정책	
교육 센터	아티클/케어 팁 학습
도매업 정보	신청/동의서/계정 생성
영업시간	
PR	관련 커뮤니티
제품 판매 온라인 쇼핑몰 링크	
전략적 제휴 파트너	
리소스	전문가 협회
블로그	고객 코멘트
친구 추천	
유튜브 비디오 클립	세미나 프레젠테이션/증언
윤리 강령	
직원 모집	
고객 로그인	

1) 웹사이트 마케팅 전략 (Website Marketing Strategy)

온라인 마케팅 전략은 다음의 확실한 방법들은 이용할 것이다:

1 검색엔진 등록

　　　　　(회사명)을 잘 모르지만 지역 화장품 회사를 찾는 사람들에게 가장 유용하다. 또한 회사에 대해 알고 있지만, 더 많은 정보를 찾는 고객들이 검색할 것이다.

2 마케팅 자료에 웹사이트 주소 인쇄

모든 마케팅 커뮤니케이션과 명함, 회사 편지 양식, 팩스, 청구서, 제품 라벨에 웹사이트 주소를 인쇄하여 추가 정보 획득을 위해 웹사이트를 방문하는 것을 독려할 것이다.

3 온라인 디렉토리 리스트

관련 회사, 무료, 유료 온라인 디렉토리 및 OEM회사 웹사이트의 고객사 페이지에 회사의 웹사이트를 올리기 위해 노력할 것이다.

좋은 온라인 디렉토리는 다음 기능을 보유하고 있다:

- 만료되지 않고 매달 갱신할 필요 없는 무료 또는 유료 리스트.
- 광고 메시지 전달을 위한 충분한 공간.
- 방문자들이 사용하기 쉬운 탐색 버튼.
- 매장을 찾기 위해 일반적으로 사람들이 사용하는 키워드에 근거하여 검색 페이지 상단에 노출되도록 검색엔진 최적화
- 웹사이트로 직접 연결된 링크.
- 디렉토리 사이트의 높은 트래픽을 유지하기 위한 지속적인 디렉토리 홍보 캠페인.

4 전략적 사업 파트너

유명한 __________(시)의 기업 웹사이트뿐만 아니라 시 웹사이트와 지역 오락 사이트들과 서로 링크를 교환한다. 또한 공급업체 웹사이트와도 교차 링크한다.

5 유튜브 포스팅

만족한 고객으로부터 얻은 증언으로 비디오를 만들고, 시청자들에게 화장품 관련 서비스와 제품의 범위에 대한 교육을 할 것이다. 조사에 따르면 유튜브 비디오는 구글 검색엔진 순위를 크게 올려준다.

6 전략적 마케팅 파트너와 링크 교환

내부 콘테스트 상품으로 상품권 기부를 받은 비영리 기업과 링크를 교환한다.

7 e-뉴스레터

뉴스레터를 신청할 때 이메일 주소와 간단한 프로파일을 수집한다. 웹사이트에 독자들이 돌아오게 하기 위해 뉴스레터에 사이트 링크를 삽입한다.

8 플리커닷컴에 사진을 올리기 위한 계정을 만든다

같은 키워드를 갖기 위해 플리커(flickr.com)에서 회사 사이트와 같은 이름을 사용한다. 플리커를 충분히 이용하기 위해, 자바 스크립트를 사용할 수 있도록 하고 최신 버전의 매크로미디어 플래시 플레이어(Macromedia Flash Player)를 설치하는 것이 좋다.

9 클릭당 지불 광고(PPC : Pay-Per-Click) 캠페인

구글 애드워즈 프로그램(Google Adwords Program)에서 사용 가능하다. 예시 키워드로는 총 천연 화장품, 디자이너 맞춤 화장품, 수제 화장품, __________(시) 등이 있다.

한국판 참고자료

| 구글 애널리틱스 | https://analytics.google.com/analytics/web/provision/?authuser=0#provision/
SignUp/

| 네이버 광고 사이트 | http://mktg.naver.com/

| 다음 광고 사이트 | http://ad.kakaocorp.com/

10 인터넷 사용자 그룹과 토론포럼에 메시지를 게시한다. 화장품 회사와 관련된 토론 그룹과 포럼에 참여하고, 시그니처 문장(메시지 카피)을 만든다.

11 마이스 페이스와 페이스북 계정을 만들어 회사의 배경과 전문적 관심을 강조한다.

12 페이스북 브랜드 구축 앱:

페이스북 회원으로서 "페이스북 페이지" 앱을 통해 회사용 페이스북 페이지를 만들 것이다. 이 페이지는 우리가 이런 회사이고, 무엇을 하는지 홍보하기 위해 사용될 것이다. 나누고 싶은 새 아티클이나 발표할 뉴스 등이 있을 때 자동 알림을 사용한다. 페이스북 회원들은 회사 페이지의 팬이 되고, 자동 알림 업데이트들을 자신의 뉴스 피드에서 볼 수 있다. 또, 우리는 개인 페이스북 페이지 하단에 있는 "광고" 링크 또는 "더보기" 탭에 "페이지 만들기" 링크를 통해 회사 페이지를 만들 것이다. 페이스북의 회사 페이지를 홈페이지 왼쪽 "둘러보기" 탭에 "페이지" 링크를 통하여 페이스북 내에서 회사 페이지를 만들 수 있다. 로고를 업로드하고, 회사 프로파일 세부 사항을 작성하고, 세팅을 설정한 다음, "저장"을 클릭하여 페이스북 회사 페이지를 활성화시킨다. 이렇게 활성화된 회사 페이지는 가능한 한 모든 곳에 홍보할 것이다. 웹사이트, 이메일 시그니처, 이메일 뉴스레터에 페이스북 링크를 넣고 페이스북 광고 앱을 통한 클릭당 지불 광고를 배치하여 페이스북을 마케팅 믹스에 포함시킨다. 페이스북 광고를 할 때 성별, 나이, 관계, 위치, 학력뿐만 아니라 구체적인 키워드를 구체화하여 타게팅한다. 타겟 기준 구체화가 끝나면, 페이스북 광고 툴에서 네트워크에 있는 회원 중 몇 명이 타겟 니즈를 충족하는지 확인할 수 있다.

13 회사의 성공 스토리를 공유하고 의견을 요청하기 위한 블로그

블로깅은 정보와 전문지식, 뉴스를 공유하고, 고객, 미디어, 공급업체, 어떤 타겟이든 소통을 시작하기 위한 매우 좋은 방법이다. 블로깅은 항상 새로운 콘텐츠를 제공하고, 타겟고객이 특정 게시물에 의견을 달도록 하고, 검색엔진 순위를 향상시키고, 링크를 끌어들이기 때문에, 아주 좋은 온라인 마케팅 전략이 될 것이다. 블로그에 회사 페이스북 페이지 링크도 제공할 것이다.

출처 **www.blogger.com**

2) 성장 조건 (Development Requirements)

웹사이트 개발 계획은 마일스톤에 기록된 일정대로 완성될 예정이다. __________(회사명)가 예상하는 새 웹사이트를 개발하는데 드는 비용은 다음과 같다:

개발 비용	
사용자 인터페이스 디자인	$__________
사이트 개발 및 테스트	$__________
사이트 완성/실행	$__________
유지관리 비용	
웹사이트 명 등록	연 $__________
사이트 호스팅	월 $__________ 혹은 그 이하

사이트 디자인 변경, 업데이트, 유지관리 또한 마케팅의 한 부분이다.

사이트는 지역 신규 업체인 __________(회사명)가 개발한다. 사용자 인터페이스 디자이너는 웹사이트 로고와 그래픽을 만들기 위해 회사의 기존 그래픽 아트를 사용한다. 이미 지역 내 인터넷 서비스업체인 __________(기업명)을 통해 호스팅을 하기로 결정했다. 추가적으로, 그들은 투자 대비 수익률을 분석하고 웹트래픽을 개선하기 위해 매달 사이트 통계 보고서를 준비할 것이다.

계획대로라면 웹사이트가 __________(날짜)까지 완성되는 것이다. 업데이트, 데이터 입력을 포함한 기본 웹사이트 유지는 내부 직원이 관리할 것이다. 이미지, 텍스트 같은 사이트 콘텐츠는 __________(소유주)가 직접 유지 관리한다. 향후에 아티클 다운로드를 추적하고 뉴스레터의 역량을 향상하기 위해 기술 회사와 계약해야 할 수도 있다.

3) FAQ 사례 (Sample Frequently Asked Questions)

웹사이트의 전자상거래 섹션 FAQ를 개발할 때 다음의 지침을 따른다:

1 콘텐츠 표 사용: FAQ 페이지 상단에 제목 헤더를 넣고, 빠른 엑세스를 위해 페이지 밑에 관련된 섹션의 하이퍼링크를 제공한다.

2 논리적인 방식으로 질문들을 모으고, 주제별로 특정 질문들을 모아 그룹을 만든다.

3 질문은 정확하게 한다: 개방형 질문은 하지 않는다.

4 너무 많은 질문은 피하고 자주 언급되는 질문과 답변을 공개한다.

5 질문에 직접적으로 답변한다.

6 가능하다면 답변 리소스와 링크를 제공하여 고객 스스로 추가 정보를 찾아볼 수 있게 한다.

7 설명 단계를 나열할 때 글머리 기호를 사용한다.

8 마케팅이 아닌 고객 지원에 중점을 둔다.

9 실제 고객에서 나온 현실적이고 관련된 내용들로 FAQ를 구성한다.

10 고객들은 계속 다른 질문을 하기 때문에 FAQ 페이지를 지속적으로 업데이트한다.

다음의 자주 묻는 질문들은 간결한 방식으로 고객들에게 많은 정보를 전달할 수 있게 해줄 것이다. 이 질문과 답변들을 웹사이트에 올리고 하드카피로 제작하여 판매 프레젠테이션 폴더에 포함시킨다.

__________(회사명)은 제품의 안전성 보장을 위해 어떤 종류의 안전성 및 유효성 시험을 하나요?
저희는 개인 용품 및 화장품에 대한 안전성 및 유효성 시험뿐만 아니라 제품에 사용된 원자재에 대한 유효성 시험 또한 제공합니다. 안전성 및 유효성 시험을 위해 현행 임상시험 실시기준(Good Clinical Practice – GCP)에 따라 운영하는 여러 임상 실험실과 계약을 맺었습니다. 예를 들어, 피부과 테스트(Repeat Insult Patch Test, RIPT)는 제품에 피부 민감화 및 알러지 발달 가능성을 알아내는 업계 표준 안전 시험입니다. 또, 일반세균 테스트, 항균 유효성 시험, 이스트 및 몰드 시험을 포함한 모든 미생물학 테스트를 실시합니다. 급수시설 평가와 미생물학적 모니터링 시험은 격주로 진행합니다. 급수시험에는 막여과(membrane filtration)를 통한 중온세균 수, 주입 평판법을 통한 중온세균 수, 슈도모나스균 총계, 분변계 대장균 시험도 포함합니다. 또한 종합적인 현행 우수 제조 관리기준(cGMP) 안정성 시험도 실시합니다. 저희가 시행하는 안정성 시험에는 가속 안정성 시험, 장기 안정성 시험, 약물 안정성 시험이 있습니다.

식물성 아로마 오일이 무엇인가요?
식물성 아로마 오일은 뿌리, 나무 껍질, 잎, 과일, 꽃 또는 식물의 한 부분에서 추출합니다. 이 추출물을 증류하고, 혼합하며, 에센셜 오일을 첨가할 수도 있습니다. 이 식물성 아로마 오일은 고가의 순 에센셜 오일의 대체품입니다. 예를 들어, 저희의 장미오일은 에센셜 오일의 섬세한 특성을 모두 가지고 있지만, 목욕 시와 바디 제품으로 사용하기에 적당한 가격입니다. 식물성 아로마 오일은 에센셜 오일의 비싼 가격 때문에 이전에는 제공할 수 없었던 향을 만끽할 수 있게 해줍니다.

이 회사는 제조사인가요?
예. 저희는 화장용 연필과 브러시를 제외한 모든 것을 만듭니다.

화장품 OEM사업을 하는 이유가 무엇인가요?
저희는 백화점과, 대중시장, 건강 식품점, 다른 화장품 회사, 공익 브랜드 회사, 스파, 리조트, 호텔뿐만 아니라 소규모 신규업체와 개인을 포함한 다양한 회사를 위한 화장품 제조사입니다.

최소주문량이 있나요?
아니요. 첫 주문부터 정확히 원하는 양만큼만 주문하실 수 있습니다.

컬러 카탈로그가 있나요?
저희 웹사이트에서 모든 컬렉션을 보실 수 있습니다.

이 제품은 "__________"에서 만든 것 같은데 맞나요?
아니요, 저희가 만든 제품입니다. 용기가 비슷해 보일 수 있으나, 본사만의 제조법으로 만든 제품이며, 다른 곳에서 찾을 수 없습니다.

누구에게 제품을 판매하나요?
저희는 고급 스파, 살롱 및 메이크업 아티스트에게 제품을 판매합니다. 많은 고객들이 자체 브랜드로 판매하고 있으며, 그 회사의 이름은 기밀사항이라 밝힐 수 없습니다. 저희는 약국 또는 대중에게 직접 제품을 판매하지 않습니다.

어떤 결제수단이 있나요?
비자, 마스터카드, 아메리칸 익스프레스, 모든 첫 주문은 현금 또는 신용카드로 결제하셔야 합니다.

운송비는 얼마인가요?

미국/캐나다로 운송하며 기본 배송료는 $10.00입니다. 주문 금액 $100당 $1.50 추가되며 미국/캐나다 외 국가에 대한 내용은 전화 주십시오.

주문 상품을 받는데 얼마나 걸리나요?

2주 정도 걸립니다.

제품에 제 이름을 넣을 수 있나요?

예, 용기 인쇄는 고객님의 판매량을 늘리기 위한 좋은 아이디어 중에서도 아주 좋은 선택입니다. 패드 인쇄에는 최소 한도가 없습니다. 고객님께서 이미 로고가 있으시다면, 고화질의 Jpeg 형식으로 저희에게 보내주시면 됩니다. 로고에 대한 도움을 받고 싶으시다면, 고객님께서 고르실 수 있는 다양한 폰트/스타일을 제공해 드립니다. 첫 인쇄 비용(선택). 안내판 비용: $130.00. 인쇄 비용: 주문당 셋업 비용 $25.00 + 용기당 $0.25 추가.

배달: 첫 수분에는 '2–4수성도 설립니다 – 아트 워크를 만늘고, 고객의 승인을 맡고, 새고를 만느는 데 드는 시간입니다. 지불방법: 인쇄 전에 전액 지불.

제품에 제 이름을 넣어야 하나요?

아닙니다. 많은 고객님들이 제품만 주문합니다. 제품은 성분 리스트가 인쇄된 스타일리쉬하고 전문적인 박스에 담겨 보내집니다. 제품에 고객님의 로고를 넣는 것은 회사 이름을 브랜딩하는 방법의 하나일 뿐입니다.

저희를 방문할 외판원이 있나요?

아니요, 저희는 외판원이 없습니다. 고객님께서 약속을 잡고 디스플레이를 포함한 모든 제품라인을 보실 수 있는 저희 쇼룸을 방문하시길 권장합니다. 또한 저희 웹사이트에서 모든 제품을 보실 수 있습니다. 저희는 매년 _________번의 박람회를 엽니다. 고객님 지역에서 언제 열리는지 저희 웹사이트에 확인하실 수 있습니다.

쇼룸을 방문하기엔 너무 먼데 어떻게 주문을 넣을 수 있나요?

저희 제품 라인을 보기 위해 세계 각지에서 비행기로 오시는 고객님들이 많습니다. 그것이 불가능하다면 전화 주셔서 어떻게 제품라인을 미리 살펴볼지 의논하실 수 있습니다.

새 컬러 컬렉션은 어떻게 보나요?

저희는 매년 봄, 여름, 가을, 휴가철, 이렇게 네 번 컬러 카탈로그를 고객들께 보내드립니다. 카탈로그는 저희 웹사이트에서도 보실 수 있습니다.

미네랄 메이크업도 있나요?

예, 풀 미네랄 메이크업 라인을 가지고 있고, 저희 웹사이트에서 보실 수 있습니다. 항상 제품을 추가하고 있기 때문에 저희의 최신 카탈로그도 확인해 주시기 바랍니다.

자외선 차단 화장품도 만드나요?

저희는 식약처로부터 자외선 차단 화장품과 OTC 약품을 개발하고, 만들고, 제조하며, 조제할 수 있는 허가 및 승인을 받았습니다. 모든 증명서와 등록 서류는 항상 업데이트하고 최신 버전으로 유지하고 있습니다. 저희는 또한 색조 화장품을 연구, 개발, 제조할 수 있는 ISO 9001:2000 인증을 받았습니다.

"천연" 또는 "유기농" 개인 용품을 구매할 때 알아야 할 것이 있나요?

첫 번째로, "천연"과 "유기농"은 다르다는 것입니다. 이 두 단어는 안전하거나 효과적이라는 뜻은 아닙니다. 두 번째로, "유기농" 제품의 모든 재료가 유기농은 아닙니다. 전체 원료 중에서 몇 %가 유기농인지 꼭 확인하시길 바랍니다. 마지막으로, 정부는 화장품 제조사에 보증서를 요구하지 않습니다.

진열장도 판매하고 있나요?

예, 최소한도 없이 필요한 만큼만 주문하시면 됩니다. 진열장 크기는 고객이 필요로 하는 크기에 맞춰드립니다.

메이크업 센터를 운영하고 싶은데 비용이 얼마나 들까요?

가격은 어떤 제품을 얼마나 가지고 시작하느냐에 따라 매우 달라질 수 있습니다. 하지만 함께 일하면서 고객의 예산에 맞추어 시작할 수 있도록 도와 드립니다.

해외 배송도 하나요?

예, 세계 어디든 배송합니다.

4) 웹사이트 실적 요약 (Website Performance Summary)

사이트 방문 수 확인 같은 웹 트래픽을 모니터하기 위해 웹 분석도구를 사용한다. 불완전판매 및 쇼핑카트에 담긴 채 주문을 하지 않는 상태를 최소화하기 위해 고객의 거래를 분석하고 행동을 취할 것이다. 웹사이트의 실적을 트랙하기 위해 다음의 표를 사용할 것이다:

카테고리	2017		2018		2019	
	예상	실제	예상	실제	예상	실제
고객 수						
새 뉴스레터 구독자 수						
방문자						
평균 사이트 방문시간						
방문당 페이지 수						
새 방문률						
반송률						
제품 수						
제품 카테고리						
불완전 판매 수						
전환률						
계열사 매출						
고객 만족도 점수						

쉽게 배우는
화장품 회사 경영

Business Plan for a Cosmetics Manufacturer

화장품 회사 설립의 A to Z

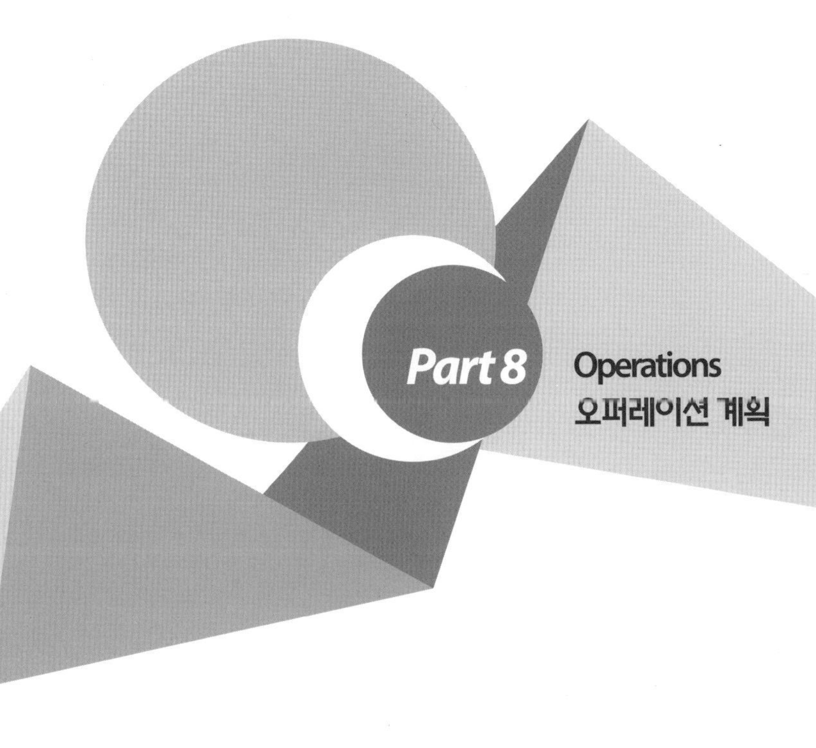
Part 8
Operations
오퍼레이션 계획

Operations
오퍼레이션 계획

이 장을 읽기 전에

이 장은 생산과 출하, 배송, 품질 관리, 직원 업무 관리 등 회사 운영과 관련한 다양한 활동을 어떻게 관리할 것인지에 대한 계획에 대해 설명하고 있다.

화장품 회사라면 생산과 품질 관리에 관한 내용은 GMP 인증을 받을 때 모든 단계를 문서화, 표준화해서 관리하도록 하기 때문에 사업계획서에서는 상술하지 않은 것으로 보인다. 한편으로 최근 많은 기업들이 회사 운영의 표준화를 통해 효율성과 회사의 신뢰도를 높이기 위해 ISO 인증을 받는 경우가 많아 본 계획이 상대적으로 사업계획서에서의 중요도가 떨어진다고 보여진다.

그럼에도 불구하고, GMP나 ISO 인증을 받기 전에 투자의 목적이라면 충분히 참고할 만한 내용들이다.

오퍼레이션 계획은 사업의 일상 업무와 그 업무를 지원하는 전략의 흐름을 개략적으로 보여주는 것인데, 사업의 성공을 위해 다음의 주요 운영 요소에 중점을 둘 것이다:

1 우리는 재고를 소싱하는데 다음 사항을 확인한다.   ___________________________

2 고객 관계 관리(CRM)에 다음의 기술혁신을 활용한다.   ___________________________

3 다음의 이점을 활용하여 유통 채널을 구축한다.   ___________________________

4 직원의 생산성을 향상하기 위해 내부 교육 프로그램을 개발한다.   ___________________________

5 재고 발주 비용을 더 잘 관리할 수 있게 다음의 시스템을 활용한다.   ___________________________

품질 관리 계획

품질 관리 계획은 오퍼레이션에 관여된 모든 요소를 확인하는 검토 과정을 포함한다. 품질 관리 계획의 주된 목표는 결함과 장애물/병목 현상을 발견하고 전체 생산 과정 개선을 위한 결정을 내리기 위해 관리층에 보고하는 것이다. 검토과정은 다음 활동들을 포함한다.

품질 관리 체크 리스트
완제품/완료된 서비스 검토
관리 운용 검토
통계 표본 추출
시험 과정

오퍼레이션 계획

기업의 다양한 활동들을 종합하고, 이 활동들이 회사의 전체 가치 흐름에 어떻게 기여하였는지 시각적으로 보여주는 지도를 만들기 위해 마이크로소프트 비지오(MS Visio)를 사용할 것이다. 회사를 살아있는 생명체로 다루고 운영할 것이다. 영업 및 오퍼레이션 매니저들이 매달 한자리에 앉아 매출을 검토하고, 동시에 제품 개발과 제조 물량을 조절하는 데에 도움을 줄 12개월 연동 계획을 수립한다. 회사의 현재 상태, 미래 상태, 그리고 다음 스텝으로 넘어갈 때 장애가 되는 요소, 이렇게 3단계의 분석 과정을 사용하여 오퍼레이션 계획을 수립한다. 신규 제품 또는 서비스 출시와 같은 각 추진 단계에서 재무 상태, 직원의 능력, 오퍼레이션 니즈뿐만 아니라 타겟 고객 프로파일까지 검토하고 나면, 경영 팀이 개발 비용을 자세히 준비하고 예측되는 투자 수익률과 예상 수익을 계산한다.

오퍼레이션에는 품질 평가와 개선 활동, 회계 감사, 비용 관리 분석, 고객 서비스와 같이 회사를 운영하는 데에 필요한 요소들이 포함된다. 오퍼레이션 매뉴얼과 인사 관리 방침 핸드북을 개발하고 유지할 것이다.

생산 초기 단계에는 동력, 원료 반죽이나 액체 측량, 혼합, 분쇄, 가열이 포함되며 마지막 단계에는 용기세척, 포지셔닝, 조제, 몰딩, 출하, 변경, 포장 과정이 포함된다.

다음은 고객에게 공지하는 오퍼레이팅 정책의 사례이다.

1 처리/가공 시간: 3-5 업무일(인쇄가 필요한 주문 제외).

2 최소 주문량 $200.00(최소량 이하 주문에는 자동으로 서비스 비용 $35.00 추가)

3 보통 최소 3개, 특별한 키트 제품이나 컴팩트의 경우 최소 6개

4 신규 거래: 첫 주문은 신용카드 또는 자기앞수표로 전액 선불입니다.

5 국제 주문: 서면 결재와 함께 은행통신망 또는 신용카드로 미리 지불해야 합니다.

6 모든 관세와 세금, 화물 운송에 대한 책임은 고객에게 있습니다.

7 전화, 팩스, 이메일, 우편을 통해 주문이 가능합니다.

8 고객이 제출하는 서면 결재와 함께 비자, 마스터, 아메리칸 익스프레스, 디스커버리 신용카드 지불이 가능합니다.

9 신용카드 주문은 처리/가공 전에 선 지불을 원칙으로 합니다.

10 ___________고객 상태: 서명된 매출 증명 복사본을 제출하셔야 합니다.

11 ___________(회사명)은 국제 속달 배달 일정이나 배달 시간에 책임이 없습니다. 제품 상자를 받기 위해 누군가 반드시 있어야 하며, 만약 제품 상자가 반송되면 추가 배송 비용은 고객이 지불해야 합니다.

12 모든 출하 시 부족분이나 파손분은 48시간 안에 신고된 경우만 인정합니다.

13 ___________(회사명)은 고객 과실이 아닌 경우에 반품을 수용합니다. 주문이 정확한지 확실히 하기 위해 반드시 한번 더 읽어봐야 합니다. 모든 판매는 변경할 수 없습니다.

14 수송 거절 - 처리 비용의 35%와 출하 비용이 청구될 것입니다.

15 반품은 제품 수취 7일 이내에만 가능합니다.

16 가격은 사전 예고 없이 변경될 수 있습니다.

17 ___________(회사명)은 제품을 재포장한 경우, 제품의 품질에 대해 책임이 없으며, 회사의 책임보험으로 보장되지 않습니다.

18 이월 주문: 간혹 주문한 제품이 품절상태일 수 있습니다. 저희는 이월 주문을 하지 않음을 알려드립니다. 출하되지 않은 주문은 송장으로 표시되어 있습니다. 다음 주문에 받지 못한 상품을 재주문 해 주십시오. 이 상품에는 어떤 비용도 청구되지 않습니다.

19 수표가 반송될 경우 75달러의 범칙금이 부과 됩니다.

20 모든 제품과 라벨은 식약처에서 정한 규율에 따라 만들어진 것임을 보증합니다.

21 같은 종류의 제품과 포장 스타일이 있는 경우 가격 인하가 가능합니다.

22 특급 배송: 서비스비용 $100.00으로 동부 표준시 12pm 이전에 주문하면 24시간 안에 출하합니

다(예외도 있음).

23 제품의 상호와 소유권은 지불이 완료될 때까지 ___________(회사명)에게 있습니다.

24 인쇄주문 시 리드타임은 2–4주 정도 됩니다.

25 요청하시면 모든 제품에 대한 마케팅 시트를 받으실 수 있습니다.

26 샘플 패키지를 아주 싼 가격에 구매하실 수 있습니다. 저희 상품의 품질과 다양한 제조법, 포장 옵션에 익숙해지도록 할인된 샘플 패키지를 구매해 보십시오.

27 신용카드 거래 시 3.5%의 추가요금이 있습니다.

생산 과정 셋업

생산성을 향상하기 위해 다음을 수행할 것이다:

1 생산 순서를 여러 처리 과정으로 나눈다.

2 더 효율적인 처리를 위해 재료와 장비를 미리 정리해둔다.

3 각 생산 과정에 제대로 된 장비, 도구, 공급품을 함께 작업장에 설치한다.

4 품질 보증 기능을 확립힌다.

통합 코드 관리기관(www.uc-council.org)에 등록하여 우리 제품에 대한 바코드 접두부를 얻을 것이다. 바코드 정보를 받은 뒤에, 라벨 아트 워크에 코드를 삽입할 것이다.

또한 제품 브랜드를 상표 등록할 것이다. 상표 정보의 리소스는 미국 특허 및 상표국에 있다(www.uspto.com or 1–800–786–9199).

립스틱 제조 과정 설명:

1 화장품 제조에 좋은 피마자유 혹은 지방에 다양한 색소들을 혼합하여 녹인다. 미립자의 균일성과 입자의 분포 최적화를 위해 분쇄기를 사용한다.

2 지방과 왁스로부터 추출한 오일 베이스를 혼합 가열하여 녹이면서 교반하여 적절하고 일정하게 잘 섞인 원료 반죽을 만든다.

3 1번과 2번 과정에서 얻은 반죽에 향수를 특정 온도에서 지속적으로 휘저어 섞는다. 반죽은 그 상태에서 최상의 균일성을 유지해야 한다.

4 미리 데워진 반죽을 구리 몰드 또는 알루미늄 몰드에 넣어 모양을 만든다.

5 뜨거운 반죽을 몰드와 함께 식혀 반죽 상태를 고체 상태의 립스틱으로 만든다.

6 몰드 셋에서 립스틱을 빼내고, 결함이 있으면 램프 파이어로 모양을 잡는다.

7 용기에 립스틱을 넣고 판매를 위해 제품을 마무리한다.

오퍼레이션 일정 관리

최상의 성능으로 일하기 위해 다음의 지침을 따를 것이다:

1 방해 받지 않고 일할 수 있게 충분한 프라이버시가 있는 업무 환경을 만든다.

2 주간 업무 일정을 만들고 업무 공간 밖에 붙여 직원의 가족들이 언제 직원들이 일하는지 알 수 있도록 한다.

3 가급적이면 각 업무 시간 시작과 끝에 이메일을 확인하고, 전화를 할 수 있는 시간을 넣도록 한다.

4 장부 정리, 공급품 주문, 계산서 처리와 같은 문서 업무를 위한 날을 잡는다.

5 각 프로젝트를 완료할 일정 기한을 정한다.

문제가 발생하기 전에 지속적인 개선 활동과 샘플 테스트를 통하여 품질 개선을 위해 노력한다. 연 2회 운영계획을 평가하고 필요하면 수정한다. 고객 만족도 조사는 ____________(e.g. 98)%가 목표이다. 또한 공급업체를 평가하고, 비교하여 미리 선별하기 위해 구체적인 질문과 워크시트를 만들 계획이다. Hoovers.com을 이용하여 벤더 추천 참고 진술과 순위를 확인한다.

오퍼레이션 매뉴얼과 인사 관리 방침 핸드북을 개발하고 유지할 계획이다. 오퍼레이팅 매뉴얼은 거의 모든 사업적 측면의 개요를 설명하는 종합적인 문서이다. 매뉴얼에는 경영, 회계절차, 고용, 인사 정책, 오픈 및 마감 같은 일일 운영절차, ____________하는 법 같은 내용이 들어있다. 매뉴얼은 다음의 주제들은 다룬다.

– 커뮤니티 관계	– 고객 관계
– 미디어 관계	– 직원 관계
– 벤더 관계	– 대정부 관계

- 경쟁사 관계
- 환경 문제
- 사내 절차
- 은행 및 신용카드
- 컴퓨터 절차
- 품질 관리/보증
- 오픈/마감 절차
- 소프트웨어 문서화

- 장비 유지 관리 체크리스트
- 생산 제품 포뮬러
- 회계 및 계산서 발행
- 자본 조달
- 일정 관리
- 안전 절차
- 보안 절차
- 포뮬라 문서화

출처 | **Quickbooks** | **www.Quickbooks.com**

쉽게 배우는
화장품 회사 경영

Business Plan for a Cosmetics Manufacturer

화장품 회사 설립의 A to Z

Part 9
Management Summary
인력계획

Management Summary
인력계획

이 장을 읽기 전에

경영진 혹은 대표이사는 투자가들이 투자 여부 혹은 투자 비율을 결정하는데 중요한 역할을 하므로 대표이사와 경영진들의 이력을 어필하고 창업 초기 직무를 명확히 하는 것이 좋다. 또한 창업 초기 모든 인력 자원이 부족한 상태에서 경영진 및 일반 직원의 대체 방안을 제시하고 사업 확장에 따른 직원을 증원해야 할 때 적절한 운영 방안뿐만 아니라 채용 기준, 조건, 직무 기술서, 직원 핸드북에 이르기까지 다양한 경우에 인력 운영 전략 및 예시를 제시해 준다.

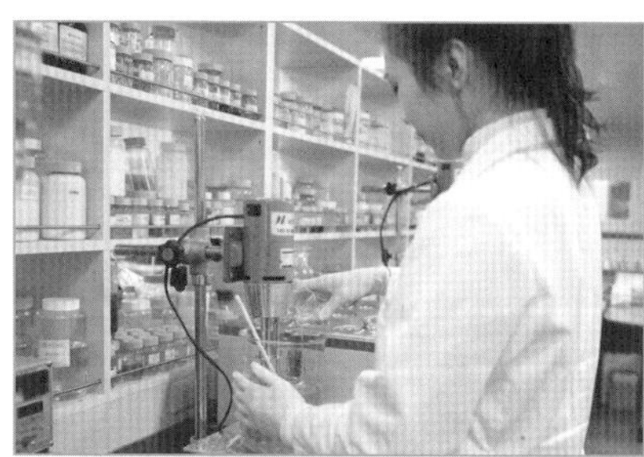

경영진 계획은 회사를 좀 더 효율적으로 운영하기 위해 필요한 다양한 경영 활동에 누가 책임이 있는지를 정하기 위한 것이다. 나아가 이런 기능을 수행하기 위해 개인이 어떤 경험과 교육이 필요한지도 알려준다. 기획하고 조직을 구성하며 필요한 업무를 지시하고 감독하는 일들을 각각 누가 할 것인지 정하는 것이기도 하다. 또한 직원을 유지하는 것이 중요한 비용우위가 되므로 직원들을 위한 복리 후생 제도도 함께 개발할 것이다. 새로운 직원을 채용하는 것은 매우 비용이 많이 드는 일이고 새로운 직원은 생산성이 떨어지기 마련이다. 따라서 직원들이 회사에서 일하는 것에 충분히 만족하고 직원을 만족 시킬 수 있도록 하는 것은 매우 중요한 일이다.

현재 ___________(대표이사 이름)가 회사의 전체 경영을 맡고 있다. 그(녀)는 ___________분야에서 경험으로 재무 관리의 중요성을 이해하고 있으며 인력 시장에서 양질의 인력 충당을 하는 데에도 문제가 없을 것으로 예상한다.

___________회사의 운영을 맡고 있는 ___________(대표이사 이름)는 회사의 경영을 위해서 다음의 임무를 수행할 것이다.

1 매일 회사 운영 감독.

2 재고와 원재료 주문.

3 마케팅 전략 개발과 적용.

4 장비 구매.

5 공장 시설의 일상적인 유지관리.

6 신규 직원의 채용, 교육 및 감독.

7 세미나와 다른 특별 이벤트의 시기 결정 및 기획.

8 제품과 서비스의 개발 및 가격 결정.

9 회사의 회계 및 재무 관리.

10 계약 협의/벤더 관리.

1) 대표이사의 개인 이력 (Owner Personal History)

회사의 대표이사는 ＿＿＿＿＿＿＿＿＿산업에서 ＿＿＿＿＿＿＿＿＿년 이상 일하면서 해당 산업의 모든 측면에서 지식과 경험이 풍부하다. 회사의 창립자이자 최고 경영자이며 ＿＿＿＿＿＿＿＿＿대학을 졸업하였다.

지난 ＿＿＿＿＿＿＿＿＿년 동안 ＿＿＿＿＿＿＿＿＿(대표이사 이름)은 다양한 경영 활동과 책임 있는 일에 능숙하여 이전 회사인 ＿＿＿＿＿＿＿＿＿에서 ＿＿＿＿＿＿＿＿＿부터 ＿＿＿＿＿＿＿＿＿까지 최고 경영자로 일하였다. ＿＿＿＿＿＿＿＿＿(회사명)과 비슷한 분야에서 ＿＿＿＿＿＿＿＿＿년간 경영자로 일하였으며 특히 그(녀)의 임무는 ＿＿＿＿＿＿＿＿＿에서 경영자로 ＿＿＿＿＿＿＿＿＿년간, ＿＿＿＿＿＿＿＿＿(전국 단위 ＿＿＿＿＿＿＿＿＿협회)에서 ＿＿＿＿＿＿＿＿＿로 인정 받은 바 있다. 중소기업에서 ＿＿＿＿＿＿＿＿＿년간 회계, 재무, 마케팅 등 모든 회사 경영 분야에 경험 있는 사업가이다. 대학에서는 경영학과 뱅킹, 재무, 투자, 신용관리를 공부하였다. 회사 설립 때 차용한 대출을 갚기 전까지는 회사에서 매년 ＿＿＿＿＿＿＿＿＿의 임금만 가져갈 것이며 나머지는 대출을 갚는데 사용한다. 이 대출은 ＿＿＿＿＿＿＿＿＿년 ＿＿＿＿＿＿＿＿＿월까지 모두 상환할 예정이다.

2) 부족한 경영팀의 보충 (Management Team Gaps)

＿＿＿＿＿＿＿＿＿산업에서 대표이사와 타 경영진의 경험에도 불구하고 ＿＿＿＿＿＿＿＿＿(컨설팅 회사명)의 컨설팅 서비스를 유지하고자 한다. 이 컨설팅 회사는 ＿＿＿＿＿＿＿＿＿산업에서 ＿＿＿＿＿＿＿＿＿년의 경험이 있으며 12개 이상의 총 천연 화장품 회사를 성공적으로 론칭하였다. 컨설턴트는 우선적으로 회사 허가증을 받는 것 외에 시장조사, 고객 만족도 조사를 실시하며 추가적으로 신규 사업 기회를 평가한다. 또한 현금 흐름을 관리하기 위해 근교의 회계 자문 서비스도 받을 예정이다. 이외에도 전략 사업 기획과 인력관리를 위한 자문 위원회도 둘 계획이다.

자문 위원회는 회사 운영에 관해 지속적으로 멘토링 하도록 한다. 법무, 세무, 마케팅, 인사와 관련하여 부족한 사내 전문가는 자문 위원회를 통하여 해결한다. 회사 대표이사는 비영리 조직인 SCORE(중소기업을 위한 무료 경영 상담 기관; 역자 주)의 무료 상담 서비스를 적극적으로 활용하려고 노력한다. SCORE는 은퇴한 중역과 사업가가 신규 창업가에게 재능 기부하여 무료로 기업 컨설팅 해주는 그룹이다.

회사의 자문 위원회는 다음과 같다.

	이름	주소	전화번호
회계사			
변호사			
보험 중개인			
은행원			
경영 컨설턴트			
도매 공급자			
협회			
부동산 업자			
SCORE.org			
기타			

경영진

이름	직위	자격증	역할	책임

아웃소싱 매트릭스

회사이름	역할	책임	비용

3) 직원 채용 요건 (Employee Requirements)

1 채용

경험상으로 보면, 경력직 영업사원을 채용할 때 고객이나 하청 업체로부터 개인적으로 추천 받는 것은 좋은 방법이다. 어떤 직원을 원하는지 어떤 고객에게 서비스 하는지를 적시하여 신문이나 전화번호부에 광고를 할 수도 있을 것이다. 뉴스레터나 현지 경영학과에 빈 자리를 공고하는 것도 효과적인 방법이다. 현재 직원이 추천할 경우 추천 보너스도 지급할 예정이다.

2 교육과 감독

교육은 주로 실습을 통해 이루어지며 필요한 경우 보조 수단으로 설명을 곁들인다. 회사 정책 및 운영 매뉴얼이나 협회 세미나에 참석하여 추가 지식을 얻을 수도 있다. 회사 발전의 모든 단계에서 전문성 개발과 독립성을 키우기 위해 노력해 왔기 때문에 감독은 업무 지향적으로 업무의 복잡성을 고려하여 결정한다. 직원들은 회사 팀의 일부분이기 때문에 팀 멤버로 불리며 직원들이 업무 수행에 성공하고 고객의 질문에 확신을 가지고 정리할 수 있도록 내부 인증 프로그램을 통하여 직원을 지원하도록 한다. 직원들은 문서화된 교육 모듈에 참가하고 정기적으로 평가를 받는다.

3 봉급과 혜택

직원들은 기본적으로 봉급과 판매량에 따른 커미션을 받는다. 매달 목표 달성을 한 모든 직원에게는 현금 보너스를 포함하여 좋은 교육과 인센티브를 수여하며 좋은 종업원으로 인정해준다. 직원들이 제품을 살 때는 별도의 할인을 적용해준다. 이외에도 보험과 유급 휴가를 포함한 복리후생제도를 만들고 매년 5% 봉급을 인상할 계획이다.

4 종업원 평가

종업원의 능력 개발과 생산성 향상을 위해 지속적으로 노력하며 이를 업데이트하기 위해 포인트 시스템을 활용하든가 인터뷰나 별도 평가 시스템을 사용하고자 한다.

4) 직무 기술서 (Job Description)

직무 기술서 — 매니저

매니저는 화장품 회사의 운영을 계획하고, 조직하며, 지시하는 역할을 하는 자리이다. 매출을 예측하고 적절한 재고를 유지하기 위해 매출과 재고 트렌드를 점검할 의무가 있다. 원자재를 주문하며 비용 대비 효과와 운영의 효율성을 파악하고 유지해야 하고 일일 보고서를 준비하고 컴퓨터의 판매 관리 시스템에 재고를 입력하고 적절한 재고를 유지한다. 고객서비스와 위탁판매 상황에 대한 정보, 정책 및 절차를 제공해야 한다. 고객에게 서비스를 제공하고 질문에 응답하며 불평이나 문제를 해결할 의무도 있다. 이러한 모든 의무를 수행함에 있어서 사업의 효율성 제고에 대한 책임 또한 지고 있다. 필요한 직원을 결정하여 업무 스케줄을 준비하고 업무의 순서와 우선순위를 결정하여 적용하며 회사 정책의 수정을 제안할 책무가 있다. 직원의 채용과 교육, 업무분배, 직무 수행 평가의 준비와 실행, 직원의 문제해결 상황을 감독한다.

매니저는 증명된 운영스킬과 매출을 일으킬 능력이 있어야 하며 인재개발에 대한 열정과 탁월한 고객 서비스 전달 능력이 있어야 한다. 팀을 통하여 역량을 발휘하고 높은 수준의 고객 서비스를 전달할 수 있도록 리드할 줄 알아야 한다.

중요한 업무 능력:

- 탁월한 고객 지향적인 태도
- 훌륭한 인간 관계 형성
- 효과적인 기획 및 조직 능력
- 영향력 있는 협상 실력
- 예산 관리 능력
- 지원적이고 설득력 있는 운영 스타일
- 전술적 및 전략적 기획력 및 적용
- 명확한 비전과 성공을 위한 의사 결정 능력

직무기술서 – 화장품 화학자

제품 컨셉과 포뮬러를 개발한 이전의 경험이 필요하며 식약처의 화장품 관련 법규에 따라 개발한 포뮬러의 규모를 확대하여 대량 생산이 가능하도록 하는 기술 또한 필요하다. 연구 개발은 단순히 화장품의 포뮬러를 개발하는 것뿐만 아니라 기존 제품을 개선하는 작업 또한 중요하다.

화장품 화학자는 화장품 개발, 포뮬레이션, 제품 및 구성 성분 테스트, 품질 관리, 분석 화학, 프로세스 엔지니어링, 화학물의 합성 분야에서 주로 근무한다. 화장품 화학 전공은 화장품 관련 법규나 화장품의 판매와 마케팅 분야에서 일할 수도 있다.

제품을 디자인하고 생산하기 위해서 정확한 실험 기술이 없다면 불가능하기 때문에 실험 기술은 필수 항목이다. 고객이나 회사 내 부서의 요청 혹은 주문에 따라 제품의 개발 혹은 포뮬레이션을 하게 된다. 제품 포뮬러를 대량 생산할 수 있도록 계산하고 식약처가 정한 법률에 맞는 기준에 따라 생산되는지 감독하는 일을 한다.

직무기술서 — 화장품 기술자

포뮬러에 따라 화장품을 생산하는 기계를 조정한다. 밸브를 열고 포뮬러에 지시된 양의 원료 성분들을 가마에 넣고 밸브를 잠그고 서로 골고루 섞어서 혼합물을 만든다. 탱크의 뚜껑을 열고 끓고 있는 혼합물의 색깔, 균질성, 일정함 등을 살펴보고 실험실에서 지시한 대로 혼합물에 소다나 물을 혼합하여 혼합물의 알칼리도를 맞춘다. 이런 과정을 거쳐 혼합물이 완성되면 일정 시간 식혀서 정해진 다른 부서로 이송한다. 탱크의 다음 사용을 위해 바닥까지 펌핑해서 정리한다. 제품 생산에 필요한 원료 성분의 양을 계산할 수도 있다.

직무 기술서 포맷

직무 기술서에는 다음 사항들이 포함된다.

1. 직무	2. 보고자
3. 시간당 임금	4. 직업 책무
5. 출장 요건	6. 감독 책무
7. 자격 요건	8. 업무 경험
9. 필요한 기술	10. 봉급 수준
11. 복리 후생	12. 기회

5) 인사 계획 (Personnel Plan)

___________부터 __________까지 __________년간 직원은 __________명에서 __________명으로 확대될 것이다. 소매 매장의 증가로 __________년째부터 __________ 때까지 매장 및 공장 직원들을 추가 채용하여 같은 기간 동안 지원부서 직원은 __________명에서 __________명으로 증가할 것이다. 이 기간 동안 도매상 매출이 기하급수적으로 증가할 것이기 때문에 이 정도 수준의 인력 증가는 조절 가능하며 보수적인 수준이라 할 수 있다. 사업 첫해에는 제품 개발 부사장, 소매상 및 스파 부분 이사, 재무 담당 이사, 크리에이티브 이사, 관리 담당 매니저와 같은 중요한 포지션의 임원을 채용하지만 나머지는 회사의 성공적인 발전을 위해 임원들이 각자의 임무뿐만 아니라 멀티 플레이어 역할을 해야 한다.

인사 계획의 다른 측면

1 직원 채용, 스크리닝, 면접을 위한 시스템을 개발한다.

2 추천서 체크를 포함한 배경 조사를 실시한다.

3 보조 훈련 코스를 개발한다.

4 직원 직무 스케줄을 지속적으로 추적한다.

5 피드백과 아이디어를 얻기 위해 클라이언트 만족도 조사를 실시한다.

6 매년 2회 직원 평가 제도를 개발하고 실시한다.

7 직원들이 그들의 능력과 기술의 범위를 향상시킬 수 있도록 지도한다.

8 일시적인 이벤트나 행사 때는 현지 헤드헌터를 통하여 임시 직원을 고용한다.

9 직원 고용이 결정되면 직무 기술서와 회사 정책이 담긴 핸드북을 주어 숙지하게 하고 고용 계약서에 사인하도록 한다.

10 매 분기별로 영업 실적을 달성했거나, 수습 기간을 완료했거나 감사를 통과한 경우 인센티브를 제공한다.

11 고객 서비스 포상은 회사의 미션 달성에 귀감이 되었거나 고객의 기대치 이상의 서비스를 제공한 직원에게 수여한다.

직원 핸드북은 다음 섹션으로 구성된다.

1 개요
2 회사 소개
3 조직 구조
4 고용 및 채용 정책
5 업무 수행 평가 및 승진 정책
6 보상 정책 : 임금 vs. 시급
7 휴가 정책
8 교육 프로그램과 복리 후생 제도
9 일반 규칙과 정책
10 해고 면직 정책

6) 직원 운영 계획 (Staffing Plan)

다음 표는 처음 3년간 직원 비용을 요약한 것인데 매년 5%씩 임금을 인상한다는 가정하에 첫 해 __________에서 3년째 __________까지 증가한다. 임금은 학자금 지원, 임금 인상, 유급휴가, 보너스와 계약서에 명시된 내용들을 포함한다.

연봉	직원수	시급	2017	2018	2019
생산 직원					
배송부 매니저					
배송 직원					
구매부 직원					
영업 및 마케팅 직원					
매장 매니저					
부 매니저					
영업 사원					
지사 매니저					
중간 합계					
총무 관리 직원					
사장					
생산 개발 이사					
화장품 화학자					
화장품 기술자					
소매상과 스파 관리 이사					
재무 담당 이사					
인사 담당 이사					
재고 계획 및 유통 담당 이사					
마케팅 이사					
외상 매출 담당 매니저					
외상 매입 담당 매니저					
비주얼 머천다이징 매니저					
교육 담당 매니저					

유통 담당자					
외상 매출금 담당자					
외상 매입금 담당자					
관리 보조					
중간 합계					
디자이너					
그래픽 디자이너					
그래픽 아티스트					
카피라이터					
잡역부					
기타					
중간 합계					
총 인원수					
총 임금					
부가 혜택 (+)					
총 임금 비용 (=)					

화장품 화학자 임금

노동부 통계에 따르면 화학자는 과학자, 엔지니어, 기술자의 3가지 카테고리로 나뉜다. 화장품 산업은 화장품, 세제, 욕실용품, 치약, 로션과 같은 위생용품의 하위 카테고리에 속해서 시간당 28–29달러의 임금을 받는다. 이를 적용했을 때 화장품 화학자의 평균 연봉은 56,000–58,000불 정도 되는데 화장품 산업에서의 초봉은 약 30,000불 정도이며 첨단 연구나 선임 화학자가 되면 60,000–90,000불 정도의 연봉을 받는다.

쉽게 배우는
화장품 회사 경영

Business Plan for a Cosmetics Manufacturer

화장품 회사 설립의 A to Z

Part 10
Risk Factors
위험 요소

Risk Factors
위험 요소

이 장을 읽기 전에

사업을 유지하는 가장 중요한 요소 중의 하나가 바로 위험 관리이다. 매출과 수익이 좋아도 위험 관리가 안 된다면 회사가 큰 어려움에 처할 수도 있다. 이 장에서는 일반 기업에서 예측 가능한 위험 요소들을 평가하고 이에 대비하기 위한 방안을 위주로 기술하고 있다. 또한 신규 창업 기업으로써 위험에 대처하는 방안을 함께 설명하고 있다.

리스크 관리는 안 좋은 사건의 가능성 혹은 영향을 최소화하고 감시하고 관리하거나 새로운 기회 발견의 가능성을 높이기 위해 회사의 자원을 조정하고 경제적으로 사용할 수 있도록 위험을 발견하고, 평가하고 우선순위를 조정하는 것이다. 대부분의 경우 위험 관리는 다음의 요소들을 수행하고 관리한다.

1 위험 요소를 파악하여 특징을 파악하고 평가한다.

2 특정한 위험으로 인해 중요한 자산에 취약점이 있는지를 평가한다.

3 특정 자산에 대해 안 좋은 영향을 미치는 위험의 결과에 대해 평가한다.

4 위험을 감소시킬 방안을 강구한다.

5 전략에 기초하여 위험 감소 방안을 최우선으로 한다.

위험의 종류

____________(회사명)은 다음과 같은 종류의 위험에 직면할 수 있다.

1 재무적 위험

분기별로 급격하게 변화하는 다음의 요소들 때문에 분기별 수익과 운영 결과를 정확히 예측하기 어려워 재무적 위험에 처할 수 있다.

　　　– 회사 자체 혹은 경쟁자의 가격 정책의 변화.

　　　– 불경기.

　　　– 광고주, 스폰서, 전략적 파트너로부터 예상했던 급격한 수익 감소.

　　　– 인수나 결제와 관련하여 일시적인 비용 지출.

2 법적인 문제

화장품 제조 분야에 존재하는 독특한 위험 요소가 있다.

　　　– 제조물 책임 관련 위험.

　　　– 라이선스, 화학 물질 및 보험과 관련된 법규.

3 운영 위험

지난 몇 년간 회사는 컴퓨터를 써왔기 때문에 하이테크에 익숙하고 다양한 소프트웨어를 잘 다룰 줄 알지만 가장 큰 위험 요소는 기계의 오작동이다. 이런 잠재적 위험을 최소화하기 위해서 직원들은 기계 회사로부터 기계 수리 교육을 받고 기본적인 문제 해결 및 사소한 고장은 수리할 줄 알도록 한다. 이외에도 근처에 거주하는 서비스 기술자가 누구인지 파악해서 비상시에 대비하고 예비 기계를 구매할 계획도 세워두는 게 좋다.

____________(회사명) 커뮤니티에 고객들을 끌어들이고 잡아두기 위해 차별화된 고품질의 서비스를

지속적으로 제공해야 한다. 이는 다음 경우에 실패했을 때 위험에 처할 수 있다는 것을 의미한다.

- 파트너십과 서비스에 대한 고객의 선호도를 예측하고 반응한다.
- 회사 커뮤니티에 고객을 끌어들여 즐겁게 만들어 커뮤니티에서 활동하게 한다.
- 양질의 파트너와 성공적으로 전략적 제휴를 맺고 유지한다.
- 고품질 고객 서비스를 전달한다.
- 신속하고 비용 효과적으로 브랜드 이미지를 구축한다.
- 기존의 총 천연 화장품 회사와 효과적으로 경쟁한다.

4 인적 자원 위험

회사설립 상황에서 가장 심각한 인적 자원 위험은 병이나 부상으로 인해 회사 대표이사가 회사를 경영할 수 없을 경우이다. 다행히 현재 그(녀)는 건강하고 곧 회사의 성장을 지원하고 이끌어나갈 전문 경영인을 찾을 것이다.

5 마케팅 위험

광고는 가장 비용이 많이 드는 촉진 방법이며 헤드라인이 제대로 되었는지 광고가 제대로 효과적인지 시험하는 기간이 필요하다. 가장 큰 위험은 당연히 광고효과가 나기 전에 광고 예산이 바닥나는 것이다. 따라서 사업 첫 해에는 매장이나 다이렉트 셀링 같이 이미 비용이 나간 마케팅 활동에 보다 집중하여 광고에 의존하는 비중을 줄이는 것이다.

6 사업 위험

소매 사업에서 가장 큰 위험성은 경제 상황과 중소기업의 일반적인 위험과 맥을 같이 한다. 최근 경제학자가 경제가 성장기로 접어 들었다고 예측했기 때문에 단기적인 위험은 최소화 될 것으로 보인다. 메인 시장에 진입하기 위해 최신 기계를 설치하고 다양한 범위의 제품과 서비스를 제공하며 경쟁력 있는 가격과 24시간 서비스까지 제공하는 것 자체가 위험 요소가 된다. 높은 마진율에 부가 서비스를 제공하기 전에 가격만 낮출 것을 강요 받을 수도 있다. 현재와 같은 시장에서 이런 식의 운영은 수익을 낮출 뿐만 아니라 공격적으로 충성도 높은 미래의 고객 기반을 만들 기회도 날리게 된다. 따라서 우리는 장기적인 계획을 가지고 일관성 있게 단계별로 차근차근 사업을 진행할 예정이다.

7 신규 경쟁자의 시장 진입

____________지역에서 분명히 더 좋은 화장품에 대한 니즈가 있어 왔기 때문에 다른 경쟁자가 시장에 진입할 가능성이 있다. 회사가 시장에서 성공한다면 이러한 가능성은 더욱 커진다. 시장 조사에 따르면 소매 시장에서는 확실히 신규 진입자가 들어올 여유가 존재하지만 지속적으로 우수한 품질의 제품을 제공하고 차별화 함으로써 고객을 돌아오게 할 것이다.

일반적인 신규창업 회사의 위험에 대처하기 위해 다음의 활동을 할 것이다.

1   원하는 전략적 관계를 신속히 구축하기 위해 화장품 산업에서의 경험을 적극 활용한다.
2   현재 시장 외부로 사업 확대를 추구한다.
3   제품과 서비스 범위를 다양화 한다.
4   다수의 유통 채널을 개발한다.
5   경쟁자의 활동을 주시한다.
6   고객 및 공급자들과 지속적으로 연락한다.
7   사업에 잠재적으로 영향을 미칠 트렌드를 관찰한다.
8   모든 사업 과정을 최적화하고 세심히 관찰한다.
9   사업 비율 분석을 사용하여 매일 재무 관리를 실시한다.
10   직원의 이직률을 줄이기 위해 성과 대비 보상하고 교육 프로그램을 만든다.

게다가 고객을 끌여들여 유지하기 위해 회사는 제품 라인의 확대와 전략적 관계 활용을 지속할 필요기 있디. 이는 힌편으로는 긘게 긘리를 어렵게 하고 특징 서비스와 제품의 깅쟁과 특징 파트너와의 관계에서 부작용을 야기할 수도 있다.

위험을 경감하기 위해 회사는 적극적으로 방어할 것이며 가격을 유지하기 위해 많은 다른 요소들을 선제적으로 고려할 것이다. 회사와 관련된 모든 파트너들을 면밀히 관찰하고 매달 회의를 통하여 이슈를 해결하고 전략적 제휴와 관련된 조건을 살펴보고 업데이트 한다.

비상 사태를 대비하여 다음 계획도 수립한다:
    재해 복구 계획
    사업 지속성 계획
    사업 충격과 차이 분석
    테스트와 유지보수

마케팅 및 광고 캠페인을 통해 회사의 브랜드 아이덴티티를 구축하는데 마케팅 및 광고 시행 이전에 회사의 내부 기대 수준 및 자원과 통합할 것이다. 이러한 전략은 계획하지 못한 비용이나 품질관리 이슈와 관련된 잠재적 비용을 최소화함과 동시에 고객의 만족을 최대하기 위함이다.

1) 사업 위험 요소 감소 전략 (Business Risk Reduction Strategies)

신규 창업 위험을 줄이기 위해 다음 전략을 적용할 계획이다:

1 지속할지 그만둘지 명확한 기준을 가지고 사업계획을 적용한다.

2 고객 간 교차 교육 프로그램을 개발한다.

3 모든 컴퓨터 파일을 정기적으로 백업하고 항 바이러스 소프트웨어를 설치한다.

4 공제 금액이 높은 적절한 보험에 가입한다.

5 프로토타입 샘플은 제한된 수 만큼만 개발한다.

6 시장 수요 수준을 결정하기 위해 시장을 테스트하고 적절한 가격 전략을 수립한다.

7 경쟁사의 제품에 대해 전반적으로 조사하고 벤치마킹한다.

8 성공적인 프로토타입 사업이나 사업 모델에 대한 통찰력을 얻기 위해 비슷한 사업을 연구한다.

9 모든 구조적 시스템과 표준화된 매뉴얼 절차를 플로우 차트로 만들어 경영 위험과 비용을 줄인다.

10 고객의 니즈와 우선순위를 듣기 위해 시장 조사를 실시한다.

11 자본금 지출을 줄이기 위해 중고 기계를 구입한다.

12 재무 위험을 줄이기 위해 리스를 활용한다.

13 자본 위험을 줄이기 위해 생산의 일부분은 아웃소싱한다.

14 고정적인 간접 비용과 임금을 줄이기 위해 하청 업체를 활용한다.

15 하청 업체에게 수익 분배가 가능한 지 확인한다.

16 광고 회사에 창출한 수익의 %로 광고료를 지불한다.

17 확인된 위험에 대한 긴급 대책 계획을 개발한다.

18 직원 도난을 방지하기 위한 장치를 세운다.

19 직원 채용 전에 범죄 경력을 확인한다.

20 불량 계좌에 대해서는 즉각적인 행동을 취한다.

21 기업 신용 평가가 좋을 때에만 신용 거래를 확대한다.

22 대체 공급자로부터 정기적으로 경쟁 입찰을 받는다.

23 생산성 증가의 결과로 매출 증가 대비 운영 비용의 비율이 낮아지는지 체크한다.

24 빨리 소모되는 원재료는 벌크 구매 가격을 확인한다.

25 잘 팔리지 않는 재고는 다양한 결제 조건을 허용하고 추가 할인해 준다.

26 현금 흐름을 잘 관리하여 재무 위험을 줄인다.

27 현장 안전 수칙을 적용하여 재해 위험을 감소시킨다.

28 사업 활력을 모니터 하기 위해 재무 관리 비율을 사용한다.

29 중요한 의사결정을 할 때는 브레인 스토밍을 먼저 한다.

30 투자 수익율을 최대화 할 수 있는 제품에 집중한다.

31 가능하다면 기성품 부품을 구매한다.

32 OEM 업체에 샘플과 프로토타입 제작을 위한 도움을 요청한다.

33 유연하고 변화가 쉬운 생산 설비를 디자인한다.

34 아웃소싱 능력이 있는 공급자 네트워크를 개발한다.

35 제품 개발을 포함한 모든 사이클을 분석하여 시간을 단축하도록 한다.

36 모든 중요한 자원은 공급처를 다양화한다.

37 사업 계획서는 고정된 문서가 아니므로 회사와 환경의 변화에 따라 자주 업데이트한다.

38 SWOT 분석을 실시하여 강점을 활용하고 기회를 잡도록 한다.

39 업무 성과를 평가하기 위해 고객 만족도 조사를 실시한다.

2) 고객의 인지된 위험 감축 전술 (Reduce Customer Perceived Risk Tactics)

사업 초기 단계에서 우리 제품을 사용하는 고객의 인지된 위험을 줄이기 위해 다음의 전술을 사용한다.

1 고객의 사용 경험을 출판한다.

2 전문가가 보증하는 문서를 확보한다.

3 무제한 환불 보증 정책을 제공한다.

4 재무 위험에 대비하여 장기 보증 정책을 제시한다.

5 문제가 있을 경우 환불해 준다.

6 무료 테스트와 샘플을 제공한다.

7 일관된 마케팅 이미지와 성과로 브랜드 이미지를 구축한다.

8 특허/상표 등록/저작권을 확보한다.

9 성공 사례를 출간한다.

10 아티클과 세미나를 통하여 전문 지식을 공유한다.

11 잘 알려진 인증을 획득한다.

12 고객의 요구에 신속하게 서비스한다.

13 할부 결제를 실시한다.

14 제품의 원료 물질이나 성분들을 전시한다.

15 완제품 시험 결과를 공지한다.

16 영업 마일스톤 기록을 공지한다.

17 소비자가 기대하지 못한 특별한 것을 제공하여 구전 효과를 유발한다

18 제품 구매 전에 참고할 사실 정보를 배포한다.

19 온라인 디렉토리를 활용하여 소비자의 탐색 비용을 낮춰준다.

20 고객의 거래 비용을 감소시킨다.

21 대체 서비스와 정밀 비교를 쉽게 할 수 있게 해준다.

22 고객의 평가와 코멘트를 받는다.

23 이전 구매에 근거하여 맞춤형 정보를 제공한다.

24 모범적인 사업 협회의 회원이 된다.

25 고객 만족도 조사의 결과를 공지한다.

26 틈새 시장의 니즈에 적합한 옵션을 제공한다.

27 마케팅 활동에 앞서 고객의 동의를 얻는다.

28 분쟁 해결을 위한 절차를 문서화한다.

29 폐쇄적인 형태를 피하고 호환성을 높인다.

30 절차를 보여주기 위해 상세한 체크리스트와 플로우 차트를 만든다.

31 자주 하는 질문과 응답 코너를 만든다.

32 고객이 서로 연결하여 공통의 관심사를 공유하는 커뮤니티를 개발한다

33 고객이 언제든 회사와 연락할 수 있는 방법을 알려준다.

34 상세한 고객 니즈 분석 워크 시트를 만들고 조사를 실시한다.

35 배송료를 무료로 하며 반품 비용을 청구하지 않는다.

36 배송에 앞서 제품의 테스트 절차를 알려준다.

37 모든 마케팅 자료에 회사의 경쟁우위 부분을 강조한다.

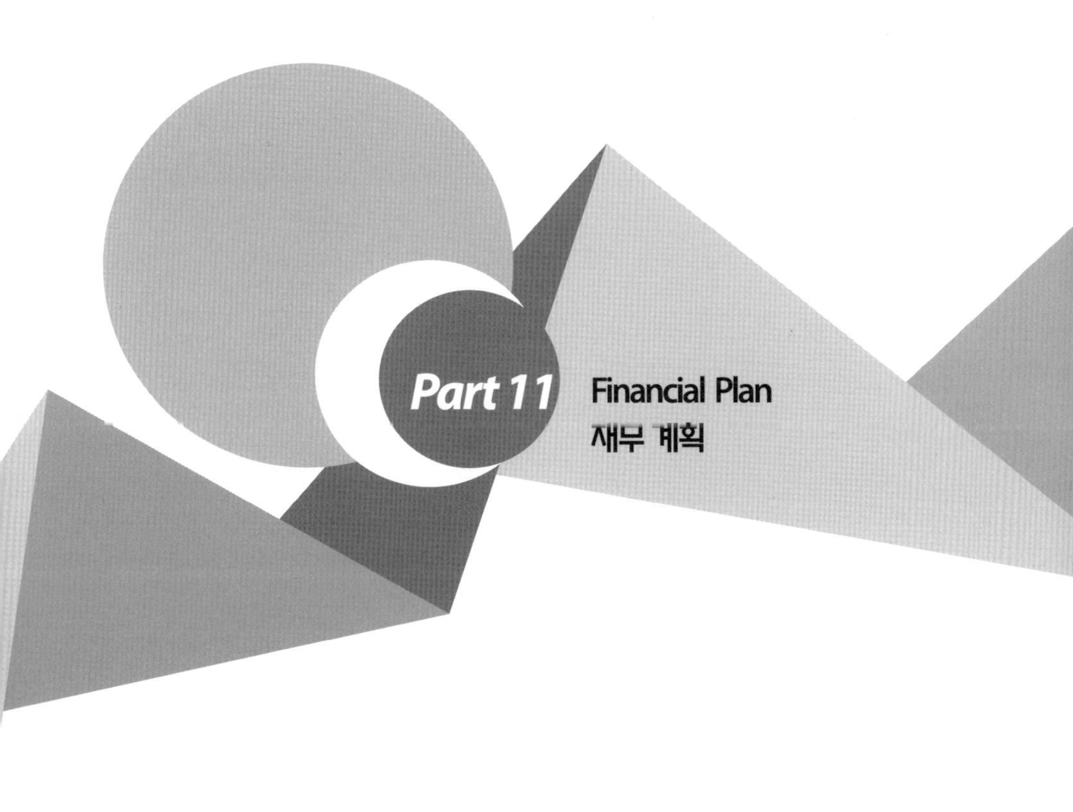
Part 11
Financial Plan
재무 계획

Financial Plan
재무 계획

이 장을 읽기 전에

투자자들이 투자를 결정할 때 "그래서 결론적으로 얼마를 벌 수 있는 거지?" 가 가장 중요한 질문이 될 것이고, 이 장은 이러한 가장 중요한 질문에 대답을 할 수 있게 도와준다. 재무 계획은 투자를 받을 때 만큼이나 회사를 경영하는데 중요한 요소이기도 하다. 재무 계획은 재무 부서의 전문가 혹은 회사의 회계사가 작업을 하겠지만 회사의 경영진들이라면 재무 계획이 어떤 가정 하에서 나오며 그 표들이 의미하는 바가 무엇인지 이해하고 의사 결정을 할 수 있을 정도의 충분한 지식을 가지고 있어야 한다. 사업 계획서의 맨뒤에 있는 내용이지만 실은 이 부분을 결론짓기 위해 앞의 모든 내용이 있었다 해도 과언이 아닐 것이다.

본 장은 회사의 경영진과 기획 부서, 재무 관련 담당자들이 주의 깊게 읽고 계획을 세우는데 참고할 수 있도록 주요 재무 지표를 도출하는 공식과 표로 상세히 설명하고 있다. 어떤 산업에서든 공통으로 적용될 수 있으며 회사에서 근무하거나 경영할 사람들이라면 숙지해야할 주요 내용을 망라하였다.

______________(회사명)은 설립 ______________년 이내에 흑자로 돌아설 것이다. 초기 운영은 자본 투자와 채무에 의존하지만 탄탄한 성장 기반이 있기 때문에 쉽지는 않겠지만 현실적이다. 이 섹션에서는 회사의 재무 계획과 성장 계획을 표로 정리하였다.

전반적인 재무 계획은 회사 운영 결과 발생하는 현금 흐름에 강력한 영향을 받는다. 시장조사, 산업 분석, 경쟁 환경 분석을 통하여 판매량을 예측하고 이에 기초하여 재무 계획을 수립하였다. ______________(회사명)은 첫 번째 해에______________%의 수익이 예상된다. 2차 년도까지는 수익 체감의 법칙(일반적으로 생산 요소를 추가적으로 투입하면 수확이 늘어나는데 생산 요소의 투입이 일정 수준을 넘으면 수확이 비례적으로 증가하지 않고 체감하게 된다는 경제 법칙:역자주)에 의해 느리게 성장할 것이나 일상적인 기업 활동으로 인한 비용 역시 함께 감소할 것이다. 매출은 매년 평균 ______________%로 성장할 것으로 예측되며 ______________년이 되면 안정기에 접어들 것이다. 재무 상태는 수익 측면에서 지속적으로 성장할 것이며 이를 통해 회사의 경쟁 우위가 지속적으로 유지되고 있음을 알 수 있다.

회사의 초기 투자는 ______________(소유주 이름)가 ______________의 돈을 투자하여 만들어지며 필요한 자금 운용을 위해 나머지 금액은 ______________년 후 상환하는 은행 대출을 받을 것이다. 이 돈은 회사를 혁신하고 초기 운영하는데에 사용할 것이다. 소유주에게는 소유주의 보유 주식량에 따라 이익을 분배할 것이며 현금 흐름이 좋아지면서 재무 상태도 함께 호전될 것이다. 소유주는 장기 대출의 상환이 완료될 때까지 회사에서 어떤 이익도 취하지 않을 예정이다.

재무 계획에는 다음 항목들이 포함된다:
- 현금 흐름을 포함한 성장률
- 회사 확장을 위한 수익의 재투자
- 매출 초과 달성 시 회사 확장 계획
- 총 매출의 ______________(e.g.5)%이하의 마케팅 비용
______________의 대출에 대해 매년 최고 ______________% 대출 이자로 5년 이내 대출 상환

1) 주요 가정 (Important Assumptions)

사업 계획서 작성에 필요한 주요 가정은 다음 표에 나열하였다. 대출 이자는 ____________%이고 느리지만 안정적으로 성장하는 것으로 계획하였다. 이는 우리 사업이 소매와 도매를 동시에 하고 있으며 수금 기간을 최대화하였기 때문이다. 이렇게 수금 기간을 최대로 잡은 이유는 소매 판매의 ____________%가 신용카드나 체크카드로 결제되고 이럴 경우 3일간의 결제 갭이 존재하며 사업 첫 해 매출의 60%를 차지하게 될 도매상 고객의 경우 결제까지 약 50일이 소요되는 것으로 예상하기 때문이다. 5년째 되는 해까지는 도매상 고객의 매출을 80%까지 올릴 예정인데 모든 주문은 배송 즉시 결제를 조건으로 할 예정이다. 벤더에 대한 우리 회사의 결제 조건은 45일로 예상한다.

지역 인구의 꾸준한 성장과 더불어 고객의 인지도와 규칙적인 반복 구매가 함께 성장하기 때문에 신규 기업으로써 처음 3년간 매출 역시 꾸준히 성장할 것으로 예측하였다. 확고한 사업 예측과 경영 스킬, 파트너의 경험이면 성공적으로 제품을 론칭하여 필요한 성장을 이끌어 내며 처음 3년간 지속적인 성장세를 만들기에 충분하다.

운영 비용은 이 정도 규모 회사의 사업을 운영하는데 필요한 일반적인 비용에 기초하여 산출하였다. ____________시에서 사업하는 경쟁사의 인력 형태를 관찰하고 회사 경영진의 직접 경험, 다른 사업주 와 인터뷰, 공급자들의 운영 형태를 참고하였다. 임대 비용은 건물 소유주와 협상하여 작성한 임대 계약서에 따라 책정하였으며 ____________평방미터 공장을 운영한 경험과 벤더의 견적서에 따라 작성하였다.

재무 계획에 필요한 가정

1 모든 운영 비용은 비슷한 규모의 다른 회사 경영진을 조사한 결과를 바탕으로 작성하였다.

2 자동화된 IT 시스템을 통하여 필요한 인력을 줄였다.

3 신규 기업 설립에 필요한 비용은 5년에 걸쳐 분할 상환한다

4 홈 오피스나 아파트 같은 부동산 비용은 포함하지 않았다.

5 간접비와 운영 비용은 1년 단위로 계산하였다.

6 설립자의 임금은 매달 월급으로 지불한다.

7 모든 고정 및 변동 임금은 매년 ____________(e.g.5)% 인상하는 것으로 계획하였다.

8 매출은 매년 ____________(e.g.10)% 증가하는 것으로 계산한다.

9 관리비와 사무 비용은 매년 ____________(e.g 2.5)% 인상한다.

10 운영 비용은 매년 ____________(e.g.5)% 인상하는 것으로 계획하였다.

11 대출 이자는 ____________(e.g. 10)% 로 계산한다.

기타 가정

1 경제는 다른 중요한 침체 요소는 없지만 서서히 느리게 성장할 것이다.

2 다른 트렌드에 비해 화장품 산업 역시 큰 변화는 없을 것이다.

3 산업에 충격을 줄 만한 법률 제정은 없을 것이다.

4 매출은 최소값과 평균값 사이에서, 반면에 비용은 평균값에서 최대값 사이 값으로 예측하였다.

5 직원 채용과 임금 인상은 인상된 매출의 정도에 따라 정하였다.

6 필요한 물품에 필요한 비용은 초기 몇 년간 큰 폭으로 인상하지 않을 것이나 사용량이 늘어나는
   비율에 맞추어 늘려나갈 것이다.

7 다음 표에서 보여주듯이 자본금과 대출금으로 계획대로 재무 상태를 유지하기에 충분하였다.

8 은행에서 대출받는 총 금액은 대략 $___________ 정도이며 매달 $___________를 갚아
   10년 내에 상환할 것이다.

9 해당 지역 경제는 매년 ___________%의 비율로 성장할 것이다.

10 이자율과 법인 세율은 보수적으로 가정하였다.

11 ___________(회사명)은 매년 ___________(e.g. 15)%의 비율로 매출이 신장될 것이다.

매출 계획

	년도	매출/월	성장률
1			
2			
3			

주요가정 요약	회계년2017	회계년2018	회계년2019
단기 이자율 %	10.00%	10.00%	10.00%
장기 이자율%	10.00%	10.00%	10.00%
예상 지불 기일	30	30	30
예상 수금 기일	45	45	45
법인세율%	33.00%	33.00%	33.00%
현금 비용 비율%	10.00%	10.00%	10.00%
신용카드 판매 비율%	15.00%	15.00%	15.00%
개인 부담%	15.00%	15.00%	15.00%

민감도 분석

민감도 분석은 현재 주어진 가정하에서 다양한 독립 변수가 어떻게 특정 종속 변수에 영향을 미치는지 확인하기 위한 기법이다. 이 기법은 이자율의 변화와 같은, 하나 혹은 그 이상의 특정한 변수가 회사의 수익성에 어떤 영향을 미치는지 검증하는 것처럼 특정 범위의 변수에 사용한다. 민감도 분석은 어떤 상황에서 주요 가정이 달라졌을 때 의사 결정의 결과가 어떻게 달라지는지 예측하는 방법이다. 이 분석을 통하여 우리가 만든 손익 계산서가 시나리오에 따라 어떻게 달라지는지 확인할 것이다.

다은 사항을 확인하기 위해 민감도 분석을 할 것이다.
- 회사의 수익성과 현금 흐름에 영향을 미치는 주요 변수를 파악한다.
- 이러한 변수들(최악의 경우, 최상의 경우, 예측값)의 수준을 확인한다.
- 각 변수들의 다양한 조합을 대입하여 수익성과 현금 흐름을 예측한다.
- 각 변수들의 다양한 조합을 대입하여 손익 분기점과 현금 흐름 분기점을 도출한다.

경제가 전반적으로 침체할 경우에 수익성도 나빠질 것이다. 화장품이 생존에 필수적인 항목이 아니기 때문에 _____________(회사명)의 수익성이 낮아질 것이라는 것은 충분히 예상할 수 있다. 그러나 제품과 관련 서비스로부터 발생하는 수익이 높기 때문에 여전히 수익이 발생하며 현금 흐름도 낙관적이다

결론 : ____

2) 손익 분기점 분석 (Break-even Analysis)

손익 분기점 분석은 매출의 결과 수금한 현금과 수익 발생을 위해 사용한 금액이 같아지는 시점을 파악하기 위해 실시한다. 손익 분기점 분석은 손익 분기점을 초과하는 수익의 양을 의미하는 안전 한계를 계산하는 것이다.

이 값은 매출이 떨어지더라도 손익 분기점 이상을 유지할 수 있는 여유(예상 또는 실제 매출액이 손익 분기점의 매출액을 초과하는 금액으로 현재의 매출액과 손익 분기점 매출액과의 차이를 의미함 : 역자 주)를 의미한다. 손익 분기점 분석을 하는 이유는 첫째 계획한 판매 가격을 유지하기 위한 최소한의 매출 금액을 결정하는 것이고 둘째는 손실을 피하기 위해 합리적으로 예상하는 최소한의 판매량을 결정하고 판매 가격을 조정하기 위함이다.

손익 분기점의 정의 : 비용과 수익이 같아지는 매출액 또는 매출량

손익 분기점에 사용되는 중요한 세 가지 정의:

- 유동비는 원료, 임금, 패키지와 같이 생산 활동과 비례하여 변화하는 비용을 뜻함
- 고정비는 임대료, 대출 상환, 보험, 급여 등 생산 활동의 많고 적음과 상관없이 일정하게 필요한 비용을 말함
- 단위당 공헌 이익은 제품 한 개 당 판매 가격과 유동비의 차이를 말한다.

  단위당 공헌 이익 = 제품 1개 판매 가격 − 1개당 유동비

손익 분기점 분석을 위해서, 다음 표에서 보여주듯이 매달 고정 비용은 대략 ___________로 예상하였다.

월 평균 고정 비용	금액	유동비	금액
급여		매출 원가	
임대료		임금	
보험		소모품	
공공 요금		직접비	
보안		위탁 화물 요금	
법적/기술지원		기타	
사무용품			
기타			
합계		합계	

손익 분기점 분석 표는 매월 \$___________의 고정비, \$___________의 변동비, \$___________의 평균 매출 등 평균 비용/가격을 기초로 계산하였을 때 매달 평균 ___________의 매출이 필요하다.

매달 평균 ___________의 고정비로 추정하건대 손익 분기점에 도달하기 위해서는 매달 ___________의 매출이 필요하며 이 매출은 사업 시작한 ___________번째 달에 도달할 수 있을 것이다. 보다 상세한 손익 분기점 분석은 다음 표에 표시하였다.

손익 분기점 공식

손익 분기수량 = 총 고정비/(판매 단가– 단위 변동비)

___________ = ___________ / (___________–___________)

손익 분기금액 = (총 고정비/(판매 단가–단위 변동비))/판매 단가

___________ = (___________ / (___________–___________)) / ___________

손익 분기 판매액= 연간 고정비/ (1– 단위 변동비/판매 단가)

___________ = ___________ / (1 –___________ /___________)

손익분기 분석

● 월간 손익 분기 수량	
● 월간 손익 분기 매출	
주요 가정	
● 평균 판매 단가	
● 평균 단위 변동비	
● 예상 월간 고정비	

손익 분기점을 개선하는 방법

1 비용 절감 대신 고정비를 줄인다.

2 판매 단가를 높인다.

3 근로자 생산성을 향상하거나 또는 경쟁 입찰을 통해 공급자의 가격을 인하한다.

4 수익원 확대를 위해 제품 및 서비스 라인을 확대한다.

3) 손익 예측 (Projected Profit and Loss)

추정 손익 계산서는 향후 사업운영에 매우 중요한 도구이다. 만약 추정 결과 수익성이 하락한다면 실제로 그렇게 되기 전에 가격 인상이나 비용 감축과 같은 운영의 변화를 만들어야 한다.

_____________(회사명)은 ____________년에 수익을 내는 것으로 예상된다. 초기 몇 년 동안에는 특정 비용(예: 마케팅)이 매출액 대비하여 일반적인 범위를 넘어설 수도 있지만 이는 초기 ____________년 안에 조기에 브랜드 인지도를 높이는 신규 창업 기업의 비용으로 간주한다. 초기에는 안정되거나 성숙한 사업 자체보다는 급료를 받는 직원수가 성장 정도를 반영할 수 있다. 또, 회사의 수익성이 다소 높게 보일 수 있으나 이는 소매와 도매 전략을 동시에 수행한 결과이다. 소매상으로 직접 판매와 온라인 판매는 도매보다는 마진률이 높다. 도매상의 경우에는 외상 판매를 하지 않을 것이다. 첫 2–3년에는 도매상 판매 목표를 달성하기 위한 목적으로 프로모션을 많이 할 것이기 때문에 마진이 상대적으로 낮아질 것이다. 4–5년 차에는 거래하는 소매상이 증가하고, 카탈로그 판매가 온라인 판매로 확대되면서 마진은 다시 증가할 것이다. 소매상 사업이 도매상 사업을 능가하여 마진이 신입의 평균값을 넘어설 것으로 보인다. 도매상 커미션은 판매액의 %에 비례하여 산정한다.

사업 첫해에는 매우 적극적으로 사업기회를 찾고, 마케팅 계획을 적용하기 시작할 것이기 때문에 수익률이 월별로 차이가 많이 날 수 있다. 그러나 처음 ____________달이 지나고 나면 수익성이 안정을 되찾을 것이다.

회사에 대한 구전 효과가 소비자들 사이에 확산되고 효과 좋은 광고 방법에 집중하게 되며, 추가적인 광고 비용 없이 파트너들과 협력하면서 이후 3년간 광고비는 감소할 것으로 예상한다.

사업 첫 해에는 매출액 대비 이익은 낮을 것이나, 2차 년도에는 최소한 ____________(e.g. 15)% 까지 오를 것으로 예상한다. 일반적으로 신규 기업은 처음 2년 간은 손실을 기록한다. 그러나 경쟁사를 잘 이해하고 타겟 시장을 충분히 이해하여 이러한 손실을 피하고자 한다.

회사의 손익 계산서는 다음 표에 표시하였다. 회사의 조사에 따르면 총 천연 화장품 기업으로서 이 예측은 꽤 현실적이고 보수적으로 잡은 수치이며 이러한 접근은 적절한 현금 흐름을 확실하게 하기 위해서이다.

주요 손익 계산 공식
- 총이익 마진 = 총매출 – 매출 원가

- 총 마진률% = (총매출 − 매출 원가) / 총매출
- 이 숫자는 매출액에 대한 총 이익의 비율을 의미한다 (매출액이 낮아도 이 비율이 높다면 수익성이 좋은 회사라는 것을 의미함 : 역자 주)
- 법인세, 이자, 감가상각비 차감 전 영업이익 = 수익 − 비용 (이자, 세금, 감가상각 비용 제외)
  (EBITDA Earnings Before Interest, Taxes, Depreciation and Amortization, 에비타라고도 하며 기업이 영업 활동을 통해 벌어들인 현금 창출 능력을 나타내는 수익성 지표 : 역자 주)
- 이자 및 세금 전 이익
  PBIT = Profit(Earnings) Before Interest and Taxes = EBIT
  회사가 법인세나 이자를 내기 전에 회사가 얼마나 수익을 내는지 확인하기 위해 수익성 측정을 측정한다. 수익성은 매출로부터 모든 비용을 빼고 계산하지만 이자와 세금은 비용에서 제하며 이를 "이자와 세금 차감 전 수익"이라고도 부른다.
- 순수익 = 총매출 − 총비용

추정 손익계산서

		2017	2018	2019
총매출:				
화장품 매출				
특수 아이템 매출				
맞춤 제작 매출				
기타 서비스				
기타				
총매출(A)				
매출 원가				
판매 제품 매출 원가				
기타				
총매출원가(D)				
총 마진률	A−D=E			
총 마진률 %	E / A			
운영 비용				
급여				

급여 세금			
영업 및 마케팅			
컨벤션/무역 전시회			
변호사 보유금			
감가상각			
라이선스/허가 비용			
회비/구독료			
임대료			
공공요금			
보증금			
수선 및 유지 보수 비용			
세척 및 위생용품			
사무용품			
장비 리스			
증축 비용			
보험료			
밴 차량 비용			
멤버십			
연구 개발			
머천트 비용			
대출 비용			
기타			
총 운영비(F)			
이자 및 세금 전 이익	E − F = G		
이자	H		
세금	I		
순수익	G − H − I = J		
순수익/총매출	J / A = K		

4) 현금 흐름 추정 (Projected Cash Flow)

현금 흐름표는 회사와 회사 외부 사이의 현금 흐름을 계획함으로써 회사 운영과 미래 성장을 위해 어떻게 비용을 사용하는지를 보여준다. 플러스의 현금 흐름은 현금이 들어오고 있음을, 마이너스 현금 흐름은 현금이 나가고 있음을 의미한다. 회사는 시장에서 일정한 현금 흐름을 유지하여 중등도의 위험을 가진 기업으로 포지셔닝 하였다. 매출은 주로 현금이나 단기 수금이 가능한 신용카드로 이루어지며 외상 매입금은 매 월말에 지불한다. 현금이 남으면 미납금을 갚거나 현금 보유를 줄이기 위해 저 위험군의 펀드에 투자한다. 운영 첫 해에는 자금 운영 과정에서 예상하지 못했던 지출을 해야 할 경우를 대비해서 추가로 현금을 더 보유하고 있어야 한다.

첫 해에는 매달 현금 흐름의 변화가 매우 클 수 있기 때문에 첫날부터 현금 관리를 확실하게 할 예정이다. 매출의 대부분이 현금 흐름 관리에 유리한 현금이나 신용카드로부터 나올 것으로 예상한다. 게다가 제품의 재고를 항상 한달 치 보다 약간 많게 유지할 것이고 회사 설립 당시부터 충분한 자금을 보유할 것이기 때문에 현금 흐름에서 문제가 생길 것이라 생각하지 않는다.

소유주가 만들어오는 _____________년짜리 상업용 대출 _____________은 초기 운영 자금으로 사용할 것이다. 다음 표는 예상 현금 흐름을 요약한 것이며 현금 흐름은 회사의 운영에 충분할 것으로 예상된다. 향후 몇 년간 초과 현금은 회사의 성장을 위해 사용될 예정이다.

현금 흐름 관리

다음 과정을 통하여 현금 흐름 포지션을 향상시키고자 한다.

1 신용을 체크하고 신용 공여를 할 때 좀 더 선택적으로 한다.

2 보증금이나 다단계 지불 방법을 찾는다.

3 고객에게 신용판매 금액/횟수를 줄인다.

4 직접 및 간접 비용을 줄인다.

5 재고, 외상 매입금, 외상 매출금을 관리할 때 80/20 법칙을 사용한다.

6 주문이 완료되면 바로 청구서를 보낸다.

7 외상 매출금의 비율과 기간에 대한 정규 리포트를 만든다.

8 건전한 신용 거래 관행을 만들고 실천한다.

9 선도적인 수금 테크닉을 사용한다.

10 가능하다면 체납하는 경우 범칙금을 더한다.

11 공급자로부터 신용 거래를 늘인다.

12 구매할 때는 구매 금액을 협상하고 신용 거래 기간을 늘이도록 한다.

13 제품이나 서비스를 얻기 위해 물물 교환 시스템을 사용한다.

14 자산을 보다 생산적으로 활용하기 위해 리스를 이용한다.

15 부채를 자산으로 전환한다.

16 현금흐름 예측을 정기적으로 갱신한다.

17 수용할 만한 현금 회수가 되지 않는 프로젝트는 유예한다.

18 계약서에 사인할 때는 50%의 보증금이 필요하고 이벤트 5일 전에는 나머지 금액을 다 지불하도
록 한다.

19 빨리 수금할 수 있는 프로젝트는 신속히 완료하도록 한다.

20 주요 공급자에게 신용 지불 기간을 늘려달라고 요구한다.

21 자동 이체 계좌에는 적절한 현금 잔고를 넣어 둔다.

22 고객에게 할부를 해 줄 때에는 이자를 부과한다.

23 불필요한 이중 작업과 작업의 지연을 피하기 위해 청구서가 정확하게 작성되었는지 확인해야 한다.

24 계약서에 명시된 지불 규정을 지키지 않을 경우에는 거래를 중단하는 조항을 삽입한다.

현금 흐름 공식

● 순 현금 흐름 = 현금 유입 − 현금 유출

  (순수익에 감가상각, 감모상각, 부채 상환 값을 더한 값과 일치함)

● 현금 잔고 = 초기 현금 잔고 + 순 현금 흐름

추정 현금흐름

공식	2017	2018	2019
현금 유입			
영업 활동 현금유입			
현금 판매(A)			
외상 매입금(B)			
영업 활동 현금 유입 중간 합계(A + B = C)			
추가 현금 유입			
비영업 활동 수입(기타수입)			
소비세, 부가세 등 세금 유입			
신규 단기 차입금			
기타 신규 부채(이자비용)			

신규 장기 부채			
기타 유동 자산 처분			
고정 자산 처분			
신규 투자			
총 추가 현금 유입(D)			
현금 유입 중간 합계(C + D = E)			
지출 경비			
영업 활동 지출 경비			
현금 지출(F)			
외상 매입금 지불(G)			
영업 활동 지출 경비 중간 합계(F+G = H)			
추가 현금 지출			
비영업 활동 지출 경비(기타 지출)			
소비세, 부가세 등 세금 지출			
단기 차입금 원금 상환			
기타 부채 원금 상환			
장기 부채 원금 상황			
기타 유동 자산 구입			
배당금			
추가 현금 지출 합계(I)			
현금 지출 중간 합계(H + I = J)			
순 현금 흐름(E − J = K)			
현금 잔고			

5) 추정 대차 대조표 (Projected Balance Sheet)

 추정 대차 대조표는 회사가 미래 자산을 어떻게 관리할 것인지를 알아보기 위해 필요한 것이다. 순수한 신규 창업 기업이기 때문에 첫 대차 대조표는 별 가치가 없을 것이다. 사업이 성장함에 따라 제품 재고에 대한 투자도 증가할 것이다. 이에 따라 매출액도 증가하고 도매상들에게 대량 주문할 경우 할인해 줄 수 있는 여유도 생길 것이다.

50%이상의 매출이 현금과 소비자들의 신용카드로 지불되는 사업의 성격상 외상 매출 계정은 상대적으로 낮게 유지될 것이다. 이 사업에서는 소비자들에게 외상으로 물건을 팔 필요는 없다.

자본 자산은 매장 증축 비용 ＿＿＿＿＿＿＿(15년간 매년 정액법으로 감가상각), ＿＿＿＿＿＿ 회사 설립 비용(5년에 걸쳐 분할 상환), 건물 임대 보증금(약 8개월간 임대료)으로 사용될 것이다. 장기 부채는 회사 운영을 위해 필요한 7년짜리 대출을 포함하여 서서히 감소할 것이다. 유보 이익의 일부는 소유주에게 배당하지만 나머지는 감가상각된 자산을 보충하고 미래 성장을 위해 재투사 될 것이다. 추징 대차 대조표는 추징 수익표와 현금 흐름과 연결되어야 한다. ＿＿＿＿＿＿ (회사명)는 부채에 대한 의무를 수행하지 못하거나 주어진 수익 목표를 달성하지 못하는 일은 없을 것이며 사업 계획서의 목표치를 달성하거나 초과하여 순자산은 느리지만 지속적으로 성장할 것이라고 확신한다.

모든 표는 지난 달의 성과와 미래 가정을 반영하여 매달 업데이트 한다. 미래 가정은 지난 달의 성과 보다는 경제 사이클, 지역 산업의 강점과 다가올 현금 흐름 가능성을 고려하여 정할 것이다. 우리 회사는 ＿＿＿＿＿＿년도까지 총수익에서 건실한 성장을 할 것으로 예상한다. 첫 3년 회계 연도 동안의 재무제표는 다음과 같다. 이 표에서 회사의 순자산이 잘 관리되어 충분히 성장하고 있으며 건실한 재무 구조를 보여주고 있다.

주요 공식:
- 납입 자본금 = 투자가가 주식을 액면가로 회사에 투자한 자본금
- 유보 이익 = 주주에게 배당하지 않고 회사의 성장을 위해 회사가 유보하고 있는 순수익
- 유보 이익 = 세후 순이익 − (배당금 + 자기 주식 취득)
- 이익 = 수익 − (영업 활동 비용 + 운영 경비 + 세금)
- 순자산 = 총자산 − 총 부채

공식		2017	2018	2019
자산	현금			
	외상 매출금			
	재고			
	기타 유동 자산			
	유동 자산 합계(A)			
	고정 자산(B)			
	감가상각 누계액(C)			
	고정 자산 합계 (B − C = D)			
	총자산(A + D = E)			
부채와 자본금	외상 매입금			
	단기 차입금			
	기타 단기 부채			
	단기 부채 중간 합계(F)			
	지급 어음			
	기타 장기 부채			
	장기 부채 합계(A)			
	총부채(F + G = H)			
	납입 자본금(I)			
	유보 이익(J)			
	이익(K)			
	자본금 합계 (I − J + K = L)			
부채와 자본금 합계(H + L = M)				
총자산(E − H = N)				

6) 비즈니스 비율 (Business Ratio)

다음 표에서는 몇몇 주요 분야에서 회사의 비율을 요약해 보여준다. 화장품 산업이 포함된 위생 용품 등 제조 산업(NAICS code 325620)에서 평균 비율과 비교한 것이다(NAICS, North American Industry Classification System의 약자로 한국의 표준 산업 분류 코드와 비슷한 것임 : 역자 주). 이런 비율을 비교하는 중요한 이유 중의 하나는 주주의 주식과 자산에 대해 적절한 수익을 창출하는 것이다.

표준 산업 분류 코드에 나오는 평균과 비교하였을 때 ___________(회사명)은 전망이 매우 좋아 건실한 비율의 수익성과 위험 대비 수익률을 유지할 것으로 예상한다. 다음의 산업 비율 공식을 사용하면 계산에 도움이 된다.

주요 산업 비율 공식

● 매출 성장률 = (당해 년도 매출 − 지난 해 매출)/(지난 해 매출) x 100

● 매출액 백분율 = (광고 비용/ 매출액) x 100
  (매출액 백분율을 계산할 때는 광고 비용 뿐만 아니라 재무제표나 대차 대조표에서 매출에 따라 달라지는 모든 항목을 매출액 대비 백분율로 계산하여 다음 년도의 수치를 예상할 때 사용 가능 : 역자 주)

● 순자산 = 총자산 − 총부채

● 산성 시험 비율 = 유동 자산 / 단기 부채
  즉시 유통 가능한 현금이 얼마인지 측정하는 것이며 좋은 비율은 2:1이다.

● 순이익률 = 순수익 / 순 매출
  순이익률이 높을수록 회사의 매출에서 실제 이익이 차지하는 비율이 높다는 의미이다.

● 자기 자본 이익률(ROE) = 당기 순이익 / 주주지분
  자기 자본 이익률은 같은 산업 내에서 다른 회사들과 수익성을 비교할 때 유용하다. 순자산 이익률(RONW : return on net worth)이라고도 한다.

● 자기 자본 부채율 = 총부채 / 주주 지분
  차입금으로 자기자본 이익률을 높이는 금융 기관을 제외하고 보통 회사들은 이 비율이 0.8 이하이면 건실한 경쟁 우위에 있다고 할 수 있다.

- 유동 비율 = 유동 자산 / 단기 부채

  유동 비율이 높을수록 회사의 지불 능력이 높다는 것을 의미한다. 이 비율이 1 이하면 지출 시점에서 돈을 지급할 수 없을 수도 있다는 것을 의미한다.

- 당좌 비율 = 유동 자산 − 재고 / 단기 부채

  당좌 비율은 유동 비율에서 재고 금액을 뺀 금액이기 때문에 유동 비율보다 좀 더 보수적인 지표이다.

- 순자산 가치에 대한 세전 수익 = 세전 수익 / 순자산

  주주의 1달러당 세전 수익을 나타낸다.

- 자산에 대한 세전 수익 = (이자와 세금 차감 전 수익 / 자산) x 100

  회사의 자산을 사용하여 발생한 이익을 나타낸다.

- 외상 매출금 회전률 = 순 외상 매출/ 평균 외상 매출금

  이 비율이 낮다면 적절한 시기에 수금이 완료되어 추가 이자 비용이 나가지 않도록 회사는 외상 매출에 대한 정책을 다시 평가해야 한다.

- 순 운전 자본 = 유동 자산 − 단기부채

  순 운전 자본이 양의 값이면 회사는 단기 부채를 갚을 수 있다는 것을 의미한다. 반대로 음의 값이라면 유동 자산으로 단기 부채를 갚을 수 없다는 것을 의미한다.

- 이자 보상 비율 = 이자와 세금 차감 전 이익 / 총 이자 비용

  이 비율이 낮을수록 채무 비용이 회사에게 부담이 많아진다는 의미이다. 회사의 이자 보상 비율이 1.5 이하라면 이자비용을 감당할 수 있을지 의문스러운 상황이라는 뜻이며 평균 이자 보상 비율이 1 미만이라면 이자 비용을 충당하기에 충분한 수익을 내지 못하고 있다는 것을 나타낸다.

- 외상 회수 기간 = 외상 매출금 / (수익/365)

  이 기간이 긴 회사는 외상 금액을 갚는데 문제가 있다는 것을 뜻한다.

- 외상 매입금 회전율 = 총 구매 금액 / 평균 외상 매입금

  만약 회전율이 이전에 비해 떨어진다면 이는 공급자에게 외상을 갚는데 더 오래 걸린다는 것을 의미한다. 반대로 회전율이 증가한다면 공급자에게 이전보다 더 빨리 돈을 갚고 있다는 뜻이다.

- 외상 매입금 지급 기일 = (외상 매입금 잔고 X 360) / (외상 매입 계정 수 X 12)

  청구서를 받고 결제까지 걸리는 평균 기일

- 총자산 회전율 = 수익 / 자산

  총자산 회전율은 회사의 자산을 사용하여 매출 혹은 수익을 창출하는 회사의 효율성을 측정하는
  도구이다. 높을수록 효율성이 높다는 의미이다.

- 배당 성향 = 배당 / 순수익

  자산 대비 매출 = 자산 / 매출

비즈니스 비율 분석

	2017	2018	2019
매출 성장			
총 자산 비율			
외상 매출금			
재고			
기타 유동 자산			
고정 자산			
총자산			
단기 부채			
장기 부채			
총부채			
순자산			
매출 비율			
매출			
총마진			
영업 경비			
광고비			
이자와 세금 차감 전 이익			
주요 비율			

유동비율			
당좌 비율			
총자산 대비 총부채			
순자산 가치에 대한 세전 수익			
순자산에 대한 세전 수익			
추가 비율			
순 이익률			
자기 자본 이익률			
활동성 비율			
외상 매출금 회전율			
수금 기일			
재고 회전율			
외상 매입금 회전율			
결제 기일			
총자산 회전율			
재고 생산성			
부채 비율			
순자산 가치 부채율			
총부채 대비 단기 부채 비율			
유동성 비율			
총 운전 자본			
이자 부담			
기타 비율			
자산 대비 매출			
단기 부채 / 총자산			
매출 / 총자산			
배당 성향			

Part 12
Summary
요약

Summary
요약

이 장을 읽기 전에

이 장은 지금까지의 사업계획서를 한 페이지로 압축한 내용이다. $____________의
자본금으로 시작한 회사에서 어떤 제품/서비스를 가지고 어떤 시장에서 어떻게 성공할
것인지를 요약하는 요령을 알려준다. 모든 사업계획서의 맨 마지막 혹은 맨 앞 페이지
에 들어갈 요약 페이지라 할 수 있다.

최고 의사 결정권자에게 보고할때 혹은 투자자가 사업의 개요를 이해할때 주로 사용되
며, 요약에서 궁금한 부분은 해당되는 상세 정보를 찾아보면 된다.

타당성 있게 짜여진 이 사업계획서에 따라 ___________(회사명)은 성공할 것이다. 산업 트렌드, 마케팅 분석, 경쟁우위, 전문 경영진, 재무 분석과 같은 모든 핵심 요소들이 이러한 결론을 지지하고 있다.

프로젝트 요약(제품, 서비스, 프로그램에 대한 간단한 요약)

산업과 시장의 긍정적인 상황설명(왜 이 사업이 성공할 것인지에 대한 요약)

투자 대비 수익에 대한 요약

필요한 사본금에 내한 요약

투자자와 대출 기관을 위한 보장

사업적인 관점 외에 지역사회에 제공할 수 있는 효익에 대한 요약

파이낸싱

   A. 필요한 대출 :　　$____

   B. 소유주 자본금 :　　$____

   C. 기타 자본 유입 :　　$____

   가능한 펀드 합계 :　$____

장기계획

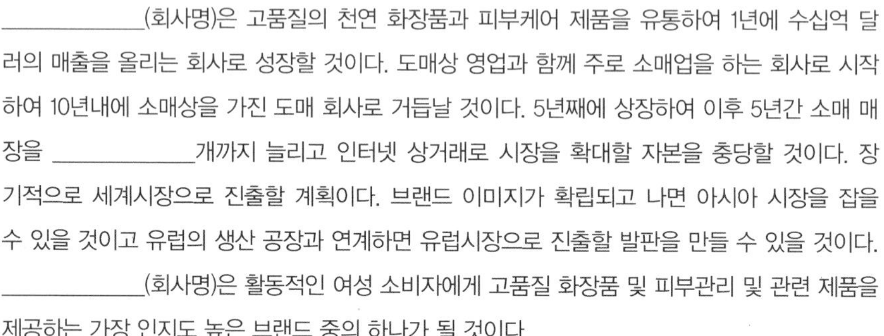

　　　　　　　　(회사명)은 고품질의 천연 화장품과 피부케어 제품을 유통하여 1년에 수십억 달러의 매출을 올리는 회사로 성장할 것이다. 도매상 영업과 함께 주로 소매업을 하는 회사로 시작하여 10년내에 소매상을 가진 도매 회사로 거듭날 것이다. 5년째에 상장하여 이후 5년간 소매 매장을 　　　　　　　개까지 늘리고 인터넷 상거래로 시장을 확대할 자본을 충당할 것이다. 장기적으로 세계시장으로 진출할 계획이다. 브랜드 이미지가 확립되고 나면 아시아 시장을 잡을 수 있을 것이고 유럽의 생산 공장과 연계하면 유럽시장으로 진출할 발판을 만들 수 있을 것이다.

　　　　　　　　(회사명)은 활동적인 여성 소비자에게 고품질 화장품 및 피부관리 및 관련 제품을 제공하는 가장 인지도 높은 브랜드 중의 하나가 될 것이다.

Part 13
Potential Exit Scenarios
잠재적인 출구 시나리오

Potential Exit Scenarios
잠재적인 출구 시나리오

잠재적인 출구 시나리오

투자자들을 위해 2개의 잠재적인 출구 전략을 마련하였다.

1 기업공개(IPO)

회사 설립＿＿＿＿＿＿＿＿년 내에 기업공개를 할 것이다. 기업공개로 유입된 자본은 투자자들에게는
유동성을 제공하고 회사에게는 장기 성장과 해외진출을 위한 추가 자본이 될 것이다

2 사기업 혹은 공기업과 인수 합병

회사에서 가장 원하는 출구 전략은 대기업에 합병되거나 주식을 파는 것이다. 회사의 상당한 현금흐름
과 충성 고객 기반 덕택에 향후 5년 이내에 기업 투자자들의 관심을 끌게 될 것이다. 화장품 제조업자
로서 서비스뿐만 아니라 주요 사업 파트너와의 관계형성을 통하여 기업의 실제 가치를 쌓아 왔다.
회사를 대신하여 회사를 매각할 실력 있는 비즈니스 브로커를 고용할 것이며 기존의 경험으로 볼 때
기업가치는 수익의 4배 정도가 될 것으로 예상된다.

부록

- 대주주들의 지난 3년간 세금 환급 내역(신규 사업인 경우)

- 개인 재무 제표(생명 보험과 기부금 등 포함)

- 건물 공간에 대한 임대 혹은 구매 계약서, 공간 레이아웃, 지도, 청사진 복사본

- 허가증 또는 파트너십, 협회 또는 주주 협의서, 저작권, 상표권, 특허 출원와 같은 법적 자료의
  복사본

- 대주주들의 이력서 사본

- 공급자, 계약직, 명령서 등의 의향서 복사본

- 사업이나 소유주, 사업 아이디어 등을 지원하는 신문 기사

- 회사나 경쟁사의 촉진 자료

- 회사 및 경쟁사의 제품/서비스 브로셔

- 제품, 장비, 시설 등의 사진

- 사업 계획서의 마케팅 섹션을 뒷받침하는 시장 조사 자료

- 회사를 지원하는 산업 및 무역 출간물

- 고정 자산, 회사 차량, 회사 리노베이션을 포함하여 구매해야 할 제품에 대한 견적서 혹은
  예상 견적

- 추천서

- 장소, 사업 및 사람에 대한 보험 증서

- 경영 스케줄

- 조직도

- 직무 기술서

- 월별 추정 재무표

- 소비자 니즈 분석표

- 샘플 판매

- 소프트웨어 관리 리포트 사본

- 표준 비즈니스 서식 사본

- 기기 리스트

- 최소 생존 예산

마케팅 워크 시트

이 장은 다양한 마케팅 활동의 방법, 템플릿, 설문지, 워크시트, 사례를 보여주며 다음 항목들로 구성되어 있다.

1 트위터에서 마케팅하는 방법

2 화장품 제조업자의 소비자 만족도 설문 조사

3 광고 기획 워크시트

4 마케팅 활동 계획

5 바이럴 마케팅

6 소셜 네트워크 마케팅

7 일상적인 경영 활동에 통합된 마케팅

8 월별 마케팅 달력

9 전략적 마케팅 제휴

10 친구 추천 프로그램 조언

11 세미나 워크시트

12 유튜브 마케팅 조언

13 월별 마케팅 기본 계획 체크리스트

14 네트워킹에 대한 이해

15 한줄 요약 메시지

16 PR 표지 워크 시트

17 뉴스 발표 템플릿

18 특별 이벤트 포맷

19 투자 대비 광고 효과 측정

20 광고 트래킹 서식

21 안내광고 워크시트

22 감사 및 친구 추천 부탁 편지 서식

23 인터넷 아티클 집필 템플릿

24 데이터베이스 기록 포맷

1) 트위터에서 마케팅 하는 방법

1 연락처를 가져온다.

지메일이나 핫메일 주소록에서 연락처를 가져온다. 처음에는 트위터에서 팔로우할 사람들은 친구라고 생각하는 사람들만 대상으로 한다.

2 프로파일을 작성한다.

회사 웹사이트 URL을 포함하여 프로파일을 작성한다(필수 및 선택 항목). 회사 브랜드와 매치되도록 트위터 페이지를 개인화한다.

3 트위터의 다이나믹을 이해한다.

트위터는 소셜 미디어이며 광고가 아니므로 다음의 팁에 따르는 것이 좋다.

– 자신만의 특별한 것에 대해서 스팸을 보내지 마라.

– 다른 사람을 팔로우 하라.

– 회사를 직접적으로 촉진하지 마라.

– 정보성 블로그 포스팅처럼 트윗하라.

4 팔로워 베이스를 구축하라.

– 이메일 시그니처, 포럼, 웹사이트, 명함에 "트위터에서 저를 팔로우 해주세요"를 삽입한다.

– 블로그에 글을 포스트할 때마다 트위터에 팔로우 하도록 요청한다.

– 사업에 능숙한 전문가를 찾아서 팔로우 하고 상호 팔로우 하도록 한다. 본인의 트위터가 화장품에 관심 있는 사람의 트위터로 보이도록 하되 직접 판매를 촉구해서는 안된다.

– 주요 고객들이 트위터에서 어떻게 말하는지 실제로 읽고 그 트위터에 트윗백을 한다.

5 팔로워와 팔로잉의 비율을 맞춘다.

– 본인이 팔로우 하는 사람과 본인을 팔로우 하는 사람의 균형을 맞춘다.

– 한번에 30명 정도씩 천천히 친구를 추가하고 그 친구들이 본인을 친구로 추가하도록 기다린다.

6 본인을 팔로우할 가치가 있도록 만들어라.

– 화장품 산업과 트윗백과 관련있는 내용 및 링크만 트윗한다.

– 트위터에 지속적으로 고객을 도와줄 만한 내용이 올라온다면 고객은 관심을 보일 것이다.

– 트위터를 유지하기 위해 매일 최소 한 시간 이상 투자하여 활발하게 활동하며 사람들이 계속 관심을 갖게 한다.

7 최고로부터 배운다.

– 수 많은 팔로우를 가진 사용자를 찾아 팔로우하면서 그들이 잘하는 것을 배운다.

8 트위터 사용

– 기존의 블로그 전략을 확장하고 향후 연대 강화를 위해 트위터를 사용한다.

– 세일이나 핫딜 같은 것을 알려주는데 사용한다.

– 블로그, 웹사이트나 뉴스를 자주 업데이트하는데 활용한다.

– 지지자들과 의견 조율을 하거나 커뮤니티를 구축한다.

– 블로그의 구전효과를 유발한다.

– 컨퍼런스나 이벤트의 주요 뉴스를 업데이트한다.

트위터란?

트위터는 친구, 가족, 동료들과 신속하게 자주 메시지를 주고 받으면서 소통하고 연결할 수 있는 서비스이다. 사람들은 소위 트윗이라고 부르는 140자 미만의 짧은 메시지를 써서 친구의 프로파일이나 블로그에 게재하고 팔로워에게 보낼 수 있으며 이 메시지는 트위터 검색을 통하여 검색 또한 가능하다.

https://twitter.com/search?q=%EC%9D%B4%EB%8B%88%EC%8A%A4%ED%94%84%EB%A6%AC&src=typd

트위터를 사용하려면 특별한 것이 필요한가요?

트위터를 사용하려면 인터넷 접속 혹은 핸드폰만 있으면 된다. 일단 트위터에 들어가면 웹 박스에 첫 번째 업데이트를 타이핑한다. 다른 사람이 뭐라고 하는지 트위터에서 무엇을 하는지 아이디어를 얻고 싶다면 트위터에서 검색을 해보면 된다. 키워드 검색하거나 홈페이지 왼쪽 사이드바서 최신 트렌드를 살펴볼 수 있다.

내 친구를 어떻게 찾을 수 있나요?

계정을 생성할 때 이름이나 사용자 이름으로 찾을 수 있고 다른 네트워크에서 친구 연락처를 가져오거나 이메일을 통하여 친구를 초대할 수도 있다. 만약 그게 싫다면 원하는 친구만 팔로우 하면 된다. 일단 친구를 찾고 나면 친구의 업데이트를 팔로우하기 시작한다.

트위터에서 다른 사람을 팔로우 한다는 게 무슨 뜻인가요?

어떤 사람을 팔로우한다는 것은 간단히 말하면 그들의 트위터 업데이트를 받아본다는 것이다. 누군가를 팔로우하면 그들이 새 메시지를 게재할 때마다 실시간으로 당신의 트위터 홈페이지에 그 메시지가 나타난다. 로그인하면 최신 업데이트를 볼 수 있고 PC 뿐만 아니라 핸드폰에서도 볼 수 있다.

내가 팔로우하는 사람을 어떻게 알 수 있나요?

어떤 사람의 프로필에 있는 팔로우 버튼을 누르면 그 사람을 팔로우 하게 된다. 팔로우 버튼은 팔로잉 박스로 바뀌고 더 이상 팔로우를 원하지 않을 때 삭제할 수 있는 옵션도 있다. 핸드폰에 트위터를 등록해두고 문자 선호도를 셋업할 수 있다. 프로필이나 홈페이지 사이드바에서 팔로우하고 있는 사람을 확인할 수도 있다. 더 이상 팔로우를 원하지 않을 때 팔로잉 버튼에 마우스를 올리면 "언팔로우"(unfollow)라는 단어가 생기고 클릭하면 해당 사용자 팔로잉이 취소된다.

누가 나를 팔로우 하는지 어떻게 알 수 있나요?

누군가 나를 새로 팔로우하게 되면 트위터가 이메일을 보내준다. 새로운 팔로우가 생겼을 때 알려달라고 옵션을 설정할 수도 있다. 프로필이나 홈 페이지 사이드바에서 팔로워가 생겼다는 것을 보여준다.

팔로우의 한계가 있나요?

트위터는 최근 안정성과 남용을 막기 위해 한계를 설정하였으며 트위터 사이트에서 확인할 수 있다.

나의 업데이트를 누가 읽나요?

그건 쓰는 사람에게 달려있다. 팔로워들이 업데이트를 읽고 검색에서 찾은 사람들도 읽을 수 있다. 모든 회원들의 업데이트는 업데이트 타임라인에 게재된다(원하는 단어 검색 시 "더보기"탭에서 "모든 사람"으로 설정하면 보인다). 본인의 프로필은 자동으로 대중에게 공개된다. 만약 낯선 사람들이 나의 업데이트를 보는 것이 싫다면 나의 프로필을 팔로워에게만 공개하고 검색을 막으면 된다.

사람들이 나를 팔로우 하는 것을 막을 수 있나요?

물론 할 수 있다. 어떤 사람을 막으면 그 사람은 당신을 팔로우하거나 어떤 메시지를 보낼 수도 없다. 내 계정이 여전히 대중에게 열려있고 다른 사람들이 볼 수 있어도 팔로워 리스트에서 그 사람들을 볼 수 없고 그 팔로잉 리스트에 내 프로필도 보이지 않는다. 스패머(스팸성 메일이나 메시지를 보내는 사람: 역자 주)를 차단하고 있다면 트위터는 이에 감사하고 트위터를 사용하면서 문제가 생기지 않도록 차단 리포트를 만들어 관리한다.

트위터에 어떻게 업데이트 하나요?

트위터는 업데이트를 게재하기 위해 웹에서 업데이트 박스를 사용하거나, 핸드폰에서 혹은 제3자 앱 등 다양한 방법을 제공한다.

업데이트 끝에 별이 왜 있나요?

별은 업데이트를 좋아한다는 것을 표시하는 방법이다. 사람들이 당신이 선호하는 것을 볼 수 있게 하려면 프로필 페이지에서 "마음에 들어요" 링크를 클릭하면 된다.

나의 트위터 업데이트를 내 블로그에 올릴 수 있나요?

물론이다. 트위터 배지를 블로그, 웹사이트 등 어떤 사이트에라도 놓으면 된다. 트위터 배지를 커스터마이즈할 수도 있다.

답글이 무엇인가요?

납글은 @사용사 아이니로 시삭하는 모통의 업네이트와 날리 한 사람이 나른 사람에게 보내는 내중 메시지이다. 만약 메시지가 @사용자 아이디로 시작한다면, 이는 응답한 것으로 간주한다. @사용자 아이디 포맷을 사용하여 트위터에 업데이트하면 대중적으로 응답한 것이 된다. 누군가에게 응답하는 팔로잉은 필요하지 않다.

쪽지(DM : Direct Message)는 무엇인가요?

쪽지(DM)는 트위터 회원이 다른 회원에게 보내는 개별 메시지이다. 개별 메시지는 나를 팔로우하는 사람에게만 보낼 수 있다. 쪽지(DM)를 받으면 메시지 함에 저장할 수 있고 홈페이지의 왼쪽 상단에 있는 쪽지(DM) 탭을 클릭하면 다시 볼 수 있다. 이메일 옵션에서 새 메시지를 받으면 통보해 달라고 설정할 수 있다.

이미 트윗한 내용을 편집할 수 있나요?

안된다. 일단 한번 트윗되면 편집할 수 없다. 업데이트 직후에 휴지통 아이콘을 클릭하여 업데이트를 삭제할 수는 있지만 편집할 수는 없다.

답글과 쪽지의 차이는 무엇인가요?

답글은 팔로우 여부와 관계없이 누구나 볼 수 있는 공공 메시지이다. 반면에 쪽지는 팔로우하는 사람에게만 보낼 수 있고 보내는 사람과 받는 사람만 볼 수 있는 개인 메시지이다.

RT 혹은 리트윗은 무엇인가요?

RT는 리트윗(retweet)의 약자이고 어떤 사람의 트윗을 재 포스팅하는 것을 의미한다. 리트윗이 트위터의 공식 용어는 아니지만 사람들이 트윗의 한 부분으로 다른 사람의 트윗을 재 포스팅하는 리트윗을 하고 있고 이를 자신의 코멘트의 일종으로 생각한다.

트윗터에 사진을 어떻게 포스트 하나요?

트윗할 때 텍스트 박스 아래 아이콘 중, 사진기를 클릭하면 원하는 사진을 추가해 트윗과 함께 게재할 수 있다.

2) 화장품 제조업자의 소비자 만족도 설문 조사

시간을 가지고 설문 조사를 끝까지 마쳐 주십시오. 이 만족도 조사를 통하여 서비스를 향상시킬 방법을 찾고자 합니다. 저희가 하고 있는 일에 대한 피드백을 주기 위해 시간을 내주셔서 감사합니다. 이 설문 조사를 마쳐주신 소비자들은 제품과 서비스를 무료로 받을 수 있도록 자동으로 등록되고 저희 회사의 제품과 서비스에 대한 업데이트와 특별 할인이 포함된 뉴스레터를 받게 될 것입니다.

우리 직원들을 다음 항목 별로 평가해 주세요

친절함	탁월함	좋음	별로임	부족함
제품에 대한 지식	탁월함	좋음	별로임	부족함
서비스	탁월함	좋음	별로임	부족함
정확도	탁월함	좋음	별로임	부족함

시설

건물외부 청결도	탁월함	좋음	별로임	부족함
인테리어 청결도	탁월함	좋음	별로임	부족함
인테리어 배치	탁월함	좋음	별로임	부족함

제품 라인

선택의 폭	탁월함	좋음	별로임	부족함
가격	탁월함	좋음	별로임	부족함

만약 "별로임" 이나 "부족함"에 표시했다면 다음 칸에 답해 주세요

*일반적으로 구매한 제품: _______________________________________

*이 제품에 일반적으로 지불한 가격(정상 가격): _______________________

*제품을 주로 구입한 장소: _______________________________________

제품의 가치	탁월함	좋음	별로임	부족함

우리 광고를 어디서 보거나 들은 적이 있습니까? (해당 사항 모두 표시해 주세요)

- ☐ 신문
- ☐ 전단지
- ☐ 게시판
- ☐ 기타 (직접 서술해주세요)
- ☐ 라디오
- ☐ 전화번호부
- ☐ 온라인 쿠폰

우리 매장에 오기 위해 얼마나 이동하셨나요? (하나만 선택)

0 – 3킬로미터　　　3 – 6킬로미터　　　6 – 10킬로미터　　　10킬로미터 이상

우리 매장에서 구매를 하는 가장 큰 이유는 무엇인가요? (하나만 선택)

- – 장소의 편리함
- – 친절한 직원
- – 쿠폰/할인 등 프로모션
- – 가격
- – 좋은 제품

상점 운영, 제품 선택, 서비스 등을 향상시키기 위해 제안할 내용이 있으면 써 주십시오.

____

____

(다음 정보는 선택사항입니다)

방문일	이름
방문시간	주소
전화	이메일
팩스	

이 설문 조사와 관련하여 향후 연락을 해도 될까요?   예 / 아니오

당신을 우수 고객 클럽에 넣어도 될까요?   예 / 아니오

(특별 프로모션과 이벤트에 대해 주기적으로 이메일을 받게 될 것입니다)

쿠폰이나 우리 회사에 대한 정보에 관심이 있을만한 친구를 추천해 주실 수 있나요?

이름 : ____

주소 : ____

이메일 : ____

우리 회사의 마케팅 자료의 한 부분으로 사용 후기를 제출하고 싶은 용의가 있나요?   예 / 아니오

____

____

3) 광고 기획 워크시트

광고 캠페인 제목 : ____

광고 캠페인 시작일 : ________________________ 종료일 : ________________________

제품/서비스의 특성과 제품/서비스가 소비자에게 제공하는 효능은 무엇인가?

광고 타겟은 누구인가?

광고 타겟이 당면하고 있는 문제가 무엇인가?

우리 제품/서비스가 제공하는 솔루션이 무엇인가?

경쟁자는 누구이며 그들은 어떻게 광고 하고 있나?

차별화 전략은 무엇인가?

핵심 경쟁 우위는 무엇인가?

본 광고 캠페인의 목적은 무엇인가?

본 캠페인을 위한 일반적인 가정은 무엇인가?

이 캠페인을 통하여 얻고 싶은 이미지는 무엇인가?

– 배타성	– 저렴한 가격	– 고품질
– 빠른 서비스	– 편의성	– 혁신성

헤드라인은 어떻게 쓸 것인가?

본 광고 캠페인의 예산은 얼마인가?

어떤 광고매체를 사용할 것인가?

– 라디오	– 텔레비전/케이블	– 전화번호부
– 쿠폰	– 텔레마케팅	– 전단지
– 다이렉트 메일	– 잡지	– 신문
– PR	– 브로셔	– 게시판
– 기타		

각 광고 매체별 예산과 시기는 어떻게 되는가?

매체	시작일	횟수	비용

광고 기획은 비용 대비 효과 측정

계산식 : 투자 대비 수익(ROI) = 매출 증대 / 광고비용

4) 마케팅 활동 계획

시기	
타켓 시장	
책임자	
할당된 예산	
목표	
전략	
적용	
전술	
결과	
평가	
교훈	

5) 바이럴 마케팅

구전 마케팅이라고도 한다.

목표 : 고객이 스스로 회사 메시지를 다른 소비자에게 전달하도록 유발한다

전략 : 회사의 메시지를 전달 받은 사람이 다른 사람에게 이를 전달하고 커뮤니케이션하고 싶어지
도록 격려한다

효익 : 훌륭한 광고 효과와 더불어 고객에게 신뢰를 심어줄 수 있다

방법론:

1 블로그에 코멘트하고 답글다는 것을 장려한다.

2 사용 후기가 포함된 설문 조사를 실시한다.

3 친구 추천 프로그램을 활용한다.

4 친구 추천을 하면 할인 쿠폰이나 로고가 인쇄된 선물을 제공한다.

5 기존에 있는 쇼셜 네트워크를 활용한다.

6 인터넷 게시판이나 포럼에서 활동한다.

7 게시물이나 이메일에 친구 추천 태그 라인을 포함시킨다.

8 언제 어디서든 접속이 가능하게 한다.

9 웹사이트 컨텐츠 공유가 쉽게 되도록 한다.

10 아티클, e—북을 출간하고 자유롭게 인쇄하고 코멘트를 할 수 있도록 한다.

11 www.articlecity.com와 같은 아티클 디렉토리에 저자소개와 함께 아티클을 게재한다.

12 고객과 관계 유지를 위해 눈길을 끄는 제품 라인을 추가한다.

13 예상하지 못한 깜짝 놀랄만한 혜택을 제공한다.

14 고객의 기대를 뛰어넘는 특별한 선물을 전달한다.

15 고객에게 중요한 사안에 대해 개입하여 강력한 감정적 반응을 자아낸다.

16 추천 프로그램에 인센티브를 제공한다.

17 오피니언 리더에게 무료 샘플을 제공한다

18 고객에게 제품의 효능과 경쟁 우위를 교육하여 회사의 대변인 역할을 하도록 한다.

6) 소셜 네트워킹 마케팅

1 소셜 네트워크 사이트에 배너나 클릭당 광고를 게재한다.

2 소셜 네트워크 사이트에 계정을 만들고 회사 로고를 계정에 올린다.

3 친구들의 프로파일에 코멘트를 달아줘서 내 계정에 친구들이 코멘트를 달도록 조장한다.

4 피드백을 받을 수 있도록 소셜 네트워크에서 설문 조사를 실시한다.

5 섬세하고 겸손하게 프로필을 생성하고 제품 및 서비스 선물 바구니도 만든다

6 화장품 사업 웹사이트의 링크도 포함시킨다.

7 사업의 특성을 잘 설명할 수 있도록 프로필의 키워드를 만든다.

8 부드러운 상술을 사용하여 잠재 고객들에게 화장품의 전문성과 신뢰도를 심어줄 수 있도록 한다.

9 회사명과 마찬가지로 소셜 네트워킹 페이지에 정확한 이름을 부여한다.

10 모든 소셜 네트워크를 사용하지 말고 가장 확실한 하나의 채널을 이용한다.

11 향후 접촉을 위하여 방문자들에게 이메일 주소를 받을 수 있도록 확실한 조치를 취한다.

12 웹사이트 연락처 정보에 소셜 네트워크 주소를 포함시킨다.

13 제품을 직접 판매하기보다는 화장품의 전문적인 지식들을 공유하는 것을 더 큰 목적으로 한다.

소셜 네트워크 전략에 대해 기술하라

---

7) 일상적인 경영활동에 통합된 마케팅

목적 : 매일의 일상적인 경영에서 빈틈없는 통합적 마케팅 실시를 위하여

전략 :

1 신규 고객 등록 및 매년 고객 정보 갱신 때 친구 추천 항목을 만든다.

2 등록이나 회원가입을 할 때 고객의 니즈 분석 워크시트와 고객 증언, 신제품 소개 전단지, 혁신적인 제품 사용 아이디어 등이 포함된 영업용 자료들을 제공한다.

3 판매나 회원 등록 등이 완료된 후 친구 추천 프로그램의 상세 사항, 품질 보증 제도, 화장 도구 추천을 설명할 수 있는 2차 영업 자료를 개발한다.

4 명함과 쿠폰을 모든 배송품에 넣는다.

5 모든 배송품에 감사 카드를 포함시킨다.

6 모든 고객 대응물 특히 우편물이나 성명서에 전단지나 도움이 될만한 아티클을 삽입한다.

7 완제품에 회사 로고와 연락처를 포함시킨다.

8 고객이 서비스를 기다리는 동안 고객 만족도 조사를 실시한다.

9 고객 데이터 베이스 구축과 마케팅 프로그램을 개발하기 위해 보증 카드를 만든다.

10 회사 제품의 강점을 돋보이게 하기 위해 경쟁 제품/서비스와 비교표를 만들어 제공한다.

11 제품 디스플레이에 고객 피드백 카드도 함께 배치한다.

12 모든 직원을 영업 및 고객 서비스 담당자로 교육시킨다

13 모든 양식과 고객 대응물에 회사의 미션 선언문을 함께 인쇄한다.

일상의 경영에 마케팅 활동이 통합될 수 있는지 적시하라

	영업 단계 사업 절차	마케팅 테크닉으로 통합되는 기회
영업이전단계		
거래 단계		
영업이후단계		

8) 월별 마케팅 달력

방법 : 매달 마케팅 이벤트와 활동을 계획하고 개별 이벤트 결과를 평가하고 마케팅 교훈을 정리하는데 사용한다.

월/년					
이벤트/활동	책임자	비용	코멘트	일시	결과 평가

이 달의 마케팅 교훈

9) 전략적 마케팅 제휴

정의 : 서로 양립하여 혼자 하기 어려운 목적을 함께 이루기 위하여 경쟁적이지 않은 둘 혹은 그 이상의 회사 사이의 협력적인 관계를 뜻하며 공동 마케팅이라고도 한다.

주의 : 보통 잠재적 제휴 파트너는 같은 타겟 고객에게 서로 다르거나 혹은 보완되는 제품/서비스를 판매하는 회사가 좋다.

장점 : 전략적 파트너와 함께 자원을 배분하여 시너지 효과를 냄으로써 마케팅 효율성을 증가시키고 원스톱 쇼핑을 유도하여 효과도 증대시킨다. 성장 잠재성을 테스트하는 저렴한 방법이기도 하다.

공동 벤처 종류:

1 비공식 전략적 제휴

2 계약 관계(변호사 검토를 추천함)

3 새로운 사업체(변호사에 의해 설립)

비공식 전략적 제휴

1 가장 많이 하는 형태

   a. 상호 추천

   b. 제품 개선을 위한 시장 조사

   c. 제품 혹은 서비스 프로모션(제휴 프로그램).

   d. 제품 번들링(두 개 이상의 다른 제품을 하나로 묶어서 단일 가격으로 판매하는 것: 역자 주)

2 문서 계약이 꼭 필요하지 않을 수 있다

3 보상이 꼭 필요하지 않을 수 있다

논의할 내용:

1 전략적 제휴의 목표와 목적을 특정함

2 양쪽 기업의 성과 예측

3 제휴의 범위

4 제휴 기간

5 종료 및 갱신 과정

6 제휴를 촉진하기 위한 전략적 마케팅 기획

7 갈등 해결 장치

8 성과 측정 방법

9 상호 이익에 대한 주기적 평가

10 제휴 파트너를 촉진하기 위한 웹사이트/링크

사례 : 스포츠 바와 피트니스 클럽 혹은 트레이너와 상호 추천 관계

전략적 마케팅 제휴 워크시트

방법론

1 제휴 파트너에게 제공할 수 있는 자산과 능력을 확인한다.

2 제휴 파트너가 제휴 시 제공할 수 있는 자산과 능력을 확인한다.

3 제휴로부터 얻고 싶은 이익을 결정한다.

4 회사가 제공하는 것과 파트너가 채울 수 있는 것 사이의 차이를 확인한다.

5 다른 사업이나 파트너로부터 얻을 이익 사이에 갈등 요소가 없는지 검토한다.

6 전략적 적합도와 다른 가능성 측면에서 잠재적 파트너를 조사한다.

7 고객이 이 제휴로부터 이득을 얻을 수 있는 방법을 기술한다.

8 제휴로 인한 위험을 평가한다.

9 제휴를 유지하기 위해 필요한 기존 활동을 확인한다.

10 제휴 프로그램을 촉진할 마케팅 기획서를 만든다.

11 제휴를 위한 미션을 만든다.

12 제휴를 위한 관리 계획을 짠다.

13 제휴 결과 평가 및 갱신 절차를 디자인한다.

잠재적 제휴파트너	파트너 제안의 강점	회사제안	고객혜택	제휴위험

10) 친구 추천 프로그램 조언

목표 : 추천 프로그램을 공식화하여 운영 과정에 쉽고 지속적으로 통합되도록 한다

1 판매의 어떤 단계에서 고객에게 친구 추천을 부탁할지를 결정한다(예 : 고객등록, 갱신, 연례 행사 등).

2 친구 추천 요청 스크립트를 문서화한다(거절 할 경우 반응 포함).

3 고객 만족도 조사와 고객 등록 서류에 친구 추천란을 포함시킨다.

4 모든 마케팅 커뮤니케이션에 친구 추천 프로그램의 중요성을 알린다.

5 친구 추천이 실제 고객으로 전환될 수 있도록 후속 조치와 추적 과정을 세팅한다

6 친구 추천 시 인센티브, 보상, 보상 조건, 보상 스케줄을 발표한다.

7 영향력 있는 몇 사람을 선택하여 고객 추천을 많이 할 수 있도록 맞춤형 추천 프로그램을 개발한다.

8 이상적인 고객과 같은 특성을 가진 잠재 고객 추천 에이전트를 선발하여 교육시킨다(이를 위해
   서는 먼저 이상적인 고객 프로파일을 먼저 개발한다).

9 전략적 사업 제휴 파트너와 특별한 상호 추천 프로그램을 만들고 노력 대비 효과를 측정한다.

10 지역 유지 그룹에 가입한다.

11 감사 표시를 잘 하기 위한 감사 노트 견본을 만든다.

12 친구 추천에 대한 감사의 표시로 로고가 인쇄된 티셔츠와 같은 선물을 준다.

11) 세미나 워크시트

목표: 주제 사항에 대한 전문성을 확립하고 뉴스레터 등록과 명함 교환을 통해 향후 네트워킹을 하는 것을 목표로 한다.

주의: 관련 정보가 풍부한 세미나가 되어야 하며 영업 프레젠테이션이 되어서는 안된다.

1 주목을 끄는 헤드라인으로 시작한다.

2 자신을 소개하고 신뢰를 구축한다.

3 세미나 개요를 설명한다.

4 참석자의 출석 가이드라인을 알려준다.

5 참석자의 관심, 배경, 관심사에 대해 알아본다.

6 학습 목표를 세운다.

7 학습한 주제를 미리 살펴본다.

8 관련된 성공 사례를 공유한다(사례 연구).

9 기준점을 만들기 위해 비유와 비교 분석을 한다.

10 주장을 뒷받침하기 위해 통계를 사용한다.

11 결론 – 참석자들에 대한 혜택과 행동으로 옮길 내용을 요약한다.

12 질의응답 시간을 마련한다.

13 최종 고려 사항

    – 도움을 준 사람에 대한 감사

    – 세미나 이후 행사에 대한 공지

14 기억해야 할 유인물

    – 명함   – 용어 풀이

    – 세미나 개요   – 피드백 설문 조사

12) 유튜브 마케팅 조언

정의 : 회원들의 동영상을 보고 공유하는 온라인 비디오 사이트(전 세계 약 5천 5백만 사용자/월)

1 웃기거나 유쾌해서 사람들이 다른 친구나 가족들과 공유하고 싶어하는 비디오에 집중한다.

2 비디오의 시작과 마지막 검정색 스크린을 사용하여 회사의 웹사이트로 트래픽을 이끌어줄 웹사이트 주소를 삽입한다.

3 전체 비디오의 화면 아래에 웹 사이트 주소를 삽입할 수도 있다

4 회사의 제품이 어떻게 작용하는지를 확실하게 보여준다.

5 비디오를 통하여 전문 지식을 공유하고 팔로어를 만든다.

6 특별한 휴일이나 장소에서 콘테스트나 이벤트를 진행한다.

7 비디오 내용으로 키워드 검색을 할 수 있도록 하고 적절한 카테고리를 선택하고 비디오를 태그하도록 한다.

8 비디오는 속임수나 트릭없이 사실대로 만든다.

9 가능한 많은 키워드를 사용한다.

10 실제 비디오 상영 시간은 5분 이하로 한다.

11 상영 시간이 긴 비디오는 각각 별개의 제목을 가진 몇 개의 클립으로 나누어 선택해서 볼 수 있도록 한다.

12 시청자들의 참여와 지지를 부탁한다

13 유튜브 태그의 강점을 활용하여 타겟 소비자가 관심사에 따라 제목과 태그를 매치하여 비디오를 찾을 수 있도록 한다

14 어느 정도 실험적인 수준으로 유연성 있게 비디오를 제작한다.

15 비디오 정보를 부각시키고 사용 방법을 제공하기 위해 "전문가 계정"을 활용한다.

16 틈새 타겟으로 개별 클립을 모으는 "플레이리스트"를 만들어 시청자들이 관련 컨텐츠를 쉽게 찾을 수 있도록 한다.

17 유튜브 채널을 통하여 세상으로 단문 메시지를 보낼 수 있는 게시판을 활용한다.

18 새로운 비디오를 공개할 때 시청을 촉진하기 위해 이메일로 보낸다.

19 비디오를 공유하거나 실시간 토론에 참여할 수 있는 방을 만들거나 가입하기 위해 '실시간 스트리밍'을 사용한다.

20 비디오를 업로드한 채널 하단에 "공유"탭을 클릭하면, 여러 소셜 미디어 아이콘이 뜨는데, 원하는 미디어를 선택해 비디오를 공유할 수 있다.

21 유튜브에 회원 가입하여 회사 고유의 채널을 만들어 비디오를 공유한다.

13) 월별 마케팅 기본 계획 체크리스트

1 기존 고객에게 생일 축하 메시지를 보낸다.

2 친구 추천한 고객에게 연락하여 친구 추천에 대해 감사 메시지를 보낸다.

3 친구 추천해줄 만한 고객을 개발할 수 있는 프로그램을 실시한다.

4 타겟 고객의 문제를 해결할 새로운 방법을 조사한다.

5 새로운 잠재 고객의 니즈를 조사한다.

6 비공식적인 친구 추천이나 판매 에이전트를 통하여 회사의 역량을 확장한다.

7 마케팅 활동을 보조하기 위해 전 직원을 교육시킨다.

8 성과를 평가하고, 고객 니즈의 변화와 제안을 살피기 위해 선택된 고객을 대상으로 인터뷰를 실시한다.

9 관심 있을 만한 사람들에게 아티클 사본을 보낸다.

10 조식, 오찬, 저녁을 함께할 연락처를 정리한다.

11 스포츠나 문화 행사에 사람들을 초대한다.

12 아티클을 사람들에게 보내어 전문성을 입증한다.

13 유익한 정보를 제공하는 세미나에 사람들을 초대한다.

14 사람들에게 개인적인 감사 노트를 보낸다.

15 고객에게 중요한 단체에 가입한다.

16 메일링 리스트를 업데이트한다.

17 회사의 업적이나 계획된 마케팅 이벤트가 있을 시 PR 기사를 낸다.

18 회사의 경쟁 우위 리스트를 업데이트한다.

19 네트워킹 이벤트에 참석한다.

20 웹사이트에 도움이 될 만한 정보를 업데이트한다.

21 전문 분야에서 연설할 기회를 만든다.

22 지역 커뮤니티 활동에 적극적으로 참여한다.

23 광고 자원의 효율성을 제고하기 위해 광고 결과를 추적한다.

24 보완재 산업과 제휴를 맺는다.

25 고객 만족도 조사를 실시한다.

26 고객 니즈 분석 체크리스트를 분석하고 적용한다.

27 고객들에게 뉴스레터를 보낸다.

14) 네트워킹에 대한 이해

정의 : 아이디어, 예비 고객, 정보에 대해 공유하고 서로에게 유익한 관계를 구축해 가는 상호 과정을 일컫는다.

네트워킹에 대한 조언:

1 다른 사업의 소유주들과 추천 그룹에 대해 이야기를 시작한다.

2 장기적인 네트워킹 목표를 이해한다.

3 네트워킹 회원들에게 유용한 리소스가 된다.

4 사람들과 기업들의 목적과 관심사를 조사한다.

5 추천 고객, 리소스, 추천사 등을 제안하고 반대 급부를 받도록 한다.

6 새로운 사람을 만나고 새로운 친구를 만들기 위해 지속적으로 노력한다.

7 다른 사람의 말을 경청하는 기술을 기른다.

8 지지의 의미로 감사 표시를 자주 한다.

9 네트워킹 자리에 필요한 관심사, 강점, 다른 유효한 것들이 어떤 것인지 알아야 한다.

10 뉴스레터, 블로그, 우편엽서, 이메일 메시지 등으로 계속 연락을 취한다.

11 주변 사람들이 자신에 대해 더 말할 수 있도록 계속 질문한다

12 온정과 확신을 보이고 웃으며 자신 있게 악수한다.

13 디렉토리 연락처를 제공해 줄 수 있는 신뢰할 만한 조직을 찾는다.

15) 한 줄 요약 메시지

왜 사람들이 우리 제품이나 서비스에 관심을 가져야 하는지 요약하여 특정 사람 혹은 틈새 시장을 겨냥한 간단하지만 요점 있는 메시지를 보낸다.

나(우리)는 ____________(주요 문제)를 해결하기 위해 ____________(타겟 시장)을 도와주는 ____________분야의 전문가입니다.

16) PR 표지 워크시트

다음 포맷을 사용하여 언제든지 PR할 수 있도록 준비해 둔다.

일시

_______________________________에게,

귀사의 고객과 독자의 관심을 끌만한 주제라 생각하여 저희 회사가 일반적으로 가진 문제점들과 관심사에 대한 PR자료를 첨부합니다.

본 PR의 목적을 요약하면 다음과 같습니다.

_____________회사와 저에 대한 배경 지식을 제공하기 위해 미디어 키트를 첨부하였고 조만간 저와 함께 후속 조치에 대해 논의하기를 희망합니다.

다음 분야가 저와 저희 회사의 전문 분야입니다.

저에게 직접 얘기하고 싶거나 추가 정보가 필요하시다면 ____________나 ____________이메일로 연락주시면 됩니다. 위 연락처로 연락주시면 회사에 관한 추가 지원이나 사진도 제공해 드립니다. 이 PR 정보는 회사의 공식 웹사이트www. _________________________________에서 다운로드 받을 수도 있습니다.

관심 가져 주셔서 감사합니다.

회사명	전화번호
직위	이메일 주소

17) 뉴스 발표 템플릿

뉴스 :

즉시 발표 : (또는 _______________________(날짜)까지 지연발표)

연락처 :

책임자 :

직책 :

회사명 :

회사 전화번호 :

팩스 번호 :

이메일 주소 :

웹사이트 주소 :

날짜 :

대상(타겟 편집자) :

헤드라인 :

주요 메시지 요약 :

부제(옵션) :

회사 위치, 일시 :

첫 문장 : 뉴스를 가치있어 보이게 만드는 요약 문장

  누가 :

  무엇 :

  어디서 :

  언제 :

두 번째 문장:

PR의 목적에 맞게 첫 번째 문장을 확장하고 상세하게 기술한다.

____

____

세 번째 문장:

회사 직원, 산업의 전문가 또는 만족한 고객을 인용한 추가적인 상세 내용을 기술한다.

____

____

추가 정보를 위한 연락처:

____

____

전문성에 대하여:

전문성에 대한 프레젠테이션

____

____

사업에 관하여:

회사 역사와 핵심 혜택에 대한 배경

____

____

추가첨부 : 사진, 챠트, 브로셔 등

18) 특별 이벤트 포맷

1 이벤트 종류 ____

2 후원사 ____

3 이벤트 실시 전 연락처 _______________________________________

4 이벤트 현장 연락처 ____

5 이벤트 일시 ____

6 이벤트 장소 ____

7 프레젠테이션 소요시간 ______________________________________

8 프레젠테이션 주제 ____

9 질의응답 ____

10 연설자 또는 패널 ____

11 이벤트 배경 ____

12 주목할 만한 참가자 _______________________________________

13 예상 참가자 수 ____

14 이벤트에 관심을 가지는 이유 ________________________________

15 특이 사항 ____

16 주요 참석자 약력 ____

19) 투자 대비 광고 효과 측정

목표: 투자 대비 가장 큰 효과를 나타내는 마케팅 활동에 투자하기 위하여 실시한다

미디어	비용	받은전화	비용/통화	유치한 신규고객 수	신규고객당 비용
(수식)	(A)	(B)	(A/B=C)	(D)	(A/D=E)
신문					
안내광고					
전화번호부					
게시판					
케이블 TV					
잡지					
전단지					
포스터					
쿠폰					
다이렉트메일					
브로셔					
명함					
세미나					
시연					
후원 이벤트					
사인회					
라디오					
무역 박람회					
전문점					
전화 영업					
티셔츠					
쿠폰북					
교통 광고					
PR					
구전 효과					
합계:					

20) 광고 트래킹 서식

일시	고객	전화/광고	업무	참고사항	이메일	출처

21) 감사 및 친구 추천 부탁 편지 사례

________________________________(고객 이름)에게

이번 기회에 고객 분께 회사를 대신하여 감사를 드리고 싶습니다. 향후에 다시 고객님께서 서비스 받길 원하신다면 망설이지 말고 연락 주십시오.

한편, 명함과 추천카드를 첨부하였습니다. 이 카드를 화장품과 관련 서비스가 필요한 누군가에게 전해 주신다면 매우 감사하겠습니다. 추천 고객이 회원으로 등록하거나 매출이 발생할 경우에 회사에서 무료 샘플을 보내 드립니다.

또, 고객 만족도 설문 조사와 반송 우편을 동봉하였습니다. 고객님의 피드백은 고객님에게 제공하는 서비스를 개선하는데 매우 유용하게 사용될 것이므로 조사에 응답해 주시면 감사하겠습니다.

고객님께서 저희 제품과 서비스에 만족하여 가까운 시일 내에 다시 뵙게 되길 기원합니다.
도움이 필요하시다면 언제든 전화 주세요. 감사합니다.

22) 인터넷 아티클 집필 템플릿

아티클 제목

최고 100 글자(여백 포함) – 약 12 단어 이내로 한다. 독자와 출판사의 관심을 끌 수 있도록 쓴다. 검색엔진의 주요 키워드로 시작한다. 인쇄 매체에서 타이틀은 "어떻게 ———" 또는 "—— 를 위한 10가지 방법" 이런 제목들이 인기가 많지만 아티클 제목이 웹페이지의 제목이 되기 때문에 검색엔진에서 찾을 때는 도움이 되지 않는다.

초록

최대 500자, 90 단어를 넘지 않는다. 50–60 단어 정도가 적당하다. 전체 아티클을 읽고 싶어지도록 압축하는 것이 중요하다. 초록은 기본적으로 출판사를 타겟으로 하며 제목 바로 아래에 디렉토리의 검색창에서 찾아 볼 수 있도록 해야 하며 제목 다음으로 주목을 끌 수 있어야 한다.

설명 – 메타태그

최대 200자로 하되 150자 정도가 좋으며 2줄로 쓴다. 이는 초록의 단축 버전으로 가장 주요한 키워드를 포함해야 한다. 메타태그는 웹사이트에 출간할 때 꼭 필요하다

키워드 – 메타태그

최대 100자로 하며 약 12개의 단어를 쉼표로 띄어 구분한다. 문장의 가장 중요한 키워드로 시작하여 아티클에 사용된 관련 키워드들을 더하면 된다.

아티클 본문

본문의 길이는 주제, 시장, 집필 주기에 따라 달라진다. 연구 내용은 500–800 단어로 하지만 출판사가 심층 분석을 원하면 더 길어질 수도 있다. 특정 시장에 대해 조사하되 본문 길이와 내용에 대해서는 유연해도 좋다. 같은 아티클도 전체 내용이 담긴 긴 아티클과 비교적 짧은 아티클을 같이 출간할 수도 있다. 특별한 포맷 없이 기본 아티클을 먼저 쓴다.

아티클에 전반적으로 사용하는 키워드를 중심으로 "주요 키워드 문장"을 첫 번째 단락에 삽입하고 아티클에 사용하되 너무 많이 쓰지 않는 것이 좋다. 아티클은 읽기에 좋아야 한다. 몇몇 독자들을 위해서 쓰는 아티클이라 할지라도 컨텐츠가 좋아야 한다. 제품이나 서비스를 직접 촉진한다면 출판이 안될 수도 있다. 또한 아티클의 본문에 회사 웹사이트나 관련 사이트를 직접 링크하기보다는 아티클 마지막쪽에 리소스나 서명 기사 박스를 위해 남겨두는 것이 좋다.

서두

1 아티클에서 다룰 것들에 대한 간단한 요약

2 해당 주제를 선택해서 연구하도록 하는 동기 부여 요소

3 저자의 경력, 경험 등에 대한 간단한 설명

4 저자의 전문성과 경험으로부터 독자들을 확신시킬 수 있는 것들

핵심 주제

1 문제를 정리하고 아직 알려지지 않은 것과 알려진 것 사이의 차이를 정의하는 주제 영역을 밝힌다.

2 독자가 아티클을 읽어서 얻게 될 효익을 알려준다.

3 간단하고 일반적인 배경 지식으로 시작하여 주제에 관해 점점 더 강도 높게 기술한다.

4 문제 해결을 위해 당면한 어려움도 함께 서술한다.

5 표준과 원하는 상태 사이를 연결하는 솔루션의 장단점을 논의한다.

주제 확장

1 솔루션의 장점을 독자에게 확신시키기 위한 기술 정보를 첨가한다.

2 해당 솔루션과 옵션을 적용하기 위해 필요한 조건의 범위를 기술한다.

3 시장에 있는 경쟁자들을 비교하고 좋은 사례를 제시한다.

4 각 단계별로 필요한 활동을 연도별로 정리하여 강조한다.

5 독자들이 가지고 있을지 모를 질문에 대해 간접적으로 해답을 주기 위해 시도한다.

6 저자가 제시하는 방법이 확신을 가질 수 있도록 지지하는 내용을 추가한다.

7 가격과 유용성에 기초하여 다른 옵션도 제시한다.

결론

1 문제 해결할 수 있는 제안을 요약한다.

2 다른 유용한 독자들에게 추천한다.

저작권

저작권, 일시, 이름, 국가를 기술한다. 어떤 디렉토리는 아티클 아래나 규정한 필드에 이런 것들을 요구하기도 한다.

리소스 박스

여백과 html 코드를 포함하여 최대 500자 까지만 한다. 이곳은 저자가 자신과 1–2개의 링크를 촉진할 수 있는 기회이며 제 3자에게 링크를 추천할 수도 있다. 디렉토리 출판사는 디렉토리 사이트나 e–매거진에 링크를 달아야 한다. 웹사이트를 방문하는 사람에게 인센티브나 상품을 제공하며 단순히 키워드만 제공하지 말고 링크도 보여줘야 한다.

23) 안내 광고 워크시트

광고예산 : ____

광고목표 : _________________웹사이트로 유도

_________________추가 정보 요청

_________________메일 체크

_________________신제품/서비스 소개

_________________할인 판매 공지

_________________제품 인지도 증가

_________________기타

타겟 마켓 : ____

인구통계변수 :

  – 나이____

  – 성별____

  – 수입____

  – 학력____

  – 장소____

구독 미디어

  – 일간신문____

  – 주간지____

  – 잡지____

  – 업계잡지____

제품 지식 수준

구매 동기 : ____

가장 잘 나가는 제품 : ____

메시지 종류 선택

    – 가격 대비 고품질 제품에 대한 강력한 오퍼___________________________________

    – 경쟁자와 차별점 ___________________________________

    – 효과 나열 ___________________________________

제품가격 : $___________________________________

광고비용 : $___________________________________

반응 횟수 :$___________________________________

비용/반응 : ___________________________________

판매갯수 : ___________________________________

광고비용/판매갯수 : ___________________________________

24) 데이터베이스 기록 포맷

고객 프로파일 :

이름 :

주소 :

나이 :

학력 :

직업 :

성별 :

가족 수입 :

이메일 :

주소 :

전화 :

팩스 :

구매이력 :

주문일시 :

주문처 :

구매제품 :

제품종류 :

제품원료 :

접촉이력 :

타겟 캠페인 :

반응 종류 :

판매문의 일자 :

문의 상태 :

고객 옵트인 여부 : (예 / 아니오)

(옵트인 : 미리 신청한 사람에게만 자료를 보내도록 하는 방식, 역자 주)

옵트인 일시 :

쉽게 배우는
화장품 회사 경영

Business Plan for a Cosmetics Manufacturer

화장품 회사 설립의 A to Z

2017년 6월 13일 인쇄
2017년 6월 15일 발행

발 행 처   (주)장업신문
주   소   서울시 영등포구 버드나루로 18길 5
전   화   02_2636_5727~9
팩   스   02_2634_7097
홈 페 이 지   www.jangup.com
표 지 디 자 인   송지윤 / 김효진
편 집 디 자 인   김효진